水曲柳种子休眠与萌发生理及其调控技术

张　鹏　沈海龙　著

科学出版社

北京

内 容 简 介

本书在综述国内外种子休眠与萌发研究现状的基础上，以水曲柳为对象开展了种子休眠与萌发调控技术及其相关生理机制的研究，重点研究了种子发育至成熟过程中的生理状态及其与种子休眠和萌发的关系、经夏越冬播种方法的可行性及其相关技术、对成熟种子催芽方法的探索和优化、解除休眠种子干燥贮藏的可行性及其相关技术、解除休眠种子的适宜萌发条件及其调控技术。

本书适合大专院校和科研院所从事林木种子生物学、种子生理生态学、苗木培育学、森林培育学研究的科研人员阅读和参考，也可供农林行业技术人员和生产工作者阅读和使用。

图书在版编目（CIP）数据

水曲柳种子休眠与萌发生理及其调控技术/张鹏，沈海龙著. —北京：科学出版社，2017.6

ISBN 978-7-03-052772-1

Ⅰ.①水⋯ Ⅱ.①张⋯ ②沈⋯ Ⅲ. ①水曲柳–种子–研究 Ⅳ.①S792.410.4

中国版本图书馆 CIP 数据核字（2017）第 100423 号

责任编辑：张会格 王 静 高璐佳 / 责任校对：李 影
责任印制：张 伟 / 封面设计：刘新新

科 学 出 版 社 出版
北京东黄城根北街 16 号
邮政编码：100717
http://www.sciencep.com

北京京华虎彩印刷有限公司 印刷
科学出版社发行 各地新华书店经销
*
2017 年 6 月第 一 版 开本：720×1000 B5
2017 年 6 月第一次印刷 印张：13 3/4
字数：275 000
定价：98.00 元
（如有印装质量问题，我社负责调换）

前　言

　　种子与人类的关系非常密切，因为种子是最基本的农林业生产资料和繁殖器官，它不仅为人类生存与健康提供了必要的粮食、油料、水果、香料、饮料、药物等生活必需品，而且为森林的更新和植被的恢复提供了重要的物质基础，为地球生态环境的维持和改善提供了可能。

　　种子休眠是植物生长发育过程中的一个暂停现象，是植物长期适应复杂环境条件而形成的生理生态特性。种子休眠对植物"种"的保存和繁衍是极为有利的。种子休眠在农业生产中也具有一定的经济意义。但同时，种子休眠给生产带来了极大的麻烦，因为播种前必须要打破种子休眠，如果栽培和育种工作者不了解种子休眠特性，那么要想在植物后代培养中获得理想的效果是十分困难的。休眠与萌发是种子生活史中两个极为重要的阶段，两者所处的生命活动的趋向完全相反。休眠的种胚处于停顿生长状态，而萌发的种胚恢复生长。为了有效地保存好种子，应设法使种胚更安全地处于休眠状态，以保持旺盛活力。为了获得齐苗、壮苗，就应设法使种胚迅速整齐地恢复生长，并为种子萌发提供适宜的环境条件，强化种苗活力，为丰产奠定基础。要顺利实现上述过程，就需要我们更深入地了解种子休眠与萌发的特性，探索更为实用、经济、快速、有效的催芽技术措施。研究种子休眠与萌发的调控技术措施及其内在机制，能使我们更好地认识和利用种子的生理生态特性，科学地指导农林业育苗生产实践。

　　水曲柳（*Fraxinus mandschurica* Rupr.）属木犀科白蜡树属植物，渐危种，是古老的子遗植物，主要分布于我国黑龙江的大兴安岭东部和小兴安岭、吉林的长白山等地，与黄菠萝、胡桃楸并称"东北三大硬阔"，是东北林区重要的阔叶用材树种。水曲柳分布区虽较广，但多为零星散生，因砍伐过度，数量日趋减少，目前大树已不多见，一般生长在山坡疏林中或河谷平缓山地，是国家 II 级重点保护野生植物（国务院 1999 年 8 月 4 日批准）。

　　良种壮苗是重要的森林培育技术措施之一，是人工林培育的基础环节，对于人工林的速生、优质、丰产具有重要的意义。目前，通过种子园等方式生产的水曲柳改良种子十分有限，且生产成本较高。如何使有限的优质种子高效地转化为优质苗木便成为亟待解决的问题。长期以来，水曲柳一直以种子繁殖为主，而种子深休眠的特性给育苗生产带来了一定的困难。要想将优质种子转化为优质苗木，就必须在打破种子休眠、促进萌发这一环节上下功夫。目前，对水曲柳种子休眠的机制已有一些了解，在解除种子休眠的方法上也取得了很大的突破，但并没有达到尽善尽美的程度。在生产实践中经常采用的方法通常需要很长时间，种子一般经处理后在成熟后的第二个春季才能萌发出苗。有些处理方法可以使种子在成熟后的第一个春季萌发，但发芽率低，出苗不整齐。另外，对解除休眠的水曲柳种子的适宜萌发条件基本没有研究，缺乏了解，播种季节也受到严格限制，在很大程度上影响了播种育苗的效果。因此，有必要对水曲柳种子休眠与萌发的生理生态特性进行更为系统、深入、细致的研究，为开发更为实用、经济、快速、有效、方便的种子催芽技术方法和确定解除休眠种子适宜的萌发条件提供理论依据，以达到理想的播种育苗效果。

笔者通过多年的调查和研究，积累了大量的水曲柳种子休眠与萌发理论和技术方面的第一手试验数据，同时搜集和整理了大量关于种子休眠和萌发方面的文献，撰写了《水曲柳种子休眠与萌发生理及其调控技术》一书。本书在综述国内外研究现状的基础上，重点解决了以下主要问题：①种子发育至成熟过程中的生理状态及其与种子休眠和萌发的关系；②经夏越冬播种方法的可行性及其相关技术；③对成熟种子催芽方法的探索和优化；④解除休眠种子干燥贮藏的可行性及其相关技术；⑤解除休眠种子的适宜萌发条件及其调控技术。本书的研究成果为水曲柳种子层积催芽、直播育苗和解除休眠种子的干燥贮藏、萌发条件等问题的解决和优化提供了一定的理论依据和实用技术，对水曲柳播种育苗技术水平的提高具有现实的指导意义。

本书共8章。第1章介绍种子休眠与萌发研究进展；第2章介绍白蜡树属树种种子休眠与萌发的调控；第3章介绍水曲柳种子发育过程中的生理状态及其休眠与萌发特性；第4章介绍水曲柳种子经夏越冬播种过程中的生理变化及其调控技术；第5章介绍水曲柳种子混沙层积催芽过程中的生理变化及其调控技术；第6章介绍水曲柳种子裸层积催芽过程中的生理变化及其调控技术；第7章介绍水曲柳解除休眠种子干燥贮藏过程中的生理变化及其调控技术；第8章介绍水曲柳种子次生休眠诱导与解除过程中的生理变化及其调控技术。

具体分工如下：全书由张鹏主持编写，进行总体设计并拟定章节内容，完成统稿、修改和校稿。第1章、第3章、第4章、第5章、第8章由张鹏撰写，第6章由沈海龙撰写，第2章、第7章由张鹏和沈海龙共同撰写。

本书能够成稿，要感谢国家自然科学基金项目"胚乳在水曲柳种子热休眠调控中的作用及其生理机制解析（31670639）""利用水曲柳解除休眠种子的再干燥脱水过程研究种子脱水耐性的生理机制（31000301）"，国家林业局林业标准制修订项目"水曲柳种子繁殖技术规程（2010-LY-029）"，中央高校基本科研业务费专项资金项目"不同脱水条件对水曲柳已解除休眠种子干燥脱水后萌发的影响（DL10CA02）"，以及黑龙江省青年科学基金项目"水曲柳种子的萌发生理及其再干燥贮藏技术研究（QC07C62）"的资助。东北林业大学孙红阳、吴灵东、何梦雅、宋博阳和赵彤彤等硕士研究生参与了部分研究工作。在此我谨致以诚挚的谢意！

　　在本书的写作过程中，笔者力求研究内容系统、完整，以提高本书的科研和实践价值。但由于笔者水平有限，书中难免有一些不足之处，恳请读者批评指正！

张　鹏

2017 年 1 月

目　　录

1 种子休眠与萌发研究进展

种子休眠是植物生长发育过程中的一个暂停现象,是植物长期适应复杂环境条件而形成的生理生态特性(傅家瑞,1984)。种子休眠对植物"种"的保存和繁衍是极为有利的。种子休眠在农业生产中也具有一定的经济意义(王永飞等,1995)。但同时,种子休眠给生产带来了极大的麻烦,因为播种前必须要打破种子休眠,如果栽培和育种工作者不了解种子休眠特性,那么要想在植物后代培养中获得理想的效果是十分困难的。

休眠与萌发是种子生活史中两个极为重要的阶段,两者所处的生命活动的趋向完全相反。休眠的种胚处于停顿生长状态,而萌发的种胚恢复生长。为了有效地保存种子,应设法使种胚更安全地处于休眠状态,以保持旺盛活力。为了获得齐苗、壮苗,就应设法使种胚迅速整齐地恢复生长,并为种子萌发提供适宜的环境条件,强化种苗活力,为丰产奠定基础。要顺利实现上述过程,就需要我们更深入地了解种子休眠与萌发的特性,探索更为实用、经济、快速、有效的催芽技术措施。研究种子休眠与萌发的调控技术措施及其内在机制,能使我们更好地认识和利用种子的生理生态特性,科学地指导育苗生产实践。

1.1 种子休眠的相关概念

在种子休眠与萌发研究中,许多种子休眠的相关概念经常出现在教科书、专著或研究论文等文献中,如种子休眠、强迫休眠、初生休眠、次生休眠、光休眠、暗休眠、深休眠、浅休眠、条件休眠等。要做好种子休眠的相关研究,就必须准确地了解和区分这些概念。

1.1.1 种子休眠与静止(强迫休眠)

种子休眠(seed dormancy)是指具有正常活力的完整种子在适宜的环境条件下不能萌发的现象(Bewley,1997;Hilhorst,1995),Baskin 和 Baskin(2004)给出了更适宜的、可以广泛应用于实验上的定义:种子休眠是指在一定的时间内,具有活力的种子（或者萌发单位）在任何正常的有利于种子萌发的物理环境因子（温度、光照/黑暗等）的组合下不能萌发。

静止（quiescence）种子通常是指非休眠种子由于缺乏一种或几种因素而不能萌发（Baskin and Baskin，2004）。有些学者也称其为强迫休眠（enforced dormancy）（Harper，1957）或假休眠（pseudodormancy）（Hilhorst and Karssen，1992）。在 Lang（1987）的分类系统中将静止种子归为生态休眠（ecodormancy）。对于静止种子，只要给予其萌发所需要的适宜环境条件，种子就能够萌发。

1.1.2 初生休眠与次生休眠（二次休眠）

初生休眠（primary dormancy）是指种子成熟过程中在母体上形成的，当种子一成熟就具有的休眠（Bewley，1997；Hilhorst，1995）。次生休眠或二次休眠（secondary dormancy）是指原来不休眠或解除休眠后的种子由于高湿、低氧、高二氧化碳、低水势或缺乏光照等不适宜环境条件的影响诱发的休眠（Baskin and Baskin，1998；Hilhorst，1998）。

初生休眠与次生休眠是按种子休眠所产生的时间来进行定义的。有人将其作为一种种子休眠分类方法，根据种子休眠产生的时间可分为初生休眠和次生休眠或二次休眠（杨期和等，2003a）。但有学者认为初生休眠和次生休眠只是种子休眠循环过程中种子所处的不同状态，不应属于种子休眠的类型（Baskin and Baskin，2004）。

1.1.3 光休眠与暗休眠

具有正常生活力的种子由于光照条件不适宜（在可见光或红光下呈现休眠现象）而不能正常萌发，这种现象称为光休眠（photodormancy），光休眠种子可以通过低温或机械刮擦等破除休眠处理来使种子萌发。如大幌菊（*Nemophila insignis*）种子需要在黑暗条件下萌发，如果种子暴露在光下一段时间就会诱导其进入次生休眠，如果不经过冷湿层积处理在黑暗条件下就不能萌发（Chen，1968）。有些需光性种子若放在黑暗下发芽，不但不见发芽，经数天后反而休眠的程度加深，可能需要更强的光才得以发芽，甚至照光无效。这样诱导出来的休眠有时称为暗休眠（skotodormancy）。有暗休眠的种子都是光敏感种子，称为喜光性种子或需光性种子；相反，因光的存在而助长或诱导休眠的种子称为忌光性种子；还有一类种子有无光照存在都可以顺利萌发，称为光不敏感种子或光中性种子（傅家瑞，1985）。

1.1.4　热休眠与热抑制

许多湿润的种子若放在不适宜的高温下太久，就会进入二次休眠，即使移回到原可发芽的适温下也不能发芽，种子需要解除休眠后才能萌发，这就是所谓的热休眠（thermodormancy）。相比较而言，种子在不适宜的高温下不能萌发，但移回到发芽适宜温度条件下就能够萌发，这种现象不是热休眠，而是热抑制（thermoinhibition）（Geneve，2005）。

1.1.5　浅休眠与深休眠

生理休眠（physiological dormancy，PD）属于种子内源休眠类型之一，此种休眠是由胚内部的生理原因引起的。生理的胚休眠包括浅休眠（non-deep PD）、中度休眠（intermediate PD）和深休眠（deep PD）三种类型（Baskin and Baskin，1998）。

浅休眠是最常见的种子休眠形式，其主要特征：种子离体胚培养可以获得正常幼苗，赤霉素（GA）处理可以促进种子的萌发，种子可能在干藏过程中完成后熟过程，刮擦处理可能会促进种子萌发（Baskin and Baskin，2004）。此类休眠可通过光照或黑暗（对于光休眠和暗休眠），短期的冷层积或后熟（干藏）来打破休眠。这类休眠通常在干藏（后熟）阶段转化或消失。对于大多数栽培的谷类、草本、蔬菜和花卉作物，这种浅休眠可能会持续 1~6 个月，并在正常的干燥贮藏过程中消失（Geneve，2003）。中度休眠主要特征：种子离体胚培养可以获得正常幼苗，GA 处理可以促进某些（但不是所有）种子的萌发，种子需要 2~3 个月的低温层积解除休眠，干藏可能会缩短种子低温层积时间（Baskin and Baskin，2004）。深休眠主要特征：种子离体胚培养不能获得正常幼苗，GA 处理不能促进种子的萌发，种子需要 3~4 个月的低温层积解除休眠（Baskin and Baskin，2004）。

国内有很多关于种子休眠的文章经常把解除休眠困难的种子都称为深休眠种子，其概念其实有所外延，使用并不准确，如物理休眠类型种子、生理休眠类型种子、形态生理休眠类型种子和综合休眠类型种子。如果严格按照现有的种子休眠分类体系来划分，深休眠就是特指生理休眠中的深休眠，而不应用于其他种子休眠类型。

1.1.6　条件休眠与休眠循环

在许多物种的种子中，种子休眠在植物的生活周期中不是一种全或无的阶段。大多数具有浅性生理休眠的种子通过一系列的温度驱动改变它们对休眠和非休眠的各种因素的生理反应能力：种子发育→初生休眠的诱导（Sp）→成熟的种子（Sp）→Sc1→Sc2→Sc3→Sc4→Sc5→非休眠（Sn）→Sc5→Sc4→Sc3→Sc2→Sc1→次生休眠（Ss）→Sc1→Sc2→……。Sc1~Sc5 代表 5 种过渡的生理状态。在这个例子中，种子经历初生休眠（Sp）阶段和非休眠（Sn）阶段，或者在次生休眠的释放和重新诱导之间变化，即休眠连续群（dormancy continuum）。处于 Sc1~Sc5 任何状态的种子都被认为具有条件休眠或者相对休眠（Baskin and Baskin，1998，2004）。具有条件休眠的种子在适合非休眠种子的一系列物理环境条件下不能萌发。在 Sp、Sn 之间，萌发需要的条件逐渐变宽；在 Sn、Ss 之间，则变得越来越窄。非休眠种子重新进入休眠，称为次生休眠（Ss）。因此，具有浅性生理休眠的种子可能在休眠与非休眠之间循环，称为休眠循环（dormancy cycle）（Baskin and Baskin，2004）。

种子休眠循环是浅性生理休眠类型种子所经历的一系列休眠过程，而条件休眠就是此过程中种子所处的一系列休眠状态，因此条件休眠不属于种子休眠的类型（Baskin and Baskin，2004）。

1.2　种子休眠的类型

具有正常生活力的种子在适宜的条件下仍然不能萌发，称为种子休眠（Hilhorst，1995；Bewley，1997；Li and Foley，1997）。关于种子休眠的分类方法已经有一些公开发表的文献（Crocker，1916；Harper，1957；Nikolaeva，1969，1977，2001；Lang，1987；Lang et al.，1987），但不同学者对种子休眠分类的方法也不相同。

1.2.1　Crocker 的分类

Crocker（1916）基于种子不能萌发的原因将种子休眠分为未成熟的胚、种皮的不透水性、种皮对胚生长的机械阻碍、种皮的不透气性、胚内发生代谢失调、混合类型和次生休眠 7 种类型。由于这种分类方法不是建立在对诱导休眠因素和解除休眠条件深入分析的基础上，因此在如何破除不同类型的休眠上并没有实际的指导意义（Nikolaeva，1969）。后来，Crocker 和 Barton（1955）还想通过不考虑引起休眠的原因而只考虑破除休眠的因素来建立分类体系。这种分类方法也是不成功的，因为它不能明确指出导致种子不能萌发的因素，这样做的结果是经常会把相同的种子或者具有相同休眠特性的种子划分为不同的休眠类型（Nikolaeva，1969）。

1.2.2　Lang 的分类

Lang（1987）提出将休眠分为生态休眠、外源休眠和内源休眠 3 种类型。这种分类方法适用于各种形式的植物休眠，并不单纯用于种子休眠，而且这是一种完全基于生理学研究的分类方法。同时，他的分类体系对于不发达的胚及种皮（或果皮）不透水性没有给予足够的重视。此外，他的分类系统没有对休眠级别及解除休眠的模式进行进一步划分，还存在一些弊端（Simpson，1990）。

1.2.3　Nikolaeva 的分类

Nikolaeva（1969）提出了一种新的种子休眠分类体系，将种子休眠划分为 3 个主要类型：外源休眠、内源休眠和综合休眠。外源休眠是由种胚的覆盖物不透水性、抑制物的作用及对胚生长的机械阻碍而引起的，可以进一步分为物理休眠、化学休眠和机械休眠；内源休眠是由胚的发育不完全或胚的覆被物阻碍气体进入胚内而引起的，包括形态休眠和生理休眠；综合休眠则是外源休眠与内源休眠的各种组合。Nikolaeva（1977）进一步对此分类体系进行了修改，这一种子休眠分类体系在 21 世纪之前仍然是应用最为普遍的。

1.2.4　Baskin 和 Baskin 的分类

Baskin 和 Baskin（1998，2004）将 Nikolaeva（1969）关于种子休眠的分类方法进行了扩展，又增加了一些特殊的休眠类型，提出了一套完整的种子休眠分类方法。他们的这一分类体系已被许多种子生物学领域的科学家所接受。他们使用类型（class）、级别（level）和模式（type）作为分类系统的 3 个层次，将种子休眠分为生理休眠（physiological dormancy，PD）、形态休眠（morphological dormancy，MD）、形态生理休眠（morphophysiological dormancy，MPD）、物理休眠（physical dormancy，PY）和综合休眠（PY+PD）5 种休眠类型。生理休眠可以进一步划分为深度（deep）生理休眠、中度（intermediate）生理休眠和浅性（non-deep）生理休眠 3 个级别。对于浅性生理休眠，基于种子破除休眠过程中的生理变化对温度的响应模式可将其分为 5 种模式。形态休眠类型没有进一步的分级，但值得注意的是，胚未分化完全的种子不属于此种休眠类型，他们将这类种子作为一个特殊的研究对象来对待。对于形态生理休眠类型，基于破除休眠的途径将其划分为 8 个级别。

1.3 种子休眠的机制

引起种子休眠的原因很多，而且不同树种种子的休眠特性也不同。许多学者试图找到一个共性的因素来阐明种子休眠的机制，在长期的研究中也提出了种种学说，主要有激素调控学说、呼吸途径调控学说、光敏素调控学说、能量调控学说、基因调控学说等。

1.3.1 激素调控学说

从 20 世纪 40 年代起，人们在欧洲花楸（*Sorbus aucuparia*）、桃（*Amygdalus persica*）、美国白蜡等植物的果实、种子中找到萌发抑制物（Evenari，1949；Lipe and Crane，1966；Sondheimer et al.，1968），并先后将其分离出来，证实发芽抑制物质是普遍存在的。Villiers 和 Wareing（1960）在研究欧洲白蜡种子的基础上，提出了发芽抑制物和促进物之间作用的观点，其中促进物包括赤霉酸（gibberellin acid，GA₃）和细胞分裂素（cytokinin，CTK）等内源激素。Amen（1968）发展了促进物和抑制物之间作用的观点，提出了种子休眠的激素控制模式。它的基本点是种子休眠状态取决于内源抑制物与促进物的平衡，在促进物和抑制物的平衡有利于抑制方面时发生休眠，休眠种子需要外界条件刺激使内源激素活化，激素使潜在的酶系活化起来，最后恢复全部代谢活性导致种子萌发。Khan（1971）根据已有的研究，提出了休眠发芽的三因子调节学说。其采用模式图提出了 8 个组合，这些组合反映不同的植物激素状况和种子生理状况的关系。此学说认为 GA₃、CTK 和脱落酸（ABA）分别在萌发中起着原发、许可与抑制作用，GA₃ 为萌发最初所必需，CTK 的作用是减缓 ABA 的抑制，使 GA₃ 的作用得以实现，由此三种激素的相互作用，决定着种子的休眠、萌发。该学说提出后一直对种子休眠与萌发的研究有较大影响，但 Esashi（1977）认为这一学说还存在一些问题：其一，该假说是以 α-淀粉酶活性和胚芽鞘伸长作为激素活性的指标，但赤霉素对酶合成的促进效应并不是发芽的前提条件，而只是与发芽后的幼苗生长有关；同时胚芽鞘与种子萌发无直接关系。其二，此学说完全忽视了乙烯对萌发控制的作用。

1.3.2 呼吸途径调控学说

休眠种子的呼吸作用是通过糖酵解（EMP）—三羧酸循环（TCA）—氧化磷酸化途径进行的。Major 和 Roberts（1968）用糖酵解—三羧酸循环—氧化磷酸化反应的系列抑制剂处理水稻（*Oryza sativa*）和大麦（*Hordeum vulgare*）种子，本以为会抑制种子的萌发，结果却发现其显著地促进了休眠种子的萌发。这一现象表明，种子休眠的解除并不取决于普通的呼吸作用——糖酵解—三羧酸循环—氧化磷酸化途径。Roberts（1969）提出了调控种子休眠与萌发的磷酸戊糖途径（PP途径）学说，并于 1973 年进一步加以阐明（Roberts，1973）。该学说认为种子萌发的顺利与否必须视磷酸戊糖途径运转的情况而定。休眠种子的呼吸代谢以一般的糖酵解—三羧酸循环—氧化磷酸化途径为主，磷酸戊糖途径进行不利。Hendricks 和 Taylorson（1975）进一步提出了磷酸戊糖途径与休眠解除的图式。虽然该学说在许多方面得到证实，但有人就这一学说提出了一些质疑（Bewley，1979），也有观点认为呼吸代谢的调控还只是一种现象，而不是一种机制，应进一步明确其作用机制（彭幼芬，1994）。

1.3.3　光敏素调控学说

Borthwick 等（1952）报道了需光的莴苣（*Lactuca sativa*）种子萌发过程对特定光谱的要求，它被红光促进而被远红光抑制，当用红光和远红光交替进行照射时，萌发反应取决于最后一次光照波长。后来经研究确认种子休眠与萌发对光的这种可逆性反应由光敏素控制着，它是一种由蛋白质和色素基团组成的物质。光敏素有两种分子结构形式，即红光吸收态光敏素 Pr 与远红光吸收态光敏素 Pfr，红光吸收态 Pr 无催化作用，远红光吸收态 Pfr 有催化作用，这两种状态可进行可逆的光化学转化。Smith（1975）提出了光敏素与膜结合的作用机制模式。在此模式中，光敏素与膜结合在一起诱导种子萌发。Pfr 和 Pr 的比例在调控光敏感种子的萌发中起着关键作用，尤其是种子中远红光吸收态 Pfr 的水平与种子萌发所要求的 Pfr 的阈值之比是决定萌发是否需要光照的依据。当 Pfr 大于阈值时，种子可能在暗处萌发；反之，种子需光照才能萌发。种子的 Pfr 阈值因植物种而异，而种子中所含 Pfr 的量又受基质、种子含水量等因素的影响。

1.3.4　能量调控学说

Khan 和 Zeng（1984）发现能量在控制种子休眠和发芽中具有关键作用。种子生活细胞中的能量可以促使种子萌发，也可以促使种子转入休眠或次生休眠。如何使用能量取决于当时所处的环境条件。各种影响种子休眠或萌发的环境，都是通过影响能量利用途径来调节的。在低水势、高温度、抑制剂和其他不利萌发的条件下，能量被用于促使种子休眠或次生休眠；反之，在水分、温度、激素和氧气有利于萌发的条件下，能量则用于促使种子萌发。

1.3.5 基因调控学说

休眠是植物种子对环境变化的适应特征,受许多基因调控和环境因子的影响。Jacob 和 Monod (1961) 在研究大肠杆菌乳糖代谢的调节机制中发现了有些基因不起合成蛋白质的模板作用,只起调节或操纵作用,提出了操纵子学说。Tuan 和 Bonner (1964) 最先将此基因调控学说应用于解释休眠萌发现象,把休眠机制深入到了分子水平。随着分子生物学的快速发展,种子休眠和萌发研究日益深入。利用数量性状基因座(QTL)分析(Lin et al.,1998;Kato et al.,2001)和突变体(Debeaujon and Koornneef,2000;Agrawal et al.,2001)等手段已对休眠和萌发特性进行了深入的遗传学研究。近些年来,分子生物学技术的运用,特别是基因表达、基因组测序和以双向凝胶电泳及质谱分析为技术基础的蛋白质组学分析,已成为研究种子休眠和萌发的新工具和新方向(Koornneef et al.,2002;尹华军和刘庆,2004)。

1.4 种子次生休眠及其调控机制

初生休眠一直是种子生物学研究中的热点问题,对其各方面的研究已相当深入。相比之下,对种子次生休眠的研究则十分有限,甚至可以说缺乏重视,这也在一定程度上影响了我们对种子休眠与萌发特性的全面了解和认识。目前已知高温、低氧、低水势等因素可诱导种子产生次生休眠,但这些因素诱导种子次生休眠的生理机制并没有被搞清楚(Hilhorst,1995,1998;Bewley,1997)。在种子次生休眠中,由于不适宜温度条件诱导的休眠(即热休眠)是最为典型和普遍的。已知许多作物、蔬菜和林木种子都有热休眠的特性,但过去研究者关注的多是热休眠发生的条件、解除方法等方面,对其诱导和调控的机制缺乏研究。目前关于种子休眠的激素调控理论是被大家普遍接受和认可的,主要观点是脱落酸(ABA)和赤霉素(GA)是调控种子休眠和萌发的主要激素(Shu et al.,2016;Kucera et al.,2005;Finch-Savage and Leubner-Metzger,2006)。最近有报道称吲哚乙酸(IAA)可能也参与种子休眠与萌发的调控(Shu et al.,2016)。近年来学者对种子次生休眠调控机制的研究有所增加,主要集中在 ABA 和 GA 等激素对休眠的调控上,但研究比较零散,对不同植物种子研究所获得的结论也不尽相同。

1.4.1 低氧条件诱导的次生休眠

低氧是次生休眠诱导的一个重要因素,这类现象已在稗(*Echinochloa*

crusgalli)、甘蓝型油菜（*Brassica napus*）等多种植物种子上发现（Honěk and Martinková，1992；Pekrun et al.，1997）。例如，稗的种子在 25℃低氧环境下萌发能够被诱导次生休眠，这种低氧诱导的次生休眠需要低温（7℃）层积处理两个月才可以解除（Honěk and Martinková，1992）。Hoang 等（2013）对大麦（*Hordeum vulgare*）种子进行低氧条件诱导的次生休眠研究结果表明：在 15℃条件下，氧气含量低于 10%并持续 3 天以上时间，便会诱导大麦种子的次生休眠。ABA 与 GA 在这种低氧诱导的休眠中起主要调控作用。高温和低温条件下低氧诱导次生休眠的调控路径不同，低温低氧下胚 ABA 含量变化微弱，1 天内没有 ABA 代谢变化，3 天后才有 *HvNCED2* 基因表达发生，胚的敏感性也未发生变化。但与 GA 代谢有关的 3 个基因 *HvGA2ox3*、*HvGA3ox2*、*HvGA20ox1* 的表达发生的变化较大且较早。这些结果表明：与高温相比，低温低氧次生休眠似乎更多受 GA 的调控而不是 ABA 的调控。

1.4.2　不适宜的光照条件诱导的次生休眠

大幌菊（*Nemophila insignis*）种子需要在黑暗条件下萌发，如果将种子在光照条件下放置一段时间后便进入次生休眠，而且如果不经过低温处理，次生休眠种子在黑暗条件下也不再萌发（Chen，1968）。Narbona 等（2007）对两种在地中海地区分布的多年生大戟属（*Euphorbia*）植物种子进行休眠与萌发方面的研究发现，表层（1~5cm）埋藏的种子萌发并未受到影响，深层（10cm）埋藏后具有活力的种子只有少部分可以萌发，大部分种子进入了次生休眠。Flores 等（2006）对墨西哥沙漠地区 11 种仙人掌科（Cactaceae）植物的研究结果表明，其中 8 种具有明显的暗休眠特性（即在黑暗条件下萌发诱导进入次生休眠）。热激能完全阻止皱叶酸模（*Rumex crispus*）种子在 25℃暗吸胀过程中诱发的次生休眠，这种作用可能是通过合成的热蛋白清除种子内部特别是果壳内在萌发逆境下形成或累积的萌发抑制物质而实现的（曾广文，1991）。还有研究发现一种莴苣（*Lactuca watsoniana*）的萌发也会受光照影响，不适宜的光照会诱导种子进入次生休眠，但这种休眠的诱导受到光照、温度和化学物质的交互作用影响（Dias et al.，2015）。野莴苣（*Lactuca serriola*）种子具有暗休眠的特性，其发生的机制可能主要与 GA 有关，即赤霉素途径介导的萌发受阻（Small and Gutterman，1992）。

1.4.3　不适宜水分含量诱导的次生休眠

莴苣、油菜等种子可以在水分含量不适宜条件下诱导次生休眠（刘福霞等，2014；Karssen and Veges，1987）。Hoang 等（2013）在对大麦种子研究中指出，次生休眠的诱导与胚内的水分含量有关，在30℃条件下持续时间72h，水分含量高于0.5g H_2O/g DW 的处理由于发生次生休眠而发芽率显著降低。通过分析发现：含水量是大麦种子诱导次生休眠过程中与 ABA 代谢相关的主要因子，且初生休眠和次生休眠种子中 ABA 和 GA 的代谢不同，ABA 和 GA 的表达与胚的含水量有关（Hoang et al.，2013）。刘福霞等（2014）对甘蓝型油菜非休眠种子和次生休眠种子的转录组进行了 RNA-seq 分析，结果表明：绝大多数 ABA、GA 合成代谢和信号转导基因能从休眠种子转录组中找到同源转录本，但它们的表达水平在样本间多无显著差异。

1.4.4 温度诱导的次生休眠——热休眠

在种子次生休眠中，由不适宜温度条件诱导的休眠（即热休眠）是最为典型和普遍的。如果萌发温度太高（大于 25℃），热休眠就会在莴苣、芹菜（*Apium graveolens*）、蛾蝶花（*Schizanthus pinnatus*）、堇菜（*Viola verecunda*）等植物种子中发生。欧洲白蜡种子成熟时属于形态生理休眠类型，需要较长时间（10~18周）的暖温，然后在 5℃下（大约 12 周）才能解除初生休眠。层积处理后的种子在超过 20℃的恒温和 20℃/30℃变温条件下都会产生热休眠，但在温差较大的变温条件（25℃/5℃）下，没有次生休眠现象产生（Piotto，1994）。张鹏等（2007）对水曲柳的研究发现：解除休眠种子在 20℃以上的恒温条件下萌发超过 3 天会诱导产生热休眠。苹果（*Malus pumila*）种子需要低温层积解除初生休眠，解除休眠后，种子在高于 30℃条件下萌发很容易诱导进入热休眠（Visser，1954）。

关于种子热休眠预防和解除的研究报道较多。二氧化碳与乙烯协同作用可解除莴苣种子热休眠（Negm et al.，1972）。乙烯利有防止莴苣种子热休眠的作用（Harsh et al.，1973）。IAA 在莴苣种子热休眠中起作用，GA_{4+7}（赤霉素 GA_4 和 GA_7 的混合物）、6-苄氨基嘌呤（BAP）或红光照射可抵抗 IAA 的这种作用（Robertson et al.，1976）。特勒迈 AC_{94377} 能极有效地阻止莴苣种子在超适温条件下诱发的次生休眠，促进种子萌发（曾广文和朱诚，1989）。芹菜种子热休眠可被 GA_{4+7}、BAP 和乙烯利打破，但单独使用 BAP 或乙烯利或两者混合效果都不明显，只有当 GA_{4+7} 与 BAP 或与乙烯利共用时才有效果（Palevitch and Thomas，1974）。细胞分裂素和 GA 可解除芹菜种子热休眠（Biddington and Thomas，1978）。GA_3 或乙烯利不能阻止水曲柳种子在 25℃萌发时诱导的热休眠，但乙烯利或 GA_{4+7} 可有效解除此休眠（张鹏和沈海龙，2008）。

Hilhorst（1998）认为与温度变化相关联的膜系统的改变与种子休眠的解除有关，尤其是和次生休眠种子的休眠解除有关。近年来，关于种子热休眠的激素调控研究有所增加，但所得结果并不相同。有研究认为，没有明显的证据表明 ABA

在莴苣种子热休眠中发挥作用（Berrie and Robertson，1976），但该研究以种子为材料，并未分部位（胚和胚乳）进行研究，可能会影响研究结论。更多的研究认为 ABA 在种子热休眠中发挥重要作用（Gendreau et al.，2012；Hoang et al.，2013；Gulden et al.，2004）。Ozga 和 Dennis（1991）认为 GA 含量与诱导产生次生休眠没有明显的相关性。但也有研究表明，野莴苣种子热休眠的机制可能是 GA 途径萌发受阻（Small and Gutterman，1992）。有学者对水曲柳的研究表明：种子热休眠的诱导和解除主要受 ABA、GA 等内源激素的调控（张鹏等，2009；代玉荣等，2011）。在热休眠诱导过程中，种胚中的 GA_3 含量下降，ABA 含量升高，GA_3/ABA、IAA/ABA 降低（张鹏等，2009），而在热休眠解除过程中种子内源 ABA 含量持续下降，GA_3/ABA、IAA/ABA 显著升高（代玉荣等，2011）。Shigeo 等（2012）对拟南芥（*Arabidopsis thaliana*）的研究发现独脚金内酯也参与热休眠的调控，独脚金内酯是一种植物中普遍存在的新型植物激素，其合成突变体和信号通路突变体对热休眠的敏感性增强，进一步的分析发现独脚金内酯通过调控种子中 GA 和 ABA 的水平来调节热休眠程度。

　　近年来，学者对种子次生休眠调控机制的研究有所增加，主要集中在 ABA 和 GA 等激素对休眠的调控上，但研究比较零散，对不同植物种子研究所获得的结论也不尽相同，且只关注对胚的生理研究，没有重视种子其他结构在次生休眠中的作用，也无法深入解析种子次生休眠过程中胚与其被覆组织之间的作用关系及其内在的生理和分子调控机制。因此，在今后的研究工作中要基于各种现象和存在的问题，充分利用现有的植物生理学和分子生物学技术手段，加强对种子次生休眠的调控机制研究。

1.5　解除种子休眠的方法

　　经过长期的研究与实践，对有关解除种子休眠的措施已经积累了相当丰富的经验，针对不同的休眠类型和不同的植物种类采取的措施也不尽相同。

1.5.1　解除物理性种壳休眠的方法

1.5.1.1　机械处理

　　此方法主要是针对有坚硬种皮而造成休眠的种子，一般用手工或机械的方法弄碎或刮破种皮，改变种皮性质，使其透气、透水，对于少量的种子可以用金属刀片、三角锉刀、磨石、砂纸等手工进行剥壳、摩擦或夹裂等。王永春等（2007）用刀片切破肥皂草（*Saponaria officinalis*）种子的种皮，可以有效地破除肥皂草种子休眠，第二天就使其达到完全萌发。徐本美（1995）用裂口处理山楂（*Crataegus pinnatifida*）和桧柏（*Juniperus chinensis*）种子打破休眠效果很好。削切种皮可有效减少猫头刺（*Oxytropis aciphylla*）种子的硬实（曾彦军等，2000），石英砂磨破种皮可显著提高三裂叶野葛（*Pueraria phaseoloides*）种子的发芽率（施和平和陶少飚，2001），去除种皮可显著提高蒙古扁桃（*Prunus mongolica*）种子的发芽率（斯琴巴特尔和满良，2002），用砂纸擦破种皮可显著提高天蓝苜蓿（*Medicago lupulina*）种子的发芽率（冯毓琴和曹致中，2003）。

1.5.1.2 热水浸种

此方法主要是通过不同温度的水在一定的时间内浸种，使种子的种皮软化，透气、透水，吸水膨胀后，促使胚萌动发芽，其中浸种的水温对催芽的效果影响很大，为使种子尽快吸水，常用热水浸种，而温度太高会对种子有伤害，常因树种不同对水温的要求也不同。浸种时，种子要受热均匀，种水比例不同，种子受热程度不同。一般种子与水的体积比以 1：（2~3）为宜，为使种子受热均匀，也要不停地搅拌，使其自然冷却。浸种的时间根据树种的特性而定，一般 1~3 天，种皮薄的不浸或浸几小时，种皮厚的 5~7 天，浸种每 12h 后换一次水。汤涛等（2007）对黄花棘豆（*Oxytropis ochrocephala*）种子的研究表明，热水浸种解除休眠效果较好，以 70℃浸泡 1.5h 效果最好；文亦芾等（2007）对多花木蓝（*Indigofera amblyantha*）种子的研究表明，以热水（75℃）浸种 15min 打破种子硬实特性最好。阴山胡枝子（*Lespedeza inschanica*）种子热水处理以 100℃浸种 24h 的最好（徐兴友等，2004）。刺槐（*Robinia pseudoacacia*）硬实的破除以热水（100℃）浸种 24h 为最好（曹帮华等，2002）。

1.5.1.3 化学处理

（1）酸类浸种

酸液可腐蚀掉一部分种皮或使种皮变软，增强种皮的透气、透水性，同时从理论上讲，酸有利于酶的活动，种子在发芽过程中自身会产生一定量的酸，供应酶活动的需要。一般用浓硫酸、稀硫酸或稀盐酸处理休眠种子，能增加种子的发芽率，不同的树种处理时间各异，酸的浓度也各异。酸浸种时，应经常解剖种子观察其状况，以免酸液伤害到胚。如浓硫酸处理 11h 可提高长柄双花木（*Disanthus cercidifolius* var. *longipes*）种子的发芽率（史晓华等，2002）。浓硫酸处理 2h 可提高秤锤树（*Sinojackia xylocarpa*）、紫荆（*Cercis chinensis*）种子发芽率（史晓华等，1999；孙秀琴等，1998）。用盐酸处理刺楸、现代月季（*Rosa hybrida*）种子效果显著（许绍惠等，1991；金波等，1993）。浓硫酸处理 1.5h 可增强棱角山矾（*Symplocos tetragona*）种子的透气性并减弱种壳机械束缚力（徐本美等，2002）。

浓硫酸处理可以打破皂荚（*Gleditsia sinensi*）种子休眠（张凤娟等，2004）。

（2）碱类浸种

用碱液浸种解除种子的休眠适宜种皮有蜡质的种子，如红松（*Pinus koraiensis*）、刺槐等，碱类可使种皮上的大部分蜡质脱落，一般用 1%的苏打水浸种，直至种皮软化，也可以用过滤后的草木灰代替碱类。结缕草（*Zoysia japonica*）种子用 30% NaOH 浸泡 10~20min，可使颖苞处的大部分蜡质脱落，从而增加透性，打破种子休眠（韩建国等，1996）。植物细胞壁是使植物保持形态和硬度的物质，根据李雄彪和吴钧（1993）对植物细胞壁的研究结果，细胞壁主要由纤维素、半纤维素、果胶、蛋白质、酚类和脂肪酸等组成，而碱溶液对细胞壁主要组成物质有较好的溶解、降解作用。

（3）盐类浸种

一般用碳酸氢钠、硫酸钠、溴化钾等处理种子，使种皮软化的同时，还可以促进发芽，同时，为使种子发芽过程中有充足的营养供应，也可用营养元素肥料浸种，如硫酸铵、过磷酸钙、氯化钾、硫酸锌等，均能提高发芽率。低浓度的 NaCl 溶液对黑麦草（*Lolium perenne*）、盐爪爪（*Kalidium foliatum*）和碱蓬（*Suaeda glauca*）种子的萌发有促进作用（牟新待等，1987；武之新等，1989），0.2% KNO$_3$ 浸种'兰引III号'结缕草种子可显著提高其发芽率（王彦荣和曾彦军，1997）。

（4）有机溶剂

某些有机溶剂处理种子可破除休眠。例如，0.25%的硫脲浸种'兰引III号'结缕草种子 24h 后的发芽率显著高于对照（王彦荣和曾彦军，1997）；30%的 PEG 溶液处理羊草（*Aneurolepidium chinense*）种子 24h 可显著提高其发芽率（刘杰等，2002）；30%丙酮处理结缕草种子 20min，可使发芽率提高到 90%（王继朋等，2004）。

1.5.2 解除形态休眠的方法

1.5.2.1 沙藏层积

沙藏层积对于打破种子休眠有综合性的效果，它既可以促进休眠的胚后熟，又可以促进化学抑制因素破除，使种子中促进生长的激素水平提高，同时也可使种皮透性改善，一般是将种子与湿沙混合，在特定温度条件下贮藏一定的时间。

1.5.2.2 分离胚

对于有些植物，由于种子胚发育不良，沙藏也不能使胚后熟，必须采取一定的生物技术进行无菌培养，将其胚分离出来，然后培养在无菌盆上或无菌琼脂培养基上，使胚发育完全并发芽。但是，这种方法实际操作起来比较困难，而且成本比较高，种子量比较多时不宜使用。

1.5.3 解除生理休眠的方法

1.5.3.1 光照或黑暗处理

对于需光性种子或需暗性种子，给予一定时间的光照或黑暗处理，种子便可以萌发。

1.5.3.2 冷湿层积

冷湿层积能够解除浅性、中度和深度生理休眠。通常浅性生理休眠种子经短期（几天至几个月）冷湿层积可解除休眠，而中度生理休眠种子通常需要至少 2 个月的冷湿层积或者应用赤霉素来代替冷湿层积。预冷处理可以促使胚形态发育成熟、激素发生变化、抑制物质降解、大分子物质转化成小分子物质，提高一些酶的活力，促进有关基因的表达，使低温下种皮透性增强，以及使胚对脱落酸的敏感性降低等（Junttila，1973）。郭永清等（2006）采用低温层积处理北美鹅掌楸（*Liriodendron tulipifera*）种子，经 150 天其发芽率接近 80%，用赤霉素处理后再对种子进行低温层积，种子萌发速度加快。0~5℃混湿沙处理有利于打破花楸树（*Sorbus pohuashanensis*）种子的休眠（沈海龙等，2006）。解除砂梨（*Pyrus pyrifolia*）种子休眠的主要方法为低温层积处理（蔺经等，2006）。元宝槭（*Acer truncatum*）种子也需要冷湿层积才能萌发（孙秀琴和田树霞，1991）。

1.5.3.3 后熟（干藏）

新采收的草本植物种子表现内源的浅性生理休眠（Association of Official Seed Analysts，1993；Atwater，1980）。这类休眠通常在后熟（干藏）阶段转化或消失。对于大多数栽培的谷类、草本、蔬菜和花卉作物，这种浅性生理休眠可能会持续 1~6 个月，并在正常的干燥贮藏过程中消失（Geneve，1998）。如牛茄子（*Solanum surattense*）、黄蜀葵（*Abelmoschus manihot*）、三裂叶豚草（*Ambrosia trifida*）、草地早熟禾（*Poa pratensis*）、莴苣等种子可通过干藏解除休眠（Vleeshouwers and Bouwmeester，2001；比尤利和布莱克，1990）。

1.5.4 解除形态生理休眠的方法

对于形态生理休眠可采用暖温与低温层积交替进行来打破休眠。有些植物具有双重休眠的特性，需要两个阶段，第一个阶段产生根，第二个阶段产生芽，如百合。要打破这类种子的双重休眠，必须使种子先经历一个温暖、潮湿的时期，然后再经历一个寒冷、潮湿的时期，才能萌发（李望，1997）。黄玉国（1986）

对刺楸（*Kalopanax septemlobus*）种子的研究表明，先暖温后低温的变温层积处理可以破除种子休眠。东北刺人参（*Oplopanax elatus*）、东北红豆杉（*Taxus cuspidata*）种子休眠的解除也需要采用先暖温后低温的变温层积处理（刘继生等，2005；程广有等，2004）。

1.5.5　解除综合休眠的方法

种子休眠的原因是各种各样的，解除种子休眠的方法也很多，对于综合因素造成的休眠，应采用综合处理，即将以上的各种方法组合起来，来寻找一种最佳组合解决某一个具体的综合性休眠。

而有些植物种子休眠是综合因素造成的，变温可以使不易透水、透气的种皮变软或破裂，也可使化学抑制因素破除。所以，对于由于综合因素造成休眠的休眠种子，变温沙藏是一个较好的方法。

许多植物种子的休眠都是种壳和胚双重原因引起的休眠类型，因此对此类植物种子的休眠需要用综合方法来破除休眠。野牛草（*Buchloe dactyloides*）种子为综合休眠，除去颖苞并用 KNO_3 预冷处理和变温发芽可使发芽率提高到 85%（李德颖，1995）。0.1g/L GA_3 处理南川升麻（*Cimicifuga nanchuenensis*）种子一周后，在低温湿润条件下存放 90 天，可使发芽率提高到 70% 以上（符近等，1998）。三裂叶野葛种子休眠为综合休眠，通过磨破种皮和激动素（KT）浸种，可使发芽率提高到 95%（施和平等，2001）。结缕草种子为种壳和胚引起的综合休眠，需综合方法来破除休眠（郭海林和刘建秀，2003）。中华结缕草（*Zoysia sinica*）种子休眠类型为综合休眠，用 700ml/L 的乙醇浸泡 3min，在 300g/L 的 NaOH 溶液中处理 20min，再用 200mg/L GA_3 浸泡 10 min 可使发芽率提高到 90%（钱永强等，2004）。鸭茅状摩擦禾（*Tripsacum dactyloides*）种子为综合休眠，用低温层积后水浸处理方可有效提高鸭茅状摩擦禾种子发芽率（Rogis et al.，2004）。

1.5.6　其他处理

随着当今科学技术的发展，处理休眠种子的方法也逐渐步入先进水平，如电力辐射、超声波、红外线、电磁波、激光等也能打破种子休眠，促进发芽。X 射线处理干燥的蚕豆（*Vicia faba*）种子有促进发芽的作用，γ 射线能促进莴苣种子的发芽（傅强等，2003），^{60}Co-γ 射线照射马蔺（*Iris lactea*）种子可有效提高其发芽率（徐秀梅和陈广宏，2003）。16mW/mm^2、18mW/mm^2 和 20mW/mm^2 CO_2 激光处理能提高大豆（*Glycine max*）种子内淀粉酶活性及可溶性蛋白质、可溶性糖和游离氨基酸的含量，同时促进种子萌发（张建东等，2004）。超声波处理种子可使酶的活性增加而破除休眠种子的休眠，尤其对豆科植物种子及萌发困难的小粒种子有效。用 22kHz 超声波处理西伯利亚鸢尾（*Iris sibirica*）种子 10~20min，可有效提高其发芽率（韩建国，1997），超声波处理可显著提高贮藏 1 年的丹参（*Salvia miltiorrhiza*）种子的发芽率（孙群等，2003）。

1.6 种子层积催芽

催芽是以人为的方法打破种子的休眠，并使种子的胚根露出的一种处理。催芽目的是解除种子休眠，促进种子萌发，提高发芽势和场圃发芽率，使幼苗适时出土，出苗齐、快、壮，缩短出苗期，延长生长期，增强苗木的抗性，提高苗木的产量和质量，保证苗木的速生、优质、丰产。如果不进行催芽处理，无论是哪种休眠类型的种子，在播种后都要经较长时间才能发芽出土，且出土不整齐，易造成缺苗断条现象，降低苗木产量和质量，增加管理上的困难，造成经济损失。尤其在我国北方，幼苗出土晚不仅缩短了苗木的生长期，而且出土后的幼苗正遇高温干燥时期，易干旱、灼伤及感染病害，而影响育苗工作的成效。

根据种子休眠方式和程度的不同，可以采取多种催芽方式。但归纳起来，主要有层积催芽（低温层积催芽、变温层积催芽、混雪催芽、高温层积催芽、无基质层积催芽）、水浸催芽、药剂浸种催芽、物理方法催芽等。层积催芽是林木种子打破休眠、促进萌发最常用、最有效的方法，下面对其概念、作用、条件和方法进行简要介绍。

1.6.1 层积催芽的概念

把种子与湿润的介质混合或分层放置，在一定的温度和湿度条件下经过一定时期，促进其达到胚根裸露程度，这种方法称为层积催芽（seed stratification）。早期欧洲贮藏橡实等种子，在容器内铺放一层介质（如沙），厚约 5cm，再铺一层种子，厚约 1.5cm，如此相间成层放置，一般介质 6 层，种子 5 层，上部可浇水保湿，下部有间隙以利排水，使种子（含水量高）安全越冬。之后有人认为这种方法并非单纯是维持休眠的贮藏方法，而是使种子在低温、湿润、通气条件下进行一系列复杂的物质转化，有利于种子发芽，因而将其称为预先发芽或层积催芽（沈海龙，2009）。

1.6.2　层积催芽的作用

层积催芽对种子所起的作用主要有以下几方面。

（1）种子在层积催芽过程中，种皮透性发生有利于发芽的变化

在一定温度、湿度和通气条件下层积一定时间，种皮软化，通气、透水性增加。种子内部有了适宜的水分和氧气，能促进种子内酶的活化。特别是渗透性弱的种子，在层积条件下，氧的溶解度增大，从而保证了种胚在开始增强呼吸时所必需的氧气，有利于打破休眠。

（2）种子在层积催芽过程中，内含物质发生有利于发芽的变化

休眠种子内部含有抑制发芽的物质，在层积处理条件下含量显著减少，抑制作用大大减弱；同时，层积处理还能使促进物质，如赤霉素（GA）和细胞分裂素（CTK）等增加或占优势，调节激素平衡向有利于萌发的方向转化，并消除脱落酸等的抑制作用，从而促进种子萌发。

（3）种子在层积催芽过程中，完成了后熟过程

对于需要经过形态后熟的种子，如银杏、女贞、水曲柳、刺楸、东北刺人参等，在层积催芽过程中，胚完成了分化或明显长大，经过一定时间，胚即能长到应有的长度，完成后熟过程，种子即可萌发。对于需要经过生理后熟的种子，如红松、水曲柳，层积催芽使其完成生理后熟过程。

（4）种子在层积催芽过程中，新陈代谢总的方向和过程与发芽是一致的

对某些树种种子的生物化学研究表明，在层积催芽过程中，山楂种子内的酸度和吸胀能力提高；铅笔柏种子的脂肪和蛋白质含量降低，氨基酸含量增加，提高了水解酶和氧化酶的活动能力，并使复杂化合物转变为简单的可溶性物质，过氧化氢酶的活动能力提高一倍，促进胚乳中的养分向胚中转移。白皮松种子在层积的第 5~13 天，随着脂肪酶活性的缓慢上升，胚乳和胚中脂肪含量相应逐渐下降；同时蛋白酶增高，蛋白质水解加快，氨基酸含量上升；在此过程中出现了多种多样的代谢变化，与种子萌发期间生理过程是一致的。

1.6.3　层积催芽的条件

层积催芽时，必须为其创造适宜的温度、湿度和通气条件等。

（1）温度条件

树种生物学特性不同，对催芽温度的要求也有差异。多数林木种子（特别是北方地区的种子）要求一定的低温条件。但有些树种的种子，特别是深休眠、自然条件下需要 1 年以上时间才能发芽出苗的种子，除需要低温外，还要求一定时间的高温过程，所以变温条件更有利于这类种子的催芽。

（2）湿度（水分）条件

要用间层物（基质）和种子分层放置或混合起来，给种子创造适宜的湿润环境。间层物通常可用洁净的河沙及泥炭、蛭石、珍珠岩、冰雪等。沙子应洗去粘粒，以免通气不良，造成种子腐烂，影响催芽效果，沙子的湿度为其饱和含水量的50%~60%。即以手握成团但不滴水为度。泥炭、蛭石和珍珠岩的通透性好，且保水力强，没有病菌，是良好的基质。也可用雪或碎冰作为基质。

（3）通气条件

在催芽过程中，种子内部进行一系列生理生化活动，物质转化和呼吸作用加快，需要保证及时供应足够的氧气和排出二氧化碳。所以要有通气设施，保证空气流通。在种子数量不多时可用秫秸作通气孔，当种子数量较多时，应每隔一定距离（2m左右）设一个专用通气孔。室内层积催芽时，要经常翻动。

（4）其他条件

其他条件主要是保证种子安全的条件，如防菌、防虫、防鼠等。

1.6.4 层积催芽的种类

层积催芽的方法，根据所用介质的不同，可分为混沙催芽、混雪催芽；根据地点环境的不同，可分为室外埋藏催芽、室内堆积（用木箱或地上堆积）催芽；根据催芽时间的长短，有越冬埋藏催芽、经夏越冬隔年埋藏催芽和短期催芽（多用于强迫休眠种子，如云杉、落叶松等）；按温度的不同，有低温层积催芽、变温层积催芽、高温层积催芽等。

1.6.4.1 室外低温层积催芽

室外低温层积催芽又称露天埋藏催芽，因为通常采用河沙为基质，所以又常称为混沙埋藏催芽。据南京林业大学的研究，采用珍珠岩为基质，效果也很好，而且可以克服河沙粒径变动幅度大、不易掌握的缺点。在冬季积雪的地区，可以使用雪作为基质，此时称为混雪催芽。室外低温层积催芽在我国气温较低地区是应用最为普遍的催芽方法。室外低温层积催芽在催芽过程中使种子经常处于低温条件，在室外把种子埋在地下（或窖里）便于控制种子的湿度并利用冬季的低温。可以克服在室内进行低温层积催芽时，种沙混合物的水分蒸发较快、要经常洒水和翻倒、比较费工等缺点。

1.6.4.2 混雪埋藏催芽

混雪埋藏催芽通常简称为混雪催芽，是室外低温层积催芽方法在冬季积雪地区的应用。本法所处理的种子，也是长期处于低温条件，只是基质改用雪来保证催芽种子所需的水分和低温。主要适用于休眠期较短或强迫休眠的种子，如落叶松、樟子松、油松、赤松、云杉、冷杉等，催芽效果很好，不适用于红松、水曲柳、刺楸、杜松、东北刺人参、花楸等深休眠种子。

1.6.4.3　室内低温层积催芽

少量种子或小粒强迫休眠种子如落叶松、樟子松、云杉、侧柏等，可将种沙（珍珠岩等）混合物（种∶沙=1∶3）置于室内的木箱（塑料袋、瓦盆）等容器内，在低温条件下催芽。一般 0~5℃条件下落叶松、油松、樟子松、红皮云杉等经 20~30 天即可完成催芽。对数量较大或长期休眠（深休眠）的种子，如红松、水曲柳等，可将种沙混合物在不加温的室内堆积，自然温度条件下催芽。目前，林业发达国家通常将种沙混合物（种∶沙=1∶3）在冷藏库（大量种子）或冰箱内（少量种子）的低温条件下存放，进行催芽。优点是可以严格控制温度条件和催芽时间，催芽效果比较理想；缺点是耗能较高，成本高。

1.6.4.4　室外变温层积催芽

室外变温层积催芽是用高温与低温交替进行催芽的方法。即先高温后低温，必要时，在经过高温、低温后再加一段时间高温。例如，红松、水曲柳、桧柏、杜松、东北刺人参等，只用低温需时较久，必须用变温催芽才能获良好效果。室外变温层积催芽通常经历一个气温较高的夏季，又称为经夏越冬隔年埋藏催芽法，简称为隔年埋藏催芽。

1.6.4.5　室内变温层积催芽

此法种子的浸种、消毒、沙子的温度等均与室外层积相同，因种沙要经常翻倒，沙子比例过高不利于翻倒操作，故种沙比例可改为 1∶2。高低温期的温度和经历的时间长短也和室外层积相同，但要勤翻倒种子。室温降至 18℃时开始堆放。刚入室时温度较高，每天翻倒 1 次，约 10 天后每 2~3 天翻倒 1 次。随着气温的降低，翻倒的间隔期逐渐延长，到种堆即将结冻时停止翻倒。这时将种沙堆成堆，浇上冻水。堆的高度不宜超过 80cm，且不要与墙壁相接。种堆上加一层湿沙，再覆盖一层雪，保证不失水分。翌年春季，冻结的种堆开化后，继续进行翻倒。催芽期间要注意经常检查温度、湿度，及时洒水防干，加强防鼠工作等。此法优点是可随时检查种堆情况，操作方便。缺点是前期和后期翻倒次数多而费工。国外林业发达国家，使用人工控温设施完成高低温的调控过程，可在短时间内完成数个高低温循环过程，达到深休眠种子高效快速催芽的效果。目前，我国多数林业苗圃还不具备这个条件。

1.6.4.6 室内高温快速催芽

利用室内加温法将种子与沙的混合物直接置于 18~25℃的温度下催芽。例如,红松先用始温 40℃水浸种,每天换水一次,浸种 4 天后,按种沙比 1:2 混沙,室温 24~25℃,种沙温度 23℃,每天翻倒,适时浇水保持湿度。经 10 天胚乳有光泽,有甜味,胚明显长大。再经 15 天子叶、胚轴、胚根可明显区别,胚的香味和油味减少,甜味增加,说明物质转化和胚的生长在进行中。又经 20 天子叶开始转黄,以后整个胚变黄,胚长增长 1/2,粗约增长 1 倍。个别种子开始发芽。为避免继续发芽,并使胚继续缓慢地进行转化,降温至 6~10℃,又经 20 天到播种期,共 69 天。播种后发芽良好。本法耗能费工,但催芽快是其优点。所以,只在种子调拨过迟、来不及用低温层积法时采用。催芽过程中要防止种子腐烂,种沙湿度要适当低些。

1.6.5 无基质层积催芽

Suszka 等(1994)总结了一种新的无基质催芽方式,称为无基质层积催芽(non-medium stratification),又称为裸层积(naked stratification)。这种方法起始于欧洲,主要用于山毛榉和冷杉催芽,1959 年传至北美,用于火炬松催芽。

这种方式能够很好地控制种子的含水量,适合于大量种子的播种前处理;它能使种子发芽率提高,出苗整齐,提高苗木质量。近期对欧洲白蜡研究(Finch-Savage,个人通信)发现,采用无基质层积催芽(在 15℃条件下层积 8~12 周,然后在 5℃条件下层积 16~20 周)的种子催芽效果最好。层积过程中种子含水量要保持在 40%~45%,以防止种子过早萌发。采用这种催芽方法还可以在催芽处理后对种子进行再干燥(使含水量为 8%)和贮藏(3℃),且进行再干燥贮藏几个月后种子发芽率只略有下降。因此,这种催芽方法可以成功应用于商业生产,它可以为苗圃提供直接播种而无需层积处理的干燥种子,而且苗圃生产者可以根据天气条件来决定播种时间而无需在规定的时间内提前进行催芽处理。

1.7 影响种子休眠与萌发的生态因子

种子能否破除休眠,顺利萌发,受外界生态条件,如水分、温度、氧气、光照、土壤酸碱度、土壤盐分、化学物质、埋深和生物条件的综合影响。水分、温度、氧气和光照是种子萌发最重要的生态因子,任一条件得不到满足,种子都不能萌发或萌发困难。

1.7.1 水分

种子层积处理过程中的含水量对于种子破除休眠的时间和效果具有很大的影响。无基质层积催芽方式能够很好地控制种子的含水量，它能够使种子发芽率高，出苗整齐，提高苗木质量。其关键在于含水量的控制，水分过多或不足都会影响催芽处理的效果。

水分是种子萌发的首要条件，水分过多或不足都不利于萌发。水分过多，间接造成氧气缺乏，不仅使发芽力下降，有时还导致幼苗形态异常（藤伊正，1980）。25℃条件下，土壤含水量为 14.7%时白沙蒿（*Artemisia sphaerocephala*）种子萌发迅速且发芽率最高，超过此范围，土壤湿度越高，其萌发越慢，种子萌发甚至受到抑制（黄振英等，2001）。坡垒（*Hopea hainanensis*）种子萌发的适宜土壤含水量为 30%~50%，当超过 50%时发芽率明显降低（文斌等，2002）。

水分供应不足，难以满足物质代谢需求，即造成干旱胁迫。干旱首先使种子吸水速率减慢，最大吸水量减小，使种子萌发受到抑制或发芽延迟。曾彦军等（2002）对几种灌木种子萌发的研究结果表明，柠条（*Caragana korshinskii*）和花棒（*Hedysarum scoparium*）种子累积吸水率随干旱胁迫的加剧呈显著降低趋势，其发芽率随水分渗透势的降低而降低。Ren 等（2002）对数种沙漠植物种子萌发的研究结果也得到相同结论。干旱胁迫下的高粱（*Sorghum bicolor*）种子累积吸水率随干旱胁迫的加剧呈显著降低趋势（苏珮和山仑，1996）。干旱胁迫使种子萌发受到抑制或发芽延迟，因而抑制幼苗生长。例如，干旱胁迫对野大麦（*Hordeum brevisubulatum*）种子的胚根和胚芽起抑制作用（余玲等，1999）。但有些种子轻度干旱胁迫促进其幼苗胚根的生长，重度胁迫则起抑制作用。曾彦军等（2002）的研究结果显示，轻度干旱胁迫促进胚根生长，而重度胁迫抑制胚根的生长。

1.7.2 温度

种子休眠的类型是多种多样的，而温度在各种类型种子休眠解除过程中的作用也是不同的。

温度通过影响外源物理休眠种子的覆被物来影响种子休眠的解除。例如，有些种子需要高温或日变温（温差＞15℃）吸水。这一需要可以作为种子感受是否处于开放环境的一种途径（Baskin and Baskin，1998）。对于许多物理休眠种子来说，种子覆被物上特殊的位置可以作为环境感受器。在豆科中，这种环境感受器通常是种阜（Manning and van Staden，1987；Morrison et al.，1998）。在锦葵科中，起到此作用的是合点端（Egley，1989）。这些结构受温度影响被破坏后便成为种子吸水的部位。例如，Quinlivan（1968）证明多彩羽扇豆（*Lupinus varius*）

种子在日变温条件下处理，种阜处便成为种子吸水的部位（Quinlivan，1968）。

形态休眠的种子在种子散落的时候胚尚未发育成熟。胚长不及种子长一半的种子被认为是形态休眠（Baskin and Baskin，1998）。通常在种子吸水后萌发前种胚继续生长。种胚的生长过程受温度的影响。有些热带植物种子胚较小，需要经过一个暖温阶段才能萌发。例如，有些棕榈种子需要经过 1~3 个月的高温（35℃）才能完成萌发（Nagao et al.，1980）。再如，猕猴桃（*Actinidia* sp.）和番荔枝（*Annona squamosa*）各需要 2 个月和 3 个月的暖温阶段才能完成萌发。

通过光照和温度的相互作用来控制有些种子的休眠和萌发，其需光性有时可被低温或变温所取代。许多栽培的莴苣种子通常需要光照萌发，然而它们也能在23℃以下的黑暗条件下萌发（Hadnagy，1972）。多年来桦树（*Betula* sp.）种子一直被认为需要冷湿条件萌发，然而未经冷湿处理的种子可在光下萌发（Vanhatalo et al.，1996）。新采收的草本植物种子表现浅休眠（Baskin and Baskin，1998；Association of Official Seed Analysts，1993；Atwater，1980）。这类休眠通常在干藏（后熟）阶段转化或消失。对于大多数栽培的谷类、草本、蔬菜和花卉，这种浅休眠可能会持续 1~6 个月，并在正常的干燥贮藏过程中消失（Geneve，1998）。温度影响浅休眠种子后熟的时间。例如，栽培黄瓜（*Cucumis sativus* var. *sativus*）因其种子休眠期短已具有多年栽培历史，新采收的栽培黄瓜种子在室温下干藏几周（15~30 天）可解除休眠。野生黄瓜（*Cucumis sativus* var. *hardwickii*）被认为是栽培黄瓜的起源种，其种子可以维持 60~270 天的休眠时间（Weston et al.，1992），野生黄瓜在较高温度下干藏能提早解除休眠（17℃下 180 天，而在37℃下只需 75 天）。Roberts（1965）认为植物种内种子后熟时间与温度之间存在线性负相关关系。

许多实例表明，生理休眠种子对层积温度有相似的反应。接近 4℃的温度最有效，低于 0℃或高于 14~16℃的温度通常对生理休眠的解除没有作用（Seeley，1997）。这一发现导致层积度时间概念的产生，用于预测解除休眠所需的时间（Seeley and Damavandy，1985）。在最佳层积温度（4℃）下 1h 等于一个层积度小时。部分层积度时间值被分配给高于或低于 4℃的温度条件。但是低于 0℃或高于 16℃的温度对休眠解除没有作用。而且高于 16℃的层积可以消除或降低先前的冷层积作用。有些植物种子不需要层积处理就可以萌发，但短时间的冷层积处理可以提高出苗率。有人提到将这种现象作为生理休眠的特殊形式（Geneve，1998）。这类植物包括草原龙胆属（*Eustoma*）（Ecker et al.，1994）、金鱼草属（*Antirrhinum*）（Montero et al.，1990）、凤仙花属（*Impatiens*）（Simmonds，1980）的植物和各种针叶树（Jones and Gosling，1994）。

目前，形态生理休眠已具有 8 种不同的类型（Nikolaeva，1977；Baskin and Baskin，1998）。简单形态生理休眠类型种子通常需要先暖温（>15℃）再低温（1~10℃）的过程，在暖温阶段胚继续发育，在低温阶段解除生理休眠。温带地区的多种草本和木本植物属于此类，包括银莲花属（*Anemone*）、鲜黄莲属（*Jeffersonia*）、白蜡树属（*Fraxinus*）、红豆杉属（*Taxus*）、冬青属（*Ilex*）（Nikolaeva，1977）。自然条件下，这类植物种子脱落时胚尚未发育成熟，需要一个暖温阶段完成种胚的继续生长。当胚达到一定尺寸，便可以感受低温刺激以解除生理休眠。有些植物种，其栽培型和野生型具有不同的形态生理休眠表现。例如，欧洲银莲花（*Anemone coronaria*）栽培种种子只表现形态的胚休眠（只需暖温处理），而野生种群种子表现为形态生理休眠，需要先暖温再低温层积处理（Horovitz et al.，1975）。一种很有趣的形态生理休眠植物是泡泡树（*Asimina triloba*）（Finneseth，1998），这种植物种子需要大约 8 周的低温层积解除生理休眠，然后通过暖温过程解除形态休眠后萌发，这一顺序与常见的先暖温再低温解除形态生理休眠的过程正好相反。上胚轴休眠是种子中最有意思的休眠表现形式。这些种子胚根与上胚轴休眠条件不同（Baskin and Baskin，1998；Barton，1944；Crocker，1948）。这些植物分为两类。其中一类属于简单上胚轴休眠，种子在暖温条件下 1~3 个月开始萌发生根，但是还需要 1~3 个月低温层积使上胚轴生长。这类植物包括百合属（*Lilium*）植物、荚蒾、芍药属（*Paeonia*）植物、黑升麻（*Cimicifuga racemosa*）、尖瓣獐耳细辛（*Hepatica acutiloba*）。上胚轴对低温的反应随胚根尺寸大小而不同（Barton and Chandler，1957）。例如，芍药如果胚根达到 4cm 长，经 7 周低温后，80%的种子上胚轴开始生长。相比之下，若胚根只有 2~3cm 长，那么经相同时间低温层积后 40%的种子上胚轴开始生长。

低温可诱导非休眠种子进入二次休眠。金鸡菊（*Coreopsis lanceolata*）可通过 6~18 个月的干藏解除浅性生理休眠，干藏种子在 15℃和 25℃条件下有较高的发芽率，但如果在 5℃条件下萌发则进入二次休眠（Banovetz and Scheiner，1994）。有些情况下，种子在解除初休眠时不需要低温层积，但在解除次生休眠时就可能需要低温层积。例如，大幌菊（*Nemophila insignis*）种子需要在黑暗条件下萌发，如果将种子在光照条件下放置一段时间后便进入二次休眠，而且如果不经过低温处理二次休眠种子在黑暗条件下也不再萌发（Chen，1968）。高温环境下萌发会诱导产生常见的二次休眠——热休眠。如果萌发温度太高（＞25℃），热休眠就会在苹果（*Malus pumila*）、莴苣、芹菜（*Apium graveolens*）、蛾蝶花（*Schizanthus pinnatus*）、堇菜（*Viola verecunda*）等植物种子中发生。这种现象不应与由于环境温度超过种子最大萌发温度而使种子萌发受到抑制相混淆。热休眠的种子当温度恢复到最佳温度条件时仍然不能萌发，而产生高温抑制的种子当温度下降后就可以萌发。有些白蜡树属树种的种子表现形态生理休眠，需要较长时间（10~18周）的暖温，然后在 5℃下（大约 12 周）才能解除初休眠（Yound and Young，1992）。层积处理后的种子在恒温 20℃和 20℃/30℃高温条件下会产生二次休眠（Piotto，1994）。有趣的是，在温差较大的变温条件（25℃/5℃）下，没有二次休眠现象产生。苹果种子需要低温层积解除初生内源休眠。解除休眠后，种子在高于 30℃条件下萌发很容易诱导进入二次休眠（Visser，1954）。Ozga 和 Dennis（1991）认为赤霉素含量与诱导产生次生休眠没有明显的相关性。Hilhorst（1998）通过一个令人信服的事例，证实与温度变化相关联的膜系统的改变与种子休眠的解除有关，尤其是和二次休眠种子的休眠解除有关。细胞膜随温度而改变以维持其流动性，这直接影响整体的膜蛋白。细胞膜中的这些变化可能与初休眠的解除和次生休眠的产生有关。

温度是影响种子萌发的重要生态因子之一。一方面，温度不仅影响最大吸水量，而且影响种子的吸水速率，一般环境温度每升高 10℃，水分吸收速率增加 50%~80%（叶常丰和戴心维，1994；颜启传，2001）。另一方面，有些干燥种子短时间在 0℃以上吸水，种胚就会受到伤害，即吸胀冷害现象将会发生，而且种子原始水分越低越易发生（郑光华等，1990）。关于农作物的吸胀冷害的报道较多，而关于野生植物的报道却很少。温度强烈影响发芽率和萌发速率，适宜的温度促进种子的萌发和幼苗的生长。但植物物种不同，种子最适萌发温度不同，即使同一种植物，因产地不同而最适萌发温度也不同。产于高纬度的马尾松（*Pinus massoniana*）种子在较低的温度（19~23℃）下有较高的发芽率，而产于低纬度的种子在较高温度（28~30℃）下发芽率较高（郑光华等，1990）。自然条件下，昼夜存在变温，因此变温更有利于某些种子的萌发。但某些种子的最适萌发温度为变温或恒温，如驼绒藜属（*Ceratoides*）植物种子的最适萌发温度为 25℃恒温或 25℃/15℃变温（王学敏和易津，2003）。关于变温促进种子萌发的机制方面，一般认为变温能促进酶的活性，有利于贮藏物质转化，促进种皮发生机械变化而利于透气和透水，从而促进萌发。但关于变温效应的解释，究竟是哪种原因起主导作用尚不确定。

温度强烈影响萌发种子内部的酶活性和物质代谢。温度不足，酶的活化或催化作用受到抑制；温度过高会破坏酶结构或使酶失活，抑制种子正常的生理代谢。关于温度影响野生植物种子生理代谢变化的研究较少，但对作物的研究较多。宋松泉等（2002）对甜菜（*Beta vulgaris*）种子萌发的研究结果表明，萌发温度显著地影响着线粒体中的细胞色素氧化酶（CCOD）、苹果酸脱氢酶（MDH）的活性和较小相对分子质量热休克蛋白22的数量。钱春梅等（2002）对番茄（*Lycopersicon esculentum*）种子的研究结果表明，随着温度的升高，超氧化物歧化酶（SOD）和过氧化物酶（POD）含量上升，温度为 30℃时最大，之后减小。马玺等（2003）对萌发中的小麦种子植酸酶含量的研究结果显示，在一定范围内，植酸酶活性随温度升高而升高，温度为 50℃时活性最大，之后迅速下降。

1.7.3 氧气

种子萌发时，呼吸作用产生能量维持一切生理活动，而呼吸作用需要大量氧气。种子在缺氧或无氧条件下萌发，胚乳贮藏物质的转化受阻，使胚陷入饥饿状态，种子的物质转化显著降低，并产生大量有害的中间物质。韩建国（1997）认为，氧气不足时，种子内乙醇酸脱氢酶诱导产生乙醇，乳酸脱氢酶诱导产生乳酸，而乙醇和乳酸对种子萌发均有害。

氧气不足会抑制大多数种子的萌发，提高氧分压能克服供氧不足而促进萌发。林少敏（2002）对西藏砂生槐（*Sophora moorcroftiana*）种子的研究结果表明，西藏砂生槐种子因种皮不透气而供氧不足，使种子萌发受到抑制，通过刺破种皮改善透气性而提高发芽率。程广有等（2004）对东北红豆杉的研究结果也表明同样的结果。但例外的是，有些种子反而在低氧分压条件下发芽率更高，例如，宽叶香蒲（*Typha latifolia*）和狗牙根（*Cynodon dactylon*）种子在8%氧分压时的发芽率显著高于20%氧分压时的发芽率（叶常丰和戴心维，1994）。

1.7.4 光照

无论需光、需暗还是光中性种子，其萌发或休眠均取决于种子内所建立起来的Pfr含量和Pfr/（Pr+Pfr）（Pfr和Pr分别为远红光吸收态和红光吸收态光敏素）（赵笃乐，1995；杨期和等，2003b）。光中性种子在种子成熟时已达到适合萌发的Pfr水平，需光种子在不同程度地接受白光和红光照射后方可达到适宜的Pfr水平，需暗种子萌发要求的Pfr水平较低，萌发需要较长时间的黑暗。在某些植物种子萌发过程中，光照的作用与GA₃对种子的诱导作用相似。Yamaguchi等（2002）的研究结果表明，红光和远红光照射莴苣（*Lactuca sativa*）和拟南芥（*Arabidopsis thaliana*）种子可诱导GA₃的合成。García-Martinez和Gil（2001）的研究结果表明，红光照射萌发中的莴苣和拟南芥种子能提高GA₃含量和赤霉酸氧化酶基因（*GA₃ox*）的表达。

光照对光中性种子萌发影响不大，但能促进需光种子的萌发，而抑制需暗种子的萌发。黄振英等（2001）对梭梭（*Haloxylon ammodendron*）种子萌发的研究结果表明，梭梭种子为光中性种子，光照和黑暗条件下的发芽率无显著性差异。文彬等（2002）的研究结果显示，坡垒种子在全黑和光照条件下的萌发结果无明显差异。王学敏和易津（2003）对驼绒藜属植物种子萌发的研究结果显示，驼绒藜属植物种子属非光敏感种子，光照与否对种子萌发没有明显影响。邢福等（2003）对狼毒（*Stellera chamaejasme*）种子萌发的结果显示，狼毒种子萌发对光照条件不敏感。杨利平等（2000）对几种百合属植物种子萌发的研究结果表明，光照对有斑百合（*Lilium concolor* var. *pulchellum*）、川百合（*Lilium davidii*）和毛百合（*Lilium dauricum*）种子萌发有显著促进作用。黄振英等（2001）的研究表明，白沙篙种子为需光种子，在光下萌发而在黑暗中受到抑制。曾彦军等（2002）对红砂种子的研究结果表明，红砂种子为需暗种子，黑暗较光照更利于红砂种子的萌发。

1.7.5 生物

某些植物和真菌可产生一些生化物质，从而打破种子休眠或抑制种子萌发。山壳梭孢菌（*Fusicoccum amygdali*）产生的壳梭孢素能促进由 ABA 抑制的种子的萌发（傅强等，2003）。多裂骆驼蓬（*Peganum multisectum*）产生的骆驼碱对裸燕麦（*Avena nuda*）、玉米（*Zea mays*）种子的萌发具有抑制作用（刘建新，2003）。动物的啃咬、消化液中的酶或稀酸等会促进某些种子的萌发。赤鹿取食南酸枣（*Choerospondias axillaris*），使果肉与种子分开，免除果肉对种子的抑制作用（王直军等，2000）。克什米尔花楸（*Sorbus commixta*）浆果经过鸟取食后，其种子才能萌发（Yagihashi et al.，1998）。鸟类的研磨作用显著加快了海三稜藨草（*Scirpus× mariqueter*）种子的萌发，而酸性环境和高温条件缓冲了种子的萌发速率（赵雨云等，2003）。昆虫保幼激素（JH Ⅲ）能推迟莴苣种子的萌发和抑制水稻幼苗胚芽的生长，金合欢醛抑制萝卜（*Raphanus sativus*）、莴苣和水稻种子的萌发，金合欢醛和昆虫保幼激素均抑制碎米莎草（*Cyperus iria*）幼苗的生长（Bede and Tobe，2002）。

1.8 植物激素与种子的休眠和萌发

植物激素是植物生长和发育过程中的重要调节因子，是植物体内的代谢产物，并对植物的生长发育与休眠萌发起重要的调控作用。与种子生理有关的主要激素种类是赤霉素（GA）、脱落酸（ABA）、细胞分裂素（CTK）、吲哚乙酸（IAA）、乙烯和油菜素内酯（BR）。当植物感受外界环境刺激后，膜上受体将刺激信号传递到膜内，引起内源激素水平的变化，随后激素将刺激信号通过中间信使进行连续传递，对基因的转录和翻译水平进行调节（Skriver and Mundy，1990；Busk and Pages，1998），最终控制种子的休眠与萌发（Hilhorst，1993；Vleeshouwers et al.，1995）。因而，激素被推崇为首要的萌发因子。关于激素与种子萌发及休眠的关系一直是种子生理生化研究的热点。

1.8.1 脱落酸与种子的休眠和萌发

ABA 具有诱导、维持种子休眠和抑制种子萌发的作用（Kucera et al.，2005；Finch-Savage and Leubner-Metzger，2006）。

对于正贮型（orthodox）种子，种子的发育过程随着种子的成熟和干燥而结束，此时种子中贮藏物质大量积累，含水量下降，ABA 含量升高，种子的耐干特性与初生休眠特性形成（Kucera et al.，2005）。在许多植物中，内源 ABA 都参与诱导和维持种子的休眠状态（Hilhorst，1995；Bewley，1997；Koornneef et al.，2002；Leubner-Metzger，2003；Nambara and Marion-Poll，2003）。成熟种子无初生休眠与种子发育过程中缺乏 ABA 有关，反之 ABA 合成基因的过量表达会增加种子中 ABA 的含量，从而使种子休眠加深或延迟萌发（Nambara and Marion-Poll，2003；Finkelstein et al.，2002；Kushiro et al.，2004）。拟南芥 *cyp707a2* 突变体由于存在 ABA 代谢障碍，导致种子中 ABA 含量增加，也属于 ABA 含量增加而使种子休眠加深的实例（Kushiro et al.，2004）。

在种子发育期间，由种子自身合成的 ABA 才能够维持种子休眠，而来自母体的或者外部施加的 ABA 不具有维持种子休眠的作用（Kucera et al.，2005）。

有研究证实，在休眠种子吸胀过程中会重新合成 ABA，但非休眠种子吸胀过程则不会重新合成 ABA（Ali-Rachedi et al.，2004）。在皱叶烟草（*Nicotiana plumbaginifolia*）（Grappin et al.，2000）、向日葵（*Helianthus annuus*）（Le Page-Degivry and Garello，1992）、大麦（Wang et al.，1995）等植物中也发现了类似的现象。这一 ABA 重新合成的现象可以用来解释其维持种子休眠的机制。

ABA 抑制萌发期间（第一、第二阶段）吸水向萌发后（第三阶段）吸水的转化过程，即 ABA 抑制第三阶段吸水、胚乳的软化、胚的伸长和胚根伸出后幼苗的生长（Kucera et al.，2005）。但 ABA 并不抑制最初的吸水和胚的伸长及种皮的软化（Frey et al.，2004；Manz et al.，2005；Homrichhausen et al.，2003；Müller et al.，2006）。ABA 可能通过调控吸水离子通道活性、水通道蛋白数量或其他特殊组织吸水特性的变化来抑制胚的生长（Manz et al.，2005；Gao et al.，1999）。

有研究使用 GA 处理休眠种子，结果引起了 ABA 浓度的瞬间升高（Ali-Rachedi et al.，2004），这表明休眠种子可能存在一种反馈机制以维持较高的 ABA/GA。Le Page-Degivry 和 Garello（1992）认为在种子休眠维持和解除过程中，ABA 是首要的激素，一旦 ABA 合成受到抑制，GA 就会在浓度足够大时促进种子萌发。

1.8.2 赤霉素与种子的休眠和萌发

GA 具有解除种子休眠、促进种子萌发和拮抗 ABA 的作用（Kucera et al.，2005；Finch-Savage and Leubner-Metzger，2006）。

根据 Karssen 和 Laçka（1985）提出的种子休眠平衡理论，在种子生命活动中，ABA 和 GA 在不同的时间和条件下起作用，ABA 在种子成熟过程中诱导休眠，GA 在种子解除休眠和萌发过程中起作用。

GA 在许多种子的发育过程中合成，并以无生物活性的 GA 合成前体或有生物活性的 GA 两种状态存在（Groot and Karssen，1987；Toyomasu et al.，1998；Kamiya and Garcia-Martinez，1999；Yamaguchi et al.，2001）。有些研究认为发育的种子中 GA 的合成与种子初休眠的形成无关（Bewley，1997；Karssen and Laçka，1985；Groot and Karssen，1987；Koornneef and Karssen，1994），但也有对番茄、花生（*Arachis hypogaea*）和几种十字花科植物的研究认为，种子发育（包括受精、胚的发育、同化吸收、果实的发育）过程中 GA 的合成与种子初休眠的形成有关（Koornneef et al.，2002；Groot and Karssen，1987；Swain et al.，1997；Batge et al.，1999；Hays et al.，2002；Singh et al.，2002）。有研究使用玉米的 ABA 缺乏和不敏感型突变体，利用 GA 合成抑制剂证明 GA 具有诱导胎萌（vivipary）的作用，但并不是 GA 或 ABA 的含量在控制胎萌，而是 GA/ABA 的值在控制胎萌（White and Rivin，2000；White et al.，2000）。因此，在种子发育过程中，GA 可能直接与 ABA 信号相拮抗。

在种子萌发过程中，GA 只在胚根伸出以前大量表达（Yamaguchi et al.，2001；Yamauchi et al.，2004；Ogawa et al.，2003）。目前的研究表明，在种子萌发过程中 GA 有两方面的作用：GA 增加胚的生长潜力；GA 通过软化胚根周围组织以克服种子覆被层的机械阻力（Hilhorst，1995；Bewley，1997；Koornneef et al.，2002；Leubner-Metzger，2003）。

1.8.3 乙烯与种子的休眠和萌发

乙烯促进种子萌发，并拮抗 ABA 的效应（Kucera et al.，2005）。

乙烯对许多非休眠种子的萌发有促进作用（Corbineau et al.，1990；Esashi，1991；Kepczynski and Kepczynska，1997；Matilla，2000）。对于有些种子乙烯能够打破休眠，对于另一些种子即使乙烯对非休眠种子萌发有促进作用，单独使用乙烯也并不足以解除该种子的休眠。关于乙烯在萌发种子中作用的机制有几种假说（Esashi，1991；Kepczynski and Kepczynska，1997；Matilla，2000）。在种子萌发过程中，乙烯最重要的作用可能是促进下胚轴胚根细胞伸长、促进种子呼吸或者提高水势。

乙烯与 ABA 信号转换路径有强烈的互作，它能够通过阻碍 ABA 信号来促进种子萌发（Beaudoin et al.，2000；Ghassemian et al.，2000）。乙烯并不能直接促进种子的萌发，只能通过阻碍 ABA 信号来间接促进种子萌发（Kucera et al.，2005）。

1.8.4 油菜素内酯与种子的休眠和萌发

油菜素内酯能够促进种子的萌发（Kucera et al.，2005）。

应用油菜素内酯能够促进寄生性被子植物（Takeuchi et al., 1991, 1995）、谷类（Yamaguch et al., 1987）、拟南芥突变体（Steber and McCourt, 2001）和番茄（Leubner-Metzger, 2001）种子的萌发。油菜素内酯有类似于 GA 的促进细胞伸长、种子萌发和阻碍 ABA 抑制作用的效应（Kucera et al., 2005）。由于 BR 能够促进乙烯的合成（Steber and McCourt, 2001; Karssen et al., 1989），因此有人认为 BR 可能通过合成乙烯来促进种子萌发。但也有学者提出了一些论据反对这一假说（Steber and McCourt, 2001; Leubner-Metzger, 2001; Jones-Held et al., 1996; Leubner-Metzger et al., 1998）。

1.8.5 细胞分裂素与种子的休眠和萌发

细胞分裂素在发育的种子中存在，主要在液体胚乳中积累（Emery et al., 2000; Fischer-Iglesias and Neuhaus, 2001; Mok and Mok, 2001）。有人提出促进胚细胞分裂的细胞分裂素来自于胚乳。

有人提出 CTK/ABA 作用控制着高粱种子的萌发（Dewar et al., 1998），这一观点又回到了 Khan（1975）曾提出的 CTK 在萌发过程中起"许可"的作用。

已知 CTK 能够解除许多种子的休眠（Cohn and Butera, 1982）。有些研究表明 CTK 可能通过促进乙烯的合成来促进种子休眠的解除和萌发（Matilla, 2000; Saini et al., 1989; Babiker et al., 2000）。

1.8.6 生长素与种子的休眠和萌发

生长素在胚胎发育过程中起主要作用，为球形胚以后调控细胞的组成提供位置信息（Fischer-Iglesias and Neuhaus, 2001; Teale et al., 2005）。但对生长素在种子萌发过程中（在分子水平上）所起的作用还缺乏了解，在种子萌发过程中生长素的含量及转运的变化可能与 GA 有关（Kucera et al., 2005）。

1.8.7 种子对激素的敏感性

植物离体实验经常需要高浓度的激素才能获得显著生理反应，植物组织内激素浓度的微小变化往往不能解释生长发育的明显差异。因此，Trewavas（1982）认为植物激素的作用强弱与浓度无关，细胞对激素的敏感性才是激素作用的控制因素，而敏感性的强弱取决于激素受体蛋白的数量与活性强度。因此，激素对休眠或萌发的调控不仅要考虑激素水平，还要考虑胚对激素的敏感性，如萌发温度会影响胚对 ABA 的敏感性。在 30℃时，外源 ABA 对休眠野燕麦离体胚萌发的抑制作用比 10℃下的强 1000 倍（Corbineau et al.，1991）。植物对激素的敏感性可能由激素受体的数目、受体与激素的亲和性（affinity）、植物反应能力等因素所决定。

1.9　种子休眠与萌发研究中应注意的问题

种子休眠是植物长期适应复杂环境条件而形成的生理生态特性（傅家瑞，1984），它与人们的生活息息相关。因此，种子休眠与萌发一直是种子生理生态学研究中的热点问题（郑光华，2004）。笔者在中国知网以种子休眠或种子萌发为主题进行检索发现，从 2000 年到 2015 年上半年在中文核心期刊上发表的文章数量共计 6700 多篇，年均 430 余篇。可见，种子休眠与萌发仍然是国内学者研究的重点领域。但对相关文献进行分析后发现，一些学者对有些概念和问题的理解还停留在过去的理论体系中，没有和国际上最新的理论相接轨，对试验设计和试验方法中有些需要注意的问题也没有给予足够重视。这些问题可能会导致研究结论出现偏差，导致研究者在国内外期刊投稿时被要求做重大修改甚至被拒稿。因此，笔者将结合国内外相关文献资料对种子休眠与萌发研究中容易误解和出错的一些问题进行总结和探讨，以期为种子生理生态研究工作者提供借鉴和参考，进一步明确相关概念和观点，避免一些错误的发生。

1.9.1　试验材料选择应注意的问题

1.9.1.1　种实的完整性

在进行种子休眠特性研究时，种子、带有各种被覆组织的果实都可以用来作为试验材料。但对同一种植物进行研究时，所选择的试验材料不同可能会对试验结果造成很大影响。例如，肉质果实（fleshy fruit）去果肉和不去果肉的萌发结果会明显不同，因为通常果肉中含有抑制物质，会降低发芽率（Karlsson et al.，2005；Robertson et al.，2006）；还有一些禾本科植物种子有外稃（lemma）等结构，去除这些部分会促进种子萌发（Gallar et al.，2008；Fleet and Gill，2012；Duclos et al.，2013）。所以，去掉种子的任何部分都有可能增加或降低种子的发芽率（Baskin et al.，2006），导致不能通过试验正确地反映种子在自然条件下的休眠与萌发特性。因此，若研究的目的是探究种子在自然条件下的休眠与萌发特性，就要尽可能使用自然脱落的种实（指自然条件下种子或果实脱落后的自然状态）作为试验材料。若研究的目的是揭示生产实践中所使用的播种材料的休眠与萌发特性，则可以以采种后经正常调制程序处理的种子为材料。

1.9.1.2 种子的成熟度与存放时间

种子成熟过程历时较长，在种子成熟的不同时期采种进行萌发试验，试验结果也可能会大不相同。避免某些种子物理休眠的途径之一就是在种子在母树上干燥之前（也就是种子在干燥过程中变为具不透水性之前）进行采种（Jayasuriya et al.，2007；Michael et al.，2007），这样可以获得幼苗。但利用绿色（未完全成熟）种子进行试验可能不会得到种子是否休眠的真正结果（Baskin et al.，2006）。因此，要确定种子的休眠特性，还应以完全成熟的种子，而且应该使用新鲜的而不是经过贮藏的种子作为试验材料。因为具有浅性生理休眠（non-deep physiological dormancy）的种子，在种子干藏期间，尤其是在室温条件下干藏时会发生种子后熟，解除休眠（Baskin and Baskin，1972；Bradbeer，1968）。有些具有物理休眠的种子，干燥可能会导致种子具有吸水能力而解除休眠（Teketay，1996；Thanos et al.，1992）。干燥还会诱导一些植物种子进入休眠状态（Mullet，1984）。如果种子在任何温度下贮藏一段时间后有高发芽率，也不能证明鲜种子是非休眠的。因为在萌发开始之前，这些种子可能已经接受了一些不被注意的处理。因此，新采收的种子最好在一周之内开始试验，如果不能立即进行休眠测试，在种子置于低温下干藏之前需要进行预萌发试验，以获得新种子的萌发能力信息。

1.9.1.3 种子的预处理

在进行种子休眠特性研究时，我们要求尽量使用新采收的成熟种子，避免使用经过贮藏或处理的种子。但在研究种子萌发特性时，往往需要用经过处理的种子作为试验材料。例如，要确定有休眠特性种子的适宜萌发条件，就需要先进行打破休眠的处理，然后将解除休眠的种子用于试验。在研究硝酸盐类（或其他渗透剂）对种子萌发的影响时，通常也是使用经低温层积的种子而不是使用未经处理的贮藏种子作为试验材料。因为低温层积能够增加胚的生长势，从而使经层积种子比未经层积种子在高渗透胁迫条件下更容易萌发。如果种子在萌发前在土壤中经过了低温层积，使用未经层积处理种子可能不会正确反映它在土壤中能够萌发的实际水势条件（Baskin et al.，2006）。

1.9.2 试验设置与实施应考虑的问题

1.9.2.1 温度条件

要想准确反映种子萌发的生态特性，最好是在系列变温条件下进行试验，以模拟生长季节的自然环境（Baskin and Baskin，1998）。在试验设置时，要尽量避免使用恒温，因为恒温在自然条件下不常见，可能会降低某些种类种子的发芽率。在试验过程中，日变温是最常使用的设置。实现种子萌发的日变温条件有两种办法。当控温设备只能设置恒温温度时，可以分别设置代表昼夜温度条件的控温设备，每天早上和晚上需要将种子移入对应的温度条件下；当控温设备（如培养箱、气候箱等）可以实现对温度的连续时控时，只需要把种子放入控温设备，按照试验方案设定好控制的温度即可。可以根据种子从成熟到萌发期间的环境因素来确定其萌发温度条件。例如，如果种子春季成熟秋季萌发，那么很明显种子不需要低温层积过程（Baskin et al.，2006）。

1.9.2.2 光照条件

在试验时要将种子或果实置于有光或无光条件下萌发，以确定其对光照的需求。但要尽量避免使用高光强的光照，因为高光强可能也会抑制种子萌发（Roberts et al.，1987；许慧男等，2010；李文良等，2008）。在试验过程中，需要经常检查、记录种子的发芽情况。许多研究者经常采用在室内白光下暴露几分钟的方法来检查暗培养种子的发芽情况，然后用种子在有光照和暗培养条件下的发芽率差异不显著来证明种子没有需光性（许慧男等，2010；李文良等，2008；盛海燕等，2004）。由于试验条件设置不够严谨，这种试验结果不能完全证明种子萌发是不需要光照的，因为在种子短暂暴露于光下期间，萌发所需光照可能得到满足。有些种子甚至只需要 1~2min 的弱光照就可以满足种子萌发的需要（Baskin and Baskin，1975）。暗培养种子在绿光下检验萌发情况是相对安全的，但这种安全性还取决于具体的种子、所处理时间（后熟阶段）和光质（Baskin et al.，2006）。绿光有促进种子萌发的作用（Blom，1978；Baskin and Baskin，1979），而有些种子在一年中的某些时间里对绿光非常敏感。因此，在破除休眠的不同阶段，比较未接受绿光和接受绿光的种子的萌发情况非常重要。在种子破除休眠的最初阶段，安全的绿光可能不会促进萌发，但在种子破除休眠的后期，也就是种子对萌发刺激因子非常敏感的时期，安全的绿光可能会促进萌发。

1.9.2.3 样本容量和重复次数

在种子休眠与萌发生理生态学研究中，无论是想要确定不同处理打破休眠的效果，还是要比较不同处理对种子萌发的效应，都不可避免地需要进行种子发芽试验，以便根据发芽试验结果来确定最佳的种子处理方案。通常，为了能够让萌发试验结果更具有代表性，进行正确、合理的试验设计是必需的。然而，由于受研究目的、对象及研究材料资源丰富度的影响，人们在具体试验设计上却并不一致，尤其是每种处理设置样本数量的大小和重复次数很难有一个统一的标准。从国内外文献可知，研究者采用 10 粒种子 5 次重复（Ellison，2001）或 10 次重复（Finch-Savage and Clay，1994）、20 粒种子 3 次重复（Walck et al.，2002）或 5

次重复（Garnczarska et al.，2009；Roach et al.，2008）、25 粒种子 4 次重复（Dutt et al.，2002）、30 粒种子 5 次重复（许慧男等，2010）、40 粒种子 3 次重复（姜勇等，2013）或 4 次重复（Samarah，2005）、50 粒种子 3 次重复（Wu et al.，2001；Phartyal et al.，2009）或 4 次重复（Hai and Leymarie，2013；李兵兵等，2013）、100 粒种子 2 次重复（Leinonen，1998；Tinus，1982）或 4 次重复（李文良等，2008）或 5 次重复（Piotto，1997；Zhou et al.，2003）等设置来进行试验。美国肯塔基大学 Carol Baskin 博士曾提及，她的老师认为，在进行种子萌发试验时，3 次重复每个重复 50 粒种子的试验设计可以有很好的代表性（Baskin and Baskin，1998）。同时她也认为：种子萌发试验必须要有重复，在总样本固定的情况下，小样本容量多次重复要比只有一个大样本更能反映实际情况。因此，在种子萌发试验设计时，当样本总量受限制时，尽量增加重复次数而减少每个重复的样本容量可能会让试验结果有更好的代表性。例如，总共有 200 粒种子时，建议使用 50 粒种子 4 次重复的设置，而不是 100 粒种子 2 次重复；总共有 100 粒种子时，建议使用 20 粒种子 5 次重复或 25 粒种子 4 次重复的设置，而不是 50 粒种子 2 次重复。

1.9.2.4　萌发试验观测时间

种子萌发试验观测时间的长短往往取决于植物物种，有的种子萌发需时几十天，有的种子却可以在 1~2 天内完成发芽。Baskin 等（2006）建议在比较不同处理对种子萌发的效果时，试验应该在 4 周内结束。如果研究者想知道种子休眠是否被打破，在某种温度条件下种子能否萌发，则可以每 2 周取部分处理的种子进行萌发试验，持续进行数月至多年，但要注意每次萌发时各种测试条件下都必须给予相同的萌发观测时间。

1.9.3　种子休眠相关概念和分类需要注意的问题

1.9.3.1　如何理解机械休眠？

在 Nikolaeva（1969）的种子休眠类型划分中，将机械休眠（mechanical dormancy）、物理休眠（physical dormancy）和化学休眠（chemical dormancy）归结为种子外源休眠类型。至今，国内仍有一些研究沿用这一分类体系的观点，把由种胚的被覆组织对胚生长的机械阻碍引起的休眠确定为机械休眠（孙杰等，2009；张川红等，2012），也有的将其称为物理休眠（洑香香等，2013）。Baskin 和 Baskin（1998）在其分类系统中明确指出：由种胚的被覆组织不透水性引起的休眠才称为物理休眠，而由种胚被覆组织对胚的机械阻碍引起的休眠也不能称为机械休眠，应归结为生理休眠类型。他们认为完整的休眠种子或处于条件休眠的种子受被覆组织的阻碍而使胚的生长和萌发受阻，其根本原因是种子胚具有较低的生长潜力。有些种子解除休眠过程中，被覆组织的阻力并没有明显变化，而是由于胚的生长潜力不断增加，达到了突破被覆组织所需要的力而最终导致种子萌发（Baskin and Baskin，1998；Bewley and Black，1994；Debeaujon and Kornneef，2000）。也有些种子在解除休眠过程中，胚根端胚乳和果皮层软化，使胚突破外围组织的阻力减少，与此同时胚的生长潜力不断增加，最后导致种子萌发。而减小胚以外组织阻力的现象在许多非休眠种子萌发过程中经常被报道，它并不是在休眠解除过程中必然发生的。因此，胚突破其被覆组织主要靠其生长潜力的增加，而胚生长潜力的变化则是属于胚生理休眠解除的过程。按照 Baskin 的定义，上述我国学者所研究的种子都不能称为机械休眠，也不属于由种皮不透水性引起的物理休眠，而是属于内源休眠中的生理休眠类型。

1.9.3.2 如何理解综合休眠？

Nikolaeva（1969）分类系统中的综合休眠（combinational dormancy）由一个矩阵构成，包含了内源（形态、生理、形态生理）休眠与外源（物理、化学、机械）休眠的各种组合。按此定义，综合休眠实际上是内源休眠和外源休眠的多种组合，而不是由 Crocker（1916）定义的由多种因素共同作用引起的休眠。国内有些学者正是基于对此定义的误解，将宽瓣重楼（*Paris polyphylla* var. *yunnanensis*）（陈伟等，2015）、草玉梅（*Anemone rivularis*）（鱼小军等，2014）、黄精（*Polygonatum sibiricum*）（张跃进等，2010）、野牛草（*Buchloe dactyloide*）（孙杰等，2009）、辽东楤木（*Aralia elata*）（田晓艳和刘延吉，2008）、巴东木莲（*Manglietia patungensis*）（陈发菊等，2007）、麻花艽（*Gentiana straminea*）（李兵兵等，2013）等种子的休眠确定为综合休眠类型。在 Baskin 和 Baskin（1998）的分类系统中对综合休眠有了更严格的定义，他们并没有把化学休眠和机械休眠作为种子休眠类型，而且发育不全的胚休眠（即形态休眠或形态生理休眠）并未在透水性差的种子中被发现（Baskin et al.，2000），也就是不存在形态生理休眠或形态休眠与物理休眠的组合，因此在上述综合休眠分类矩阵中只剩下物理休眠与生理休眠组合。所以，在 Baskin 和 Baskin（1998）的分类系统中，综合休眠只包含了物理休眠与生理休眠组合。由此定义来看，上述国内学者所研究的种子都不属于综合休眠类型，而是属于内源休眠中的生理休眠或形态生理休眠类型。

1.9.3.3 种子在高温条件下不能萌发就是进入次生休眠了吗？

许多种子若放在不适宜的高温下培养太久，会进入次生休眠，即使移回到原来适宜发芽的温度条件下也不能发芽，需要解除休眠后才能萌发，这就是所谓的热休眠（thermodormancy）。相比较而言，种子在不适宜的高温条件下不能萌发，但移回发芽适宜温度条件下就能够萌发，这种现象不是热休眠，而是热抑制

（thermoinhibition）（Geneve，2005）。所以，当种子在高温条件下不能萌发时，并不能确定其是否进入次生休眠，而是需要将其移回到适宜发芽温度条件下看其萌发表现来进一步确定是否进入了休眠状态。

1.9.3.4　种子只有休眠和非休眠两种状态吗？如何确定种子非休眠？

许多人认为种子要么是休眠的，要么就是非休眠的，只有这两种状态。实际上，我们无法直接判断种子的休眠状态，只能通过观察种子的萌发情况来判断其是否休眠。大多数具有浅性生理休眠的种子通过一系列的温度驱动改变它们对休眠和非休眠的各种因素的生理反应能力：种子发育→初生休眠的诱导（Sp）→成熟的种子（Sp）→Sc1→Sc2→Sc3→Sc4→Sc5→非休眠（Sn）→Sc5→Sc4→Sc3→Sc2→Sc1→次生休眠（Ss）→Sc1→Sc2→……。Sc1~Sc5 代表 5 种过渡的生理状态。在这个过程中，种子经历初生休眠（Sp）阶段和非休眠（Sn）阶段，或者在次生休眠的释放和重新诱导之间变化，即休眠连续群（dormancy continuum）。处于 Sc1~Sc5 任何状态的种子都被认为具有条件休眠或者相对休眠（conditional dormancy）（Baskin and Baskin，2004）。具有条件休眠的种子并不能在适合非休眠种子的全部物理环境条件下萌发。在 Sp、Sn 之间，萌发需要的条件逐渐变得越来越宽；在 Sn、Ss 之间，则变得越来越窄。因此，当我们用萌发试验来确定种子休眠状态时，不能因为种子在某些温度条件下不能萌发就认为其是休眠的，也不能因为种子在某些温度条件下能够萌发就认为其是非休眠的，种子很可能处于条件休眠的状态（Baskin and Baskin，2004）。

那么，如何确定种子是非休眠的还是条件休眠呢？确定新采收的成熟种子是否为非休眠的唯一途径就是：先在不同温度条件下进行种子萌发测定，然后给予破除休眠处理（如低温或高温层积），再在相同温度条件下进行种子萌发测定。如果种子的萌发温度范围没有变化，那么种子就是非休眠的；如果种子的萌发温度范围增大，那么种子就属于条件休眠。在进行上述工作时，一定要确保试验温度包含了种子可能萌发的整个温度范围，即使种子在 25℃下萌发很好，在下 25℃是最佳萌发温度的结论之前，也需要测定在 30℃和 35℃条件下的发芽率（Baskin et al.，2006）。

1.9.3.5　如何确定种子属于何种休眠类型？

目前，学者对大量的已知种子进行研究，已经确定了种子的休眠类型。当我们的研究对象是一种缺乏研究甚至从未报道过的种子时，就需要有正确的步骤和方法来确定其休眠类型。建议采用分类检索表的形式（表 1-1）来逐步确定种子的休眠类型（Baskin and Baskin，2005）。

首先，通过解剖种子观察胚的发育状况。如果种子胚已分化完全且充分长大，继续进行种子吸水实验（如测定种子在湿润基质上培养 24h 前后的重量），确定种子能否透水。若种子能透水，将其置于温度为 20℃（12h）/10℃（12h）或 25℃（12h）/15℃（12h）的日变温条件下进行萌发。如果种子在此条件下 30 天内能够萌发，则种子是非休眠的；如果种子在此条件下 30 天内不能萌发，那么种子应该具有生理休眠。若种子不能透水，则需通过打磨、刺破等方式刻伤种皮等外部结构，然后将刻伤后的种子置于前述的温度条件下萌发。如果刻伤的种子在此条件下 30 天内能够萌发，则种子属于物理休眠；如果刻伤的种子在此条件下 30 天内不能萌发，则种子属于综合休眠。在此需要强调，物理休眠意味着种（果）皮是不透水的。虽然酸蚀或机械刮擦（scarification）等处理可以有效打破物理休眠，但这并不意味着如果经过酸蚀（如浓硫酸）或机械刮擦处理后种子发芽率增加就说明种子具有物理休眠，要证明种子具有物理休眠，必须证明种子不能吸水（Baskin et al.，2006）。

表 1-1　种子休眠类型划分检索表

分类依据	休眠类型
1. 胚已分化完全且充分长大‥‥‥‥‥‥‥‥‥‥‥‥‥	2
2. 种子能透水‥‥‥‥‥‥‥‥‥‥‥‥‥‥‥‥‥‥	3
3. 种子在 30 天内萌发‥‥‥‥‥‥‥‥‥‥‥‥	非休眠
3. 种子在 30 天内不能萌发‥‥‥‥‥‥‥‥‥	生理休眠
2. 种子不透水‥‥‥‥‥‥‥‥‥‥‥‥‥‥‥‥‥‥	4
4. 经刻伤后种子在 30 天内萌发‥‥‥‥‥‥‥	物理休眠
4. 经刻伤后种子在 30 天内不能萌发‥‥‥‥‥	综合休眠
1. 胚未分化完全或不发达‥‥‥‥‥‥‥‥‥‥‥‥‥	5
5. 胚未分化完全‥‥‥‥‥‥‥‥‥‥‥‥‥‥‥‥	形态休眠
5. 胚已分化完全但不发达‥‥‥‥‥‥‥‥‥‥‥‥	6
6. 种子在湿润培养基上 30 天内萌发‥‥‥‥‥	形态休眠
6. 种子在湿润的培养基上 30 天内不能萌发‥‥	形态生理休眠

注：表中的萌发温度条件为 20℃（12h）/10℃（12h）或 25℃（12h）/15℃（12h）的日变温。根据 Baskin 和 Baskin（2005），略有改动

通过解剖种子如果发现种子胚未分化完全，那么种子至少具有形态休眠，其是否具有生理休眠还需要进一步确定。如果种子胚已分化完全但不够大，将其置于温度为 20℃（12h）/10℃（12h）或 25℃（12h）/15℃（12h）的日变温条件下进行萌发。若种子在此条件下 30 天内能够萌发，则种子属于形态休眠；如果种子在此条件下 30 天内不能萌发，那么种子应该具有形态生理休眠。在此需要强调，并不是具有较小胚的种子都具有形态休眠，有些种子（如睡莲科）种子胚虽然较小，但在种子萌发之前并不生长，它只具有生理休眠而不存在形态休眠。要证明

种子有形态休眠，需要证实在种子萌发前胚在种子中继续生长。要证实这一点，需要测定至少 15 个新鲜成熟的吸水种子的胚大小，再测定种皮破裂、胚根伸出之前种子的胚大小（Baskin et al.，2006）。

1.9.4 种子休眠破除与萌发相关概念和需要注意的问题

1.9.4.1 种子休眠的破除与种子萌发是同一个过程吗？

在讨论这一问题之前，我们首先要理解种子休眠的概念。目前，从事种子生理学、生态学和分子生物学的学者都比较认同 Vleeshouwers 等（1995）关于种子休眠的定义，即对种子休眠不能简单地将其理解为种子不能萌发，种子休眠应该是种子的一种特性，休眠的程度决定了种子能够萌发的条件范围。Vleeshouwers 等（1995）还明确指出种子休眠破除的过程与种子的萌发过程要明确区分开来。他们认为只有温度改变种子休眠的程度，在解除休眠过程中起主要作用，而光、硝酸盐等因子通常是种子萌发必不可少的因子，但它们只在种子萌发过程中起促进作用，并不会改变种子萌发所需的条件范围，因此它们并不在解除休眠过程中起作用（Baskin and Baskin，2005）。Thompson 和 Ooi（2010）通过综合分析文献也认为破除休眠与促进萌发是完全不同的过程。他们认为萌发信号是环境的变化，这种变化用以表明环境条件与种子萌发所需的条件相一致；而破除休眠是种子本身的变化，这种变化决定其萌发所需要的条件。但 Finch-Savage 和 Footitt（2012）对此观点提出了质疑，他们认为种子休眠具有多层次性，需要逐层破除，而破除最后一层休眠应该与促进（或诱导）萌发是相同的。他们从生理学和分子生物学角度分析认为光、硝酸盐等因子也改变了种子的状态，因此它们也应该属于破除休眠的因子（Finch-Savage and Footitt，2012）。Thompson 和 Ooi（2013）对此质疑作出了回应，认为问题的核心是如何看待"种子的变化"，从生态学还是从生理学或分子生物学的角度来看待种子变化会得到不同的结果。可见，虽然从事种子生理学、生态学和分子生物学的学者在种子休眠的定义上有了共识，但对种子休眠的破除与种子萌发是否是同一过程还存在分歧。种子生态学领域的学者大多认同：虽然在一些生理状态上有相同的表现，甚至其中间过渡过程难以区分，但种子休眠破除与种子萌发仍然是两个不同的过程，而种子生理学领域的一些学者并不认同种子休眠破除与种子萌发是完全不同的两个过程。

1.9.4.2 光是休眠破除因子还是萌发促进因子？

从上述种子休眠破除与种子萌发是否为同一过程的讨论中可以看出，光到底是破除休眠因子还是萌发促进因子还存在争议。有学者认为，如果光照条件缺乏是阻碍种子萌发的唯一环境因子，那么种子就存在光休眠（Bewley and Black，

1994），即种子需要光照打破初生休眠。Bewley 等（2006）认为这样理解光休眠是错误的，Geneve（2005）也提出将光休眠作为初生休眠的一种类型是错误的，光照如同温度一样只是种子萌发所需要的环境因子，而不是休眠的类型。Baskin 和 Baskin（2004）与其他学者（Black et al.，2006）也都认为光照只是非休眠种子萌发所需要的环境因子之一。由此可见，目前在种子生理生态研究领域，学者基本认同：光照应该是非休眠需光性种子萌发的促进因子，而不是需光种子破除休眠的因子，也不应属于种子初生休眠的类型。

1.9.4.3　如何理解后熟（after-ripening）与层积处理（stratification）？

许多人经常用"种子存在后熟"或通过处理"完成后熟"的说法来描述种子存在休眠，或者需要通过处理来打破休眠。这种说法在一些比较老的文献中也经常被提及，这里的后熟可以指包括干藏和湿藏在内的任何打破种子休眠的处理（Geneve，2005）。但是，现在大多数的种子生物学家使用后熟仅仅是用于描述种子需要在暖温、干燥的条件下解除休眠[即干藏（后熟）]，而层积处理则是指在暖温或低温条件下湿藏以打破种子休眠（Geneve，2005）。

层积处理是打破种子休眠最常用的方法之一，在进行种子层积处理时需要注意温度、湿度等条件。例如，将干种子放在纸袋中置于 5℃条件下一段时间，种子不会萌发。因为需要低温层积的种子必须先吸水后才能破除休眠（Baskin et al.，2006），而且只有在种子的含水量达到 25%以上时，层积处理才起作用（Geneve，2005）。种子也不能放在冷冻箱（−20℃左右）中进行低温层积，因为温度过低层积处理也不起作用，0~10℃对于大多数种子是低温层积的适宜温度条件（Baskin et al.，2006）。

1.9.5　种子休眠与萌发研究今后应注意的问题

种子休眠与萌发问题始终是种子生理生态学研究的重点，今后这方面的研究也将更加广泛而深入。对前沿热点问题的把握是否准确，对相关概念和术语理解是否正确，研究材料选择是否科学，试验设计是否合理，研究方法是否严谨规范，这些问题都决定着我们的相关研究与国际接轨的程度，决定着我们的研究水平和同行的认可度。建议研究者在从事种子萌发生态学研究过程中注意以下几点：①试验材料的选取要考虑具体目的，并注意种子的完整性、成熟度、贮藏时间等问题；②严格控制试验条件和过程，设置合理的样本容量和重复次数进行试验；③掌握最新的种子休眠概念和分类理论，正确区分种子休眠的概念和类型；④加强对种子休眠破除与萌发过程的理解和认识，明确相关争议问题的焦点和不同观点。

2 白蜡树属树种种子休眠与萌发的调控

早在 20 世纪 30 年代，Steinbauer（1937）就对美国白蜡（*Fraxinus americana*）、洋白蜡（*Fraxinus pennsylvanica*）等 4 个白蜡树属树种种子的休眠与萌发进行了研究。之后，各国学者相继从果皮透性、胚的发育状况、抑制物质和生理后熟等多方位对白蜡树属树种种子的休眠和萌发机制及催芽技术进行了大量的研究。

2.1 白蜡树属树种种子休眠的原因

林木种子休眠的原因很多，成熟种子有生理休眠、物理休眠、综合休眠、形态休眠和形态生理休眠5种常见的休眠类型（Baskin and Baskin，1998）。有的是由被覆组织造成的，有的是由胚本身的发育状况所致，有的则属于生理代谢问题。各种休眠原因一般不是孤立存在的，而是相互联系互相影响共同控制着种子的休眠，使种子休眠问题的研究复杂化。具体到白蜡树属树种种子休眠的原因，也是观点不一，众说纷纭。

2.1.1 被覆组织与种子休眠和萌发

白蜡树属树种在生产上使用的种子实际上是果实，种子包被在干果内，种皮为一薄层，包被着厚厚的胚乳。果实带翅，有利于风力传播。

Ferenczy（1955）对欧洲白蜡的研究认为果皮对种子的休眠没有明显的作用，他认为果皮是透水的，氧气也能够自由地渗透到种子中。Steinbauer（1937）和 Asakawa（1956）在研究黑梣（*Fraxinus nigra*）和日本水曲柳（*Fraxinus mandschurica* var. *japonica*）时都认为，胚由于受到被覆组织（果皮、种皮和胚乳）的机械阻碍而不能萌发。Asakawa（1956）还认为，果皮内含有抑制物质影响了胚的生长。Finch-Savage 和 Clay（1994）通过测定层积过程中欧洲白蜡种子胚根穿透被覆组织所需力的变化认为，种皮和胚乳等组织对胚的萌发有阻碍作用，而且通过低温层积使胚根端被覆组织的阻力减弱是种子解除休眠、顺利萌发的必需过程。邢朝斌等（2002）的研究表明，接种在含有6-苄氨基嘌呤（BAP）和蔗糖的MS或1/2MS培养基上的水曲柳（*Fraxinus mandschurica*）完整种子，培养38天后没有发芽，而子叶端切掉1/3的水曲柳种子可以发芽。这个结论提示，种皮或胚乳对发芽是有阻碍作用的。还有些研究也得到了相同的结论（Preece et al.，1995；Wagner，1996；Raquin et al.，2002）。Villiers和Wareing（1964）在欧洲白蜡上证明由于完整不裂的果皮限制了氧气对胚的供应，从而影响了胚的生长。Tinus（1982）的研究表明，洋白蜡去翅种子发芽率明显高于未去翅种子，也认为果皮限制了氧气的供应。凌世瑜和董愚得（1983）通过测定水曲柳果皮浸出液对离体胚的抑制作用，以及果皮对胚生长和种子内外气体交换的影响，认为果皮内含的抑制物质和对氧气透入的阻碍延迟了胚的发育。叶要妹等（1999）通过试验证明，对节白蜡（*Fraxinus hupehensis*）种子果翅能透水，不是引起种子深休眠的原因，但果翅可能阻碍种子所含发芽抑制物的渗出，有利于保持种子的深休眠状态。

2.1.2 内源抑制物与种子休眠和萌发

关于种子内源抑制物的研究，在一段时间内曾经是研究者研究的热点。

Kentzer（1966a，1966b）对欧洲白蜡的研究结果表明，成熟的种子含有抑制物质，这些抑制物质在种子收获后的较长时期内具有较高的生物活性，它们具有与赤霉素拮抗的作用，在种子层积过程中有些抑制物质与赤霉素拮抗的特性消失。Sondheimer等（1968）的研究表明，美国白蜡休眠种子和果皮中都含有高浓度的ABA，在低温层积期间，果皮中ABA含量下降37%，种子中下降68%；而不休眠的花白蜡树（*Fraxinus ornus*）种子中ABA含量与美国白蜡经过低温处理后的含量差不多；通过外源添加ABA试验认为，果皮中ABA在调节种子休眠中不起作用，而种子中的ABA具有调节萌发的作用。Sondheimer等（1968）对美国白蜡的研究认为，无论是休眠种子还是经过层积的种子内都有ABA的代谢发生，在层积期间ABA含量的下降主要是由于ABA代谢造成的，ABA代谢能力的增强并不需要层积过程。Nikolaeva和Vorob'eva（1979）的研究表明，ABA和吲哚乙酸（indole-3-acetic acid，IAA）在抑制白蜡种子的萌发中起重要作用，而吲哚-3-乙腈（indolyl-3-acetonitrile，IAN）则在种子休眠中没有明显的作用。郑彩霞和高荣孚（1991）通过对洋白蜡种子发芽率和内源抑制物的分析测定认为，内源ABA不是抑制洋白蜡种子萌发的主要物质，其种子的休眠可能是多种抑制因子（包括ABA）协同作用的结果。郭廷翘等（1991）通过对休眠水曲柳种子薄层色谱（TLC）主要抑制区段的生物测定和气相色谱-质谱联用（GC-MS）鉴定认为，除了ABA还存在其他长链脂肪酸（亚油酸、油酸）等天然发芽抑制物，但对这些主要的天然发芽抑制物在休眠中的作用还不清楚。郭维明等（1991）在研究水曲柳种子后熟期间内源抑制物的特点及其与更新的关系时，通过TLC及生物测定认为水曲柳种子的抑制物水平与休眠程度密切相关。邢朝斌等（2002）的研究中，子叶端切掉 1/3 的水曲柳种子可以在培养基上发芽,但发芽率不高,而添加 BAP 后发芽率大大提高,提示种子中含有阻碍发芽的因素。Blake 等(2002)近期通过气相色谱和质谱联用在欧洲白蜡种子中鉴定出了 ABA、IAA、IAN、茉莉酸(jasmonic acid,JA)和茉莉酸甲酯(methyl jasmonate,MeJA)等内源物质,并认为 ABA、JA 和 MeJA 在种子休眠的调节中起重要作用。

2.1.3 胚的发育状况与种子休眠和萌发

白蜡树属树种,种子形态成熟时,经常有胚发育不完全的现象,所以也有人研究了其胚发育状况与种子休眠的关系。

Asakawa(1956)在研究日本水曲柳时认为,其种子休眠与种胚发育不完全有关。Steinbauer(1937)的研究表明,不同白蜡树属树种子萌发的温度与种子成熟时胚的大小有关,并通过离体胚萌发试验认为离体胚是非休眠的。Ferenczy(1955)对欧洲白蜡的研究表明,胚充满胚腔时,无论事先冷湿处理与否,胚都将是非休眠的。Villiers 和 Wareing(1964)对欧洲白蜡的研究表明,种子成熟时种胚形态是完全的,胚在萌发前只是各器官大小的变化,表现为细胞的分裂和增大,但他们认为前人得到的离体胚是非休眠的结论由于其试验条件的原因是不正确的,并通过改变试验条件得到了不同的结论。他们认为胚即使完全长大,仍然是休眠的,需要一个低温阶段以形成正常的植株。凌世瑜和董愚得(1983)对水曲柳的研究认为,种子休眠的原因主要是与胚的发育不全和种皮、胚乳等包被组织的障碍有关;完成胚的发育可在不同温度下进行,但层积前期的暖温可大大缩短解除休眠的时间;层积前种子中的胚不仅体积小,而且活力也低,在层积过程中随着胚内营养物质不断增加、胚体积逐渐增大,胚的呼吸强度、萌发生长能力及对抑制物抑制萌发的抵抗能力都不断提高,最后终于克服包被组织的阻碍而萌发。Nikolaeva 和 Vorob'eva(1978)对欧洲白蜡的研究表明,成熟种子胚的长度存在着种源变异,种子的胚率(胚长/胚乳长)南部大于中东部和西部,南部种子的休眠程度也较另外两个地区弱。Wagner(1996)对自然条件下处于不同形态和生理成熟阶段的欧洲白蜡种胚研究认为,种胚从球形胚至鱼雷胚后期阶段不能萌发,即使形态分化完全的胚也不具备萌发能力;种子成熟后离体胚能够萌发,但不能长成正常苗,只有在种子脱落后的第二个春季离体胚才能萌发并生长成正常苗木。

2.2 白蜡树属树种种子休眠与萌发的调控机制

引起种子休眠的原因很多,而且不同树种种子的休眠特性也不同。究竟是什么因素控制着种子的休眠呢?许多学者试图找到一个共性的因素来阐明种子休眠的机制，在长期的研究中也提出了种种学说，主要有激素调控学说（Khan，1976）、呼吸途径调控学说（Roberts，1969）、光敏素调控学说（Smith，1975）、能量调控学说（Khan and Zeng，1984）、基因调控学说（Jacob and Monod，1961）等。

具体到白蜡树属树种这方面的研究非常有限。Villiers 和 Wareing（1960）在研究欧洲白蜡种子的基础上，提出了发芽抑制物和促进物之间作用的观点，其中促进物包括 GA_3 和 CTK 等内源激素。Amen（1968）发展了促进物和抑制物之间作用的观点，提出了种子休眠的激素控制模式。它的基本点是种子休眠状态取决于内源抑制物与促进物的平衡，当促进物和抑制物的平衡有利于抑制方面时发生休眠，休眠种子需要外界条件刺激使内源激素活化，激素使潜在的酶系活化起来，最后恢复全部代谢活性，导致种子萌发。赵海珍（1983）通过测定层积处理期间水曲柳种子内源激素的动态变化，也认为种子内源促进物和抑制物之间的平衡决定着种子的休眠萌发。Villiers（1968）用 ABA 对欧洲白蜡种子做的一些研究揭示休眠和转录有关，在这种情况下 ABA 起阻遏作用；ABA 诱导种子休眠在于抑制专性 mRNA 合成，进而抑制专性蛋白的合成。这一研究从分子水平上揭示了植物激素对种子休眠和萌发的调控。Blake 等（2002）近期通过气相色谱和质谱联用在欧洲白蜡种子中鉴定出了 ABA、IAA、IAN、JA、MeJA 和 14 种赤霉素类物质；处在发育过程中的种子含有全部的 14 种赤霉素，但在休眠种子中只有 2 种（GA_{17}、GA_{19}），而在已层积种子中存在 5 种（GA_1、GA_8、GA_{19}、GA_{20}、GA_{29}）；因此认为赤霉素类物质在种子休眠破除过程中起重要作用，而 ABA、JA 和 MeJA 在种子休眠（启动和维持）的调节中起重要作用。

2.3 白蜡树属树种种子的萌发调控

2.3.1 层积处理

白蜡树属树种传统的解除种子休眠的方法包括隔年埋藏、越冬埋藏等层积处理方法。层积处理常用的基质包括沙子、泥炭或两者的混合物等，在层积过程中要保持混合物的湿度，并注意通风。

凌世瑜和董愚得（1983）对水曲柳的研究表明，解除种子休眠需要经过 8~10 个月，先在暖温（20℃）下 4~5 个月，再在低温（5℃）下 4~5 个月。赵玉慧和李森（1989）则认为以暖温层积 60 天后转入低温层积 50 天效果最好，发芽率可以达到 86.5%。Wcislinska（1977）对欧洲白蜡的研究表明，单纯的暖温无法破除种子休眠，需要暖温（17~20℃）2~3 个月后再低温（4~6℃）8~9 个月的变温层积种子才能萌发。Suszka 等（1994）则认为欧洲白蜡种子催芽的最佳层积条件是先暖温（15℃）16 周后低温（3℃）16 周。Tinus（1982）对洋白蜡的研究认为，温水浸种 4 天后经低温（3℃）处理 60~90 天破除休眠效果最好，种子发芽率高且发芽速度快；低温处理前经 30 天的暖温（20℃）处理能够提高发芽速度，但发芽率并不是最高的，继续延长暖温处理的时间发芽效果更差。Piotto 和 Piccini（1998）对狭叶白蜡树（*Fraxinus angustifolia*）的研究表明先暖温（20℃）处理 30 天，再低温（5℃）处理 30~60 天或单纯低温处理 120 天对种子休眠破除和提高种子发芽率及发芽速度是最有效的。

2.3.2　植物生长调节剂的应用

有关外源植物生长调节剂促进种子解除休眠的报道较多，也有学者对白蜡树属树种进行了这方面的探索。

Wcislinska（1977）对欧洲白蜡研究表明，赤霉素对种子休眠解除的作用取决于层积温度：在暖温条件下施用赤霉素能刺激萌发，但不能解除休眠；在低温条件下施用赤霉素可以缩短低温处理时间，加速休眠的解除，促进萌发；在变温层积条件下施用赤霉素没有明显作用。凌世瑜（1986）用赤霉素处理水曲柳休眠种子认为，赤霉素处理可以促进暖温层积过程的完成，但不能取代对低温的要求。Lewandowska 和 Szczotka（1992）用精胺（spermine，Spm）溶液、激动素（kinetin，KT）溶液和赤霉素溶液处理欧洲白蜡休眠种子，结果表明，在暖温（15℃）前处理对于破除休眠和种子萌发的作用是不明显的，在低温（13℃）层积前处理可以促进休眠破除。徐万疆和陈芳（1999）对洋白蜡（*Fraxinus pennsylvanica*）种子进行植物生长调节物质浸种催芽试验，结果表明，温水浸种 24h 后用 200mg/L 的 IAA 浸种 3h 和 200mg/L 的 GA_3 浸种 24h 催芽效果与层积催芽法发芽率基本相当。王炳举等（2002）对小叶白蜡（*Fraxinus sogdiana*）种子的研究表明，100mg/L 的 GA_3 浸种 16h 催芽效果较好。Tinus（1982）对洋白蜡的研究表明，适当浓度的 GA_3 和 BAP 溶液能够促进种子萌发，低浓度、短时间的植物生长调节剂处理没有明显效果，而高浓度的植物生长调节剂处理也不利。

2.3.3　无基质层积处理

Suszka 等（1994）提出了一种新的无基质催芽方式（也称为裸层积），这种方式能够很好地控制种子的含水量，适合于大量种子的播种前处理；它能够使种子发芽率高，出苗整齐，提高苗木质量。这种催芽方法可以成功应用于商业生产，它可以为苗圃提供直接播种而无需层积处理的干燥种子，而且苗圃生产者可以根据天气条件来决定播种时间，而无需在规定的时间内提前进行催芽处理。

2.3.4 萌发温度

解除休眠种子需要在适宜的环境条件下萌发并生长，种子萌发的环境条件尤其是温度条件对种子能否顺利萌发至关重要。

Asakawa（1956）对日本水曲柳的研究认为，25℃/20h+8℃/4h 的日变温条件下种子萌发较好，如果 25℃的时间超过 22h 发芽率就会降低。恒温 25℃条件下种子几乎不萌发，恒温 8℃条件下虽然发芽率较高，但发芽时间延长。Piotto 和 Piccini（1998）对狭叶白蜡的研究表明，在 25℃/8h+5℃/16h 变温条件下的种子萌发要比 30℃/8h+20℃/16h 变温条件下好。Piotto（1994）和 Suszka（1978）发现，持续 20~25℃高温会诱导二次休眠而抑制已解除休眠的白蜡种子萌发；最佳的萌发条件应该在日变温（20℃或 25℃/8h，3℃或 5℃/16h）的情况下。因此，建议在早春日温差较大时播种，在晚春或初夏播种会增加因诱导产生二次休眠而降低发芽率的可能性。

2.4 水曲柳种子休眠与萌发研究现状及存在的不足

水曲柳是我国东北林区重要的阔叶用材树种。水曲柳一般以种子繁殖为主，近些年来，人们就萌芽更新（荆涛等，2002）、扦插（朴楚炳等，1995）、嫁接（李丰等，2002；沈庆宁等，2002）及组织培养（王彩云等，1999；张惠君和罗凤霞，2003；谭燕双和沈海龙，2003；Bates et al.，1992）等无性繁殖方法作了尝试，并取得了一定的进展。这些无性繁殖方法有一定的应用潜力，但由于各种原因迄今还与生产应用有很大距离。目前生产中种子繁殖仍然是水曲柳繁殖的主要方式。

由于水曲柳种子有深休眠特性，给育苗生产带来了一定的困难，因此许多学者对其休眠特性进行了一些研究。目前对其休眠的机制已有较深入的了解。引起水曲柳种子休眠的原因主要有以下几个方面：①果皮内含抑制物质和阻碍氧气透入。凌世瑜和董愚得（1983）通过测定水曲柳果皮浸出液对离体胚的抑制作用，以及果皮对胚生长和种子内外气体交换的影响，认为果皮内含抑制物质和对氧气透入的阻碍延迟了胚的发育。②种胚未发育成熟。Asakawa（1956）在研究日本水曲柳时认为，其种子休眠与种胚发育不完全有关。凌世瑜和董愚得（1983）对水曲柳的研究也认为，种子休眠的主要原因是胚发育不全。③胚生理休眠。完成胚形态后熟的种子仍然不能萌发，需要经过冷湿处理后才能萌发。④存在内源抑制物质。郭廷翘等（1991）通过对休眠水曲柳种子TLC主要抑制区段的生物测定和GC-MS鉴定认为，除ABA外还存在其他长链脂肪酸（亚油酸、油酸）等天然发芽抑制物。

针对水曲柳上述休眠原因，对其解除休眠的方法也进行了一些研究。目前已确定先暖温后低温的变温层积处理是解除种子休眠的最佳途径。但对于不同层积温度阶段所需要的时间观点不一。凌世瑜和董愚得（1983）认为应先在暖温（20℃）下 4~5 个月，再在低温（5℃）下 4~5 个月。赵玉慧和李森（1989）则认为以暖温层积 60 天后转入低温层积 50 天效果最好。植物生长调节物质对许多种子解除休眠具有促进作用。对于使用植物生长调节物质处理水曲柳种子也进行过尝试。凌世瑜（1986）用赤霉素处理水曲柳休眠种子认为，赤霉素处理可以促进暖温层积过程的完成，但不能取代对低温的要求。王正生等（1993）认为一定浓度的赤霉素处理种子对出苗有利。在苗圃生产实践中主要以隔年埋藏处理种子为主。王文田等（2001）认为隔冬埋藏法不易出苗，提出了鲜种处理法、混沙变温处理法、混雪变温法和提前播种法。

综上表明，目前对于水曲柳种子休眠的机制已有深入了解。在解除种子休眠的方法上取得了很大的突破，但并没有达到尽善尽美的程度。在生产实践中经常采用的方法通常需要很长时间，种子一般经处理后在成熟后的第二个春季才能萌发出苗。有些处理方法可以使种子在成熟后的第一个春季萌发，但发芽率低，出苗不整齐。另外，对解除休眠的水曲柳种子的适宜萌发条件基本没有研究，缺乏了解，播种季节也受到严格限制，在很大程度上影响了育苗的效果。因此有必要对水曲柳种子休眠与萌发的生理生态特性进行更为深入细致的研究，为制定更为实用、经济、快速、有效、方便的种子催芽技术方法和确定解除休眠种子适宜的萌发条件提供理论依据，以达到理想的播种育苗效果。

2.5　水曲柳种子休眠与萌发调控研究的目的和意义

良种壮苗是重要的造林技术措施之一，是人工林培育的基础环节，对于人工林的速生、优质、丰产具有重要的意义。长期以来，水曲柳一直以种子繁殖为主，而种子具有深休眠的特性给育苗生产带来了一定的困难。要想将优质种子转化为优质苗木就必须在打破种子休眠、促进萌发这一环节上下功夫。从前人研究可知，在水曲柳种子休眠和萌发方面取得了一些突破，但有些方面还存在不足，影响了播种育苗的效果，需要对其休眠和萌发的生理生态特性进行进一步的探索和研究。

对水曲柳种子不同发育阶段（包括种子发育至成熟过程、种子成熟后破除休眠过程及种子解除休眠后的萌发过程）种子休眠与萌发的生理生态特性进行研究，可以为制定实用、经济、快速、有效地解除水曲柳种子休眠、促进萌发的技术措施提供理论和技术参考（需要强调的是，此处所说的不同发育阶段是指整个种子生活史的不同发育阶段，既包括受精后种子发育至成熟的过程，也包括种子成熟后至破除休眠、完成萌发结束种子生命历程这些过程）。为此要解决以下主要问题：①种子发育至成熟过程中的生理状态及其与种子休眠和萌发的关系；②对成熟种子破除休眠催芽过程的改进和优化；③经夏越冬播种方法的可行性及其相关技术；④解除休眠种子干燥贮藏的可行性及其相关技术；⑤解除休眠种子的适宜萌发条件及其调控技术。

种子休眠和萌发一直是种子生理学研究中的热点问题。对水曲柳种子休眠与萌发过程中的生理生态特性进行研究，能够进一步丰富种子休眠理论，加深对种子休眠和萌发习性的了解，指导苗圃育苗生产实践，促进种子生理学和种苗学的发展。

林木良种是实现人工林速生、丰产、优质的遗传基础。目前，通过种子园等方式生产的水曲柳改良种子十分有限，且生产成本较高。如何使有限的优质种子高效地转化为优质苗木便成为亟待解决的问题。针对上述问题的研究可以为制定实用、经济、快速、有效的种子催芽方法提供理论参考，以获得理想的育苗效果，使良种壮苗这一人工林培育的基础环节得以实现和加强，这对育苗生产实践和加速森林资源的培育都具有重要意义。

3 水曲柳种子发育过程中的生理状态
及其休眠与萌发特性

对于正贮型种子，种子的发育过程随着种子的成熟和干燥而结束，此时种子中贮藏物质大量积累，含水量下降，ABA含量升高，种子的耐干特性与初生休眠特性形成（Kucera et al.，2005）。此时，种子无休眠特性的植物其种子达到了形态上和生理上的成熟状态，可以进行采种工作，若提前采种（即所谓的拧青）则会降低种子品质。有些植物在种子发育过程中因缺乏ABA或其他抑制因素会出现胎萌的现象（Nambara and Marion-Poll，2003；Finkelstein et al.，2002；Kushiro et al.，2004），导致种子产量和品质降低。而有些种子具有休眠特性的植物，在种子成熟过程中ABA合成基因的过量表达会增加种子中ABA的含量，从而使种子休眠加深或延迟萌发（Nambara and Marion-Poll，2003；Finkelstein et al.，2002；Kushiro et al.，2004），另外由于不同发育时期种子休眠程度存在差异，因此确定适宜的采种时间对于种子休眠的解除和萌发至关重要，从而也关系到生产实践中利用种子繁殖的效益。

水曲柳目前以种子繁殖为主，而其种子具有深休眠的特性，给育苗生产带来了一定的困难。水曲柳种子一般于9月下旬或10月上旬成熟，可在此时进行采种。在生产实践中，通常采用隔年埋藏催芽法处理种子。一般经催芽处理后，在成熟采收后的第二个春季才能萌发出苗。有些处理方法（如隔冬埋藏法）可以使种子在成熟后的第一个春季萌发，但处理效果不稳定，种子发芽率低，出苗不整齐。

水曲柳种子不同发育时期的休眠程度是否存在变化？哪些生理指标和种子休眠程度的变化有关？什么时期采集的种子通过层积处理可以萌发？提前采集种子进行层积催芽是否具有可行性？这些问题的解决对于水曲柳适宜采种时期的确定具有重要的意义，同时也对传统观点采种不能拧青提出了挑战。本章以不同发育时期水曲柳种子为材料，探讨不同发育时期种子的生理状态与种子休眠和萌发的关系，目的是确定不同发育时期种子生理状态的变化与其休眠的关系，确定不同发育时期种子经层积处理后的萌发反应，确定提前采种进行层积处理的可行性及适宜的采种时期。

3.1 试验材料和方法

3.1.1 试验材料

在东北林业大学校园内水曲柳人工林中选择并固定单株采种树，采种树已达到稳定结实年龄。于种子发育过程中的不同时间采集树冠上层的水曲柳种子（实际是果实）。采种时间从 7 月中旬（开花后 70 天）开始至 9 月末（开花后 140 天）结束，每 10 天采集一定量的种子用于试验。

3.1.2 研究方法

3.1.2.1 不同发育时期水曲柳果实与种子形态指标的观察与测量

每个取样日取样后对水曲柳种子发育情况进行拍照，并测定如下指标。

a）果实、种子鲜重和干重：每次取 30 粒果实，使用电子天平（万分之一）测定水曲柳果实和种子的鲜重及干重，并计算果实和种子的含水量。

b）果长、种子长、胚长：使用游标卡尺测定长度，每次取 30 粒果实，分别测定果长、种子长、胚长（剥开种子取出胚测量），并计算胚率（胚长/种子长）。

c）胚干重、胚乳干重：每次取 30 粒种子，每个处理 10 粒种子，将胚乳（包括种皮在内）与胚分开后烘干，使用电子天平（万分之一）测定干重，重复 3 次，并计算胚重比（胚干重与种子干重的比值）。

3.1.2.2 不同发育时期水曲柳种子胚离体萌发能力的测定

每次采种后进行水曲柳种子的离体胚萌发试验，将胚从种子中剥离出来，置于垫有一层滤纸的培养皿（9mm）中，培养皿中添加以下 2 种溶液：a 为蒸馏水；b 为 1mg/L 的 GA_3 溶液。每种处理 20 个胚，4 次重复。

离体胚萌发于 20℃ 光下进行，每 4 天观察记录 1 次离体胚的萌发情况。记录共分以下 6 种情况：①胚腐烂或死亡；②无任何变化；③胚体有所增大，但形态没有变化；④子叶伸长变绿，胚轴和胚根没有变化；⑤子叶伸长变绿，胚轴伸长，胚根无变化；⑥完全萌发。

3.1.2.3 不同发育时期水曲柳种子抑制物质的提取及其生物测定

每次采种后将一定量的水曲柳种子于低温（2~5℃）下保存，待全部采种结束后进行抑制物质的提取和生物测定。

取每次所采种子的果皮和种子各 2g，用 80%甲醇在冰浴（0℃）下浸提 24h后过滤，将滤液于低温（2~5℃）下贮存，过滤后的果皮或种子再在相同条件下浸提 24h 后过滤，再将两次滤液混合。滤液在 45℃下减压浓缩，浓缩液即为果皮或种子的粗提取液，将粗提取液定容至 20ml（即原液，浓度以果皮或种子计为0.1g DW/ml 溶液），在低温（2~5℃）下保存备用。

进行抑制物的生物测定时，将果皮和种子的浸提液设置为 3 种浓度梯度：①0.1g DW/ml 溶液（粗提取液原液）；②0.04g DW/ml 溶液（原液稀释 2.5 倍）；③0.02g DW/ml 溶液（原液稀释 5 倍）。以蒸馏水为对照进行白菜种子萌发测定。每种处理 3 次重复（3 个培养皿），每个培养皿内部垫一层滤纸，然后加入不同溶液 3ml，滤纸上放 50 粒白菜种子。培养皿置于培养箱中（温度 25℃，8h 光照）进行发芽试验，24h 测定发芽率。

3.1.2.4　不同发育时期水曲柳种子内源激素含量的测定

每个取样日取去果皮种子3g，采用高效液相色谱法（HPLC）测定内源激素IAA、GA、ABA、ZT的含量。

仪器和试剂：Waters600 高效液相色谱仪，Waters2996二极管阵列检测器，HT-230A COLUMN HEATER柱温箱。IAA、GA、ABA、ZT标准品均为进口分装产品，其他试剂均为分析纯，试验用水为重蒸水。

操作方法：内源激素的提取、测定方法如图3-1所示，测定时尽量保持色谱操作条件一致，进样量相同。

高效液相色谱的色谱柱为 Hiqsil C_{18} 柱：250mm（长）×4.66mm（内径），粒度 5μm。

测定 IAA、GA_3、ABA、ZT 含量的液相色谱条件如下。

流动相：甲醇-水-乙酸（体积比为 54：45.2：0.8）混合液（pH 3.5）。

检测波长（UV）：测定 IAA 的波长为 280nm，测定 GA_3 的波长为 204nm，测定 ABA 的波长为 250nm，测定 ZT 的波长为 270nm。

流速：1.000ml/min。

灵敏度（AUFS）：0.1。

进样量：20μl。

用外标法定量测定，根据外标的保留时间确定激素种类。

Sep-Park C_{18} 柱活化：固相萃取小柱使用前先用 1ml 甲醇活化，再用 1ml pH 3.0水平衡小柱。

GA_3、IAA、ABA、ZT 的回收率分别为 99.47%、100.5%、96.7%、95%。

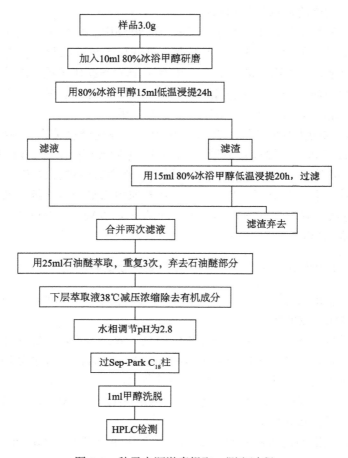

图 3-1　种子内源激素提取、测定过程

3.1.2.5　不同发育时期水曲柳种子的催芽处理与萌发

每个取样日采集的种子与 2 倍体积的基质（河沙与蛭石以 3：1 的比例混合）混合后进行两种催芽处理过程：①暖温 20℃（3 个月）+低温 5℃（3 个月）；②暖温 20℃（4 个月）+低温 5℃（3 个月）。每种处理 100 粒种子，4 次重复。层积处理结束后于 15℃/10℃黑暗条件下萌发，测定各处理水曲柳种子的发芽率。

3.1.3　数据分析方法

试验数据利用 Microsoft Excel 和 SPSS 11.5 数据处理软件分析。

3.2　结果与分析

3.2.1　不同发育时期水曲柳果实与种子的形态变化

不同发育时期水曲柳果实与种子的状态变化较大（图 3-2）。开花后 60 天时，种子较小，胚乳呈现液态，胚很小，正处于快速发育阶段。开花后 70 天时，种子快速发育变大，胚乳开始固化，胚迅速发育长大。开花后 100 天时，种子和胚的大小基本稳定。开花后 140 天时，种子和果实开始变色，种子达到形态成熟状态。

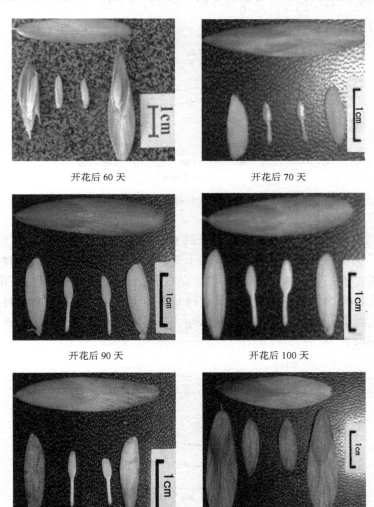

图 3-2　不同发育时期水曲柳果实与种子的状态（彩图请扫封底二维码）

3.2.2 不同发育时期水曲柳果实与种子的含水量和重量变化

从不同发育时期水曲柳果实与种子的含水量变化（图 3-3）可知，随着发育时间的延长，果实与种子的含水量都呈现不断下降的趋势。尤其是在开花后120~140 天，果实和种子的含水量都迅速下降，分别从 54.91%和 41.57%降至 10%左右，这是种子快速干燥脱水的阶段。从图 3-3 可见，在开花后 80 天以后果实的含水量均高于种子的含水量，只是在开花后 70 天时种子的含水量（77.85%）高于果实的含水量（69.47%）。这主要是因为在开花后 70 天时种子中的胚乳主要以溶胶状存在，种子的含水量相对较高，而在发育后期，随着种子中干物质的不断积累，胚乳也主要以凝胶状存在。

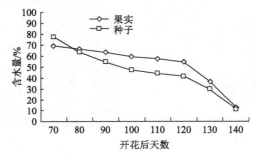

图 3-3 不同发育时期水曲柳果实与种子含水量

从不同发育时期水曲柳果实与种子的重量变化（图 3-4）可见，随着发育时间的延长，果实与种子的鲜重都呈现先上升后下降的趋势，而果实与种子的干重则呈不断增加的趋势。果实与种子的鲜重是在开花后 120~140 天开始逐渐下降的，尤其是果实鲜重迅速下降，单果重从 0.149g 降至 0.076g，这是果实和种子含水量迅速下降的结果。单个果实干重从 0.039g 增加至 0.066g，单个种子干重从 0.008g增加至 0.036g。

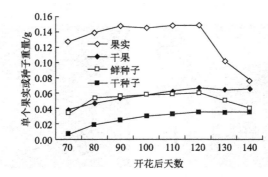

图 3-4 不同发育时期水曲柳果实与种子重量

3.2.2.1 不同发育时期水曲柳种子的形态变化

方差分析结果表明：不同发育时期水曲柳果实的长度差异不显著（$P>0.05$），从图 3-5 可见，随着发育时间的延长，果实长度并没有明显变化。花后 70~140 天，果实的长度都保持在 3.2cm 左右。这说明果实在发育初期就先达到了一定的尺寸，在发育后期主要是完成内部胚乳和胚的发育，而果实大小基本没有变化。

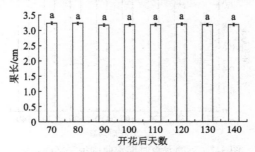

图 3-5　不同发育时期水曲柳果实的长度

垂直线表示平均值±标准误，相同字母表示经邓肯多重比较差异不显著（$P>0.05$）。下同

由图 3-6 可见，随着发育时间的延长，水曲柳种子的长度逐渐增加并趋于稳定。花后 70~110 天，种子长度从 1.321cm 增加到 1.543cm，而后保持稳定，不再增加。方差分析结果表明：不同发育时期水曲柳种子的长度差异极显著（$P<0.01$）。多重比较结果显示，花后 70 天时种子长度最小，与后期各时期种子长度差异显著，花后 80~90 天时种子长度有所增加，与后期各时期种子长度差异也显著，花后 100~110 天时种子长度进一步增加，与前期各时期种子长度差异显著，但与后期各时期种子长度差异不显著。这表明种子在发育过程中纵向生长一直持续到花后 110 天左右时才趋于稳定。

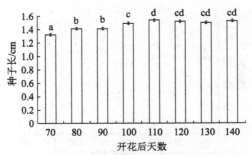

图 3-6　不同发育时期水曲柳种子的长度

图 3-7 表明，随着发育时间的延长，水曲柳种子胚的长度逐渐增加并趋于稳定，这与种子长度的变化趋势基本一致。花后 70~110 天，种子胚长度从 0.825cm 增加到 1.116cm，而后保持稳定不再增加。方差分析结果表明：不同发育时期水

曲柳种子胚的长度差异极显著（$P<0.01$）。多重比较结果显示，花后 70~100 天种子长度逐渐增加，且各时期种子胚长度差异显著，花后 110 天后各时期种子胚长度差异不显著。这表明种子在发育过程中胚的伸长生长一直持续到花后 110 天左右时才趋于稳定。

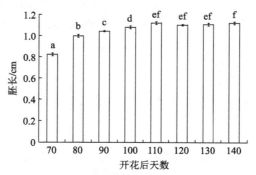

图 3-7　不同发育时期水曲柳种子胚的长度

由图 3-8 可见，随着发育时间的延长，水曲柳种子的胚率经过一个短暂的增加后基本趋于稳定。花后 70~80 天，种子的胚率从 62.54%迅速增加到 71.52%，而后保持稳定不再增加。方差分析结果表明：不同发育时期水曲柳种子的胚率差异极显著（$P<0.01$）。多重比较结果显示，花后 70 天时种子的胚率最低，与后期各阶段种子的胚率差异显著。虽然在种子发育过程中胚率在相当长的一段时间内保持稳定，但这种稳定的原因是不同的。在花后 80~110 天，这种稳定是相对的，由于胚长和种子长在此期间都在增加，而且增加的比例基本一致，因此胚率趋于相对的稳定。而在花后 110 天以后，由于胚长和种子长都已趋于稳定，因此这时胚率的稳定是绝对的。

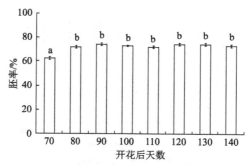

图 3-8　不同发育时期水曲柳种子的胚率

3.2.2.2　不同发育时期水曲柳种子各部分干重变化

由图 3-9 可见，随着发育时间的延长，水曲柳单果果皮干重逐渐增加并趋于稳定。花后 70~110 天，单果果皮干重从 0.027g 增加到 0.030g，而后基本保持稳定。方差分析结果表明：不同发育时期水曲柳单果果皮干重差异极显著（$P < 0.01$）。多重比较结果显示，花后 70~80 天时单果果皮干重较小，与后期各时期果皮干重差异显著，花后 100 天后各时期果皮干重差异不显著。这表明在发育过程中，果皮的物质积累在花后 100 天左右时已基本结束。

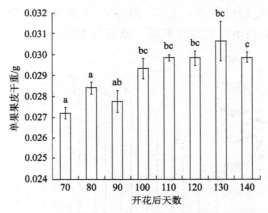

图 3-9 不同发育时期水曲柳单果的果皮干重

图 3-10 表明，随着发育时间的延长，水曲柳单果胚乳干重逐渐增加并趋于稳定。花后 70~110 天，单果胚乳干重从 0.0085g 增加到 0.0362g，而后基本稳定。方差分析结果表明：不同发育时期水曲柳单果胚乳干重差异极显著（$P < 0.01$）。多重比较结果显示，花后 70~110 天单果胚乳干重逐渐增加，且不同时期之间差异显著，而花后 110 天后各时期胚乳干重差异不显著。这表明在种子发育过程中，花后 70~110 天是胚乳物质迅速积累的时期。

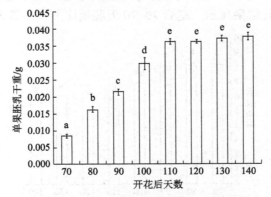

图 3-10 不同发育时期水曲柳单果的胚乳干重

由图 3-11 可见，随着发育时间的延长，水曲柳单果种胚干重逐渐增加并趋于稳定。花后 70~120 天，单果种胚干重从 0.0008g 增加到 0.0024g，而后基本稳定。
方差分析结果表明：不同发育时期水曲柳单果种胚干重差异极显著（$P<0.01$）。
多重比较结果显示，花后 70~100 天单果种胚干重逐渐增加，且不同时期之间差
异显著，花后 100 天与 110 天两个时期之间单果种胚干重差异不显著，花后 120
天、130 天、140 天三个时期之间单果种胚干重差异也不显著，但比前期又有所增
加。这表明在种子发育过程中，花后 70~100 天是种胚迅速生长的时期，花后
100~120 天，种胚的物质积累速度变缓，而后基本停止。

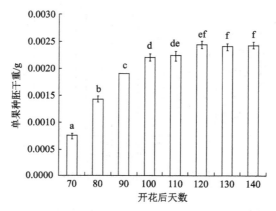

图 3-11 不同发育时期水曲柳单果的种胚干重

图 3-12 表明，随着发育时间的延长，种子胚重比先是比较稳定，然后逐渐降
低，而后略有上升并趋于稳定。花后 70~90 天，胚重比没有明显变化，保持在 8.2%
左右，花后 90~110 天，胚重比从 8.12%下降到 5.81%，而后又略有升高，保持在
6.0%以上。方差分析结果表明：不同发育时期水曲柳种子胚重比差异极显著（$P<0.01$）。多重比较结果显示，花后 70~90 天胚重比差异不显著，花后 110 天时

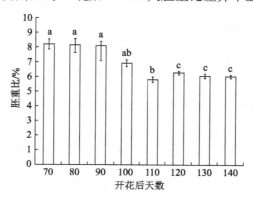

图 3-12 不同发育时期水曲柳种子的胚重比

种子胚重比与花后 100 天时差异不显著，与其他各时期差异均显著，花后 120~140 天胚重比差异也不显著。这表明在种子发育初期（70~90 天），虽然胚和胚乳都在快速生长，但胚的物质积累相对较高，而后（90~110 天）胚乳的物质积累相对较高，之后胚和胚乳的物质积累都趋于停止。

3.2.3 不同发育时期水曲柳种子胚离体萌发能力的变化

3.2.3.1 不同发育时期水曲柳种子胚离体发芽率的变化

水曲柳开花后 70 天、80 天、90 天、100 天、110 天、120 天、130 天、140 天时种子胚在蒸馏水中的萌发情况（图 3-13b，d，f，h，j，l，n，p）表明，随着发育时间的延长，水曲柳种子胚离体萌发能力是先增强，而后有一个下降过程，然后再逐渐增强。

由图 3-13b 可见，花后 70 天时种子胚离体萌发能力最差，经过 32 天的培养有 30% 的胚死亡，而能够达到萌发状态的胚只有 22.5%，另外接近 50% 的胚虽然在形态上有不同程度的变化，但都无法完成萌发过程。花后 80 天时种子胚离体萌发能力明显增强（图 3-13d），在 32 天的培养过程中只有 2.5% 的胚死亡，而能够达到萌发状态的胚达到了 91.3%，是花后 70 天时种子胚发芽率的 4 倍。但花后 90 天时种子胚离体萌发能力又呈现了反常的下降趋势（图 3-13f），在 32 天的培养过程中虽然胚都能够存活（死亡率为 0），但能够达到萌发状态的胚只有 50%，只比花后 70 天时种子胚发芽率略高，却明显低于花后 80 天时种子胚的发芽率，另外接近 50% 的胚虽然在形态上有不同程度的变化，却不能完成萌发过程。随着种子的进一步发育，在花后 100 天、110 天和 120 天时种子胚离体萌发能力又逐渐增强（图 3-13h，j，l），在 32 天的培养过程中胚的死亡率很低，多数时期胚能够完全存活，种子胚的发芽率分别提高到 67.5%、85% 和 96.3%。花后 130 天和 140 天时种子胚离体萌发能力进一步增强，达到最大值（图 3-13n，p），在 32 天的培养过程中不但所有的胚能够完全存活，而且种子胚能够完全达到萌发状态（发芽率为 100%）。

3.2.3.2 不同发育时期水曲柳种子胚离体萌发对 GA 的反应

水曲柳开花后 70 天、80 天、90 天、100 天、110 天、120 天、130 天、140 天时种子胚在蒸馏水中的萌发情况（图 3-13b，d，f，h，j，l，n，p）与在 1mg/L GA$_3$ 溶液中的萌发情况（图 3-13a，c，e，g，i，k，m，o）相比较可见，在种子发育的前期，GA$_3$ 对种子胚的离体萌发有明显的促进作用，随着发育时间的延长，水曲柳种子胚离体萌发能力增强，GA$_3$ 对种子胚萌发的促进作用并不明显。

由图 3-13a 和图 3-13b 可见，花后 70 天时，种子胚在蒸馏水中经过 32 天的培养有 30%的胚死亡，而能够达到萌发状态的胚只有 22.5%，而在 1mg/L GA₃ 溶液中培养的胚死亡率相对较低，只有 25%，而能够萌发的胚比例相对较高，比在蒸馏水中培养的胚发芽率提高了 10%。花后 80 天时种子胚离体萌发能力明显增强（图 3-13d），在蒸馏水中培养 32 天只有 2.5%的胚死亡，与在 1mg/L GA₃ 溶

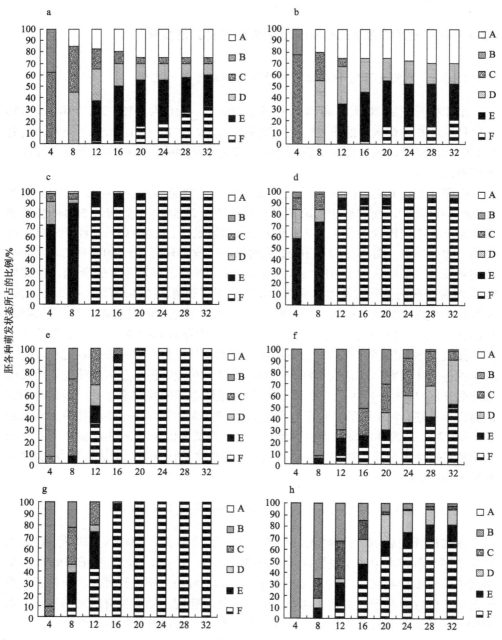

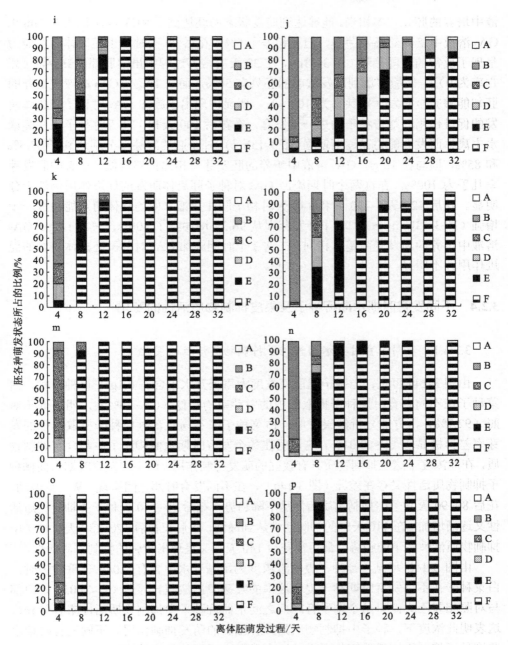

图 3-13 不同发育时期水曲柳种子胚的离体萌发状况

a、c、e、g、i、k、m、o 分别表示开花后 70 天、80 天、90 天、100 天、110 天、120 天、130 天、140 天时种子胚在 1mg/L GA₃ 溶液中的萌发情况；b、d、f、h、j、l、n、p 分别表示开花后 70 天、80 天、90 天、100 天、110 天、120 天、130 天、140 天时种子胚在蒸馏水中的萌发情况。A. 胚腐烂或死亡；B. 无任何变化；C. 胚体有所增大，但形态没有变化；D. 子叶伸长变绿，胚轴和胚根没有变化；E. 子叶伸长变绿，胚轴伸长，胚根无变化；F. 完全萌发液中培养的胚死亡率相当，能够达到萌发状态的胚达到了 91.3%，略低于在 1mg/L GA₃ 溶液中培养的胚发芽率，但只相差了 6%。花后 90 天时种子胚离体萌发能力呈现了反常的下降趋势（图 3-13f），在 32 天的培养过程中虽然胚都能够存活（死亡率为 0），但能够达到萌发状态的胚只有 50%，而在 1mg/L GA₃ 溶液中培养的胚却能够完全萌发（发芽率为 100%），明显体现出了施加 GA₃ 对种子胚离体萌发的促进作用。随着种子的进一步发育，在花后 100 天和 110 天时种子胚在蒸馏水中离体萌发的能力又逐渐增强（图 3-13h, j），种子胚的发芽率分别达到了 67.5% 和 85%，但与在 1mg/L GA₃ 溶液中培养的胚发芽率相比仍然较低，后者的胚发芽率几乎为 100%，在这两个时期施加 GA₃ 对种子胚离体萌发的促进作用仍然十分明显。花后 120 天、130 天和 140 天时种子胚在蒸馏水中的离体萌发能力进一步增强（图 3-13l, n, p），种子胚发芽率从 96.3% 增加到了 100%，与在 1mg/L GA₃ 溶液中培养的胚发芽率基本相同，在这 3 个时期施加 GA₃ 对种子胚离体萌发的促进作用并不明显。

3.2.4 不同发育时期水曲柳种子及果皮抑制物质活性的变化

3.2.4.1 不同发育时期水曲柳种子抑制物质活性的变化

由图 3-14a 可见，当种子提取液浓度为每毫升水中含有 0.1g 干重种子时，白菜种子在不同发育时期种子提取液中的发芽率均较低（0%~35%），明显低于对照（92.7%），方差分析结果表明：白菜种子在不同发育时期种子提取液中的发芽率差异极显著（$P < 0.01$），这说明在各个发育时期水曲柳种子中都含有抑制物质，在此浓度下这些抑制物质具有较强的萌发抑制作用。但不同发育时期水曲柳种子抑制物质活性又存在差异（图 3-14a），在不同发育时期之间呈现"W"形波动。花后 80~90 天种子中抑制物质活性呈下降趋势，花后 90~110 天种子中抑制物质活性又逐渐增加，在 110 天时的抑制活性达到最强，随后在花后 120~130 天时种子中抑制物质活性呈下降趋势，最后在花后 140 天时又呈现出较强的抑制物质活性。

由图 3-14b 可见，当种子提取液浓度为每毫升水中含有 0.04g 干重种子时，白菜种子在不同发育时期种子提取液中的发芽率虽然差异显著（$P < 0.05$），但都与对照相差不大，只是个别发育时期之间水曲柳种子中抑制物质活性略有差异，这表明此浓度下，种子中抑制物质只具有微弱的萌发抑制作用。不同发育时期水曲柳种子抑制物质活性变化不大，没有呈现出明显的规律性。

由图 3-14c 可见，当种子提取液浓度为每毫升水中含有 0.02g 干重种子时，白菜种子在不同发育时期种子提取液中的发芽率差异也显著（$P < 0.05$），但也都与对照相差不大，不同发育时期水曲柳种子抑制物质活性变化也没有呈现出明显的规律性。

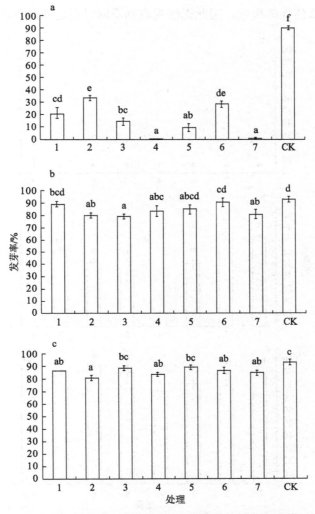

图 3-14 白菜种子在不同发育时期水曲柳种子提取液中的发芽率

a、b 和 c 分别表示提取液浓度相当于每毫升水中含有 0.1g、0.04g 和 0.02g 干重的种子。处理 1、2、3、4、5、6、7 分别表示花后 80 天、90 天、100 天、110 天、120 天、130 天、140 天所采种子的提取液，CK 为蒸馏水

3.2.4.2 不同发育时期水曲柳果皮抑制物质活性的变化

由图 3-15a 可见，当果皮提取液浓度达到每毫升水中含有 0.1g 干重果皮时，白菜种子在不同发育时期果皮提取液中的发芽率均为 0，即完全不能萌发，方差分析结果表明：白菜种子在不同发育时期果皮提取液中的发芽率与对照差异极显著（$P<0.01$），这说明在各个发育时期水曲柳果皮中都含有抑制物质，在此浓度下这些抑制物质具有极强的萌发抑制作用。但由于在此浓度下各个发育时期水曲

柳果皮抑制物质活性都极强，因此无法观察到不同时期之间是否存在差异。

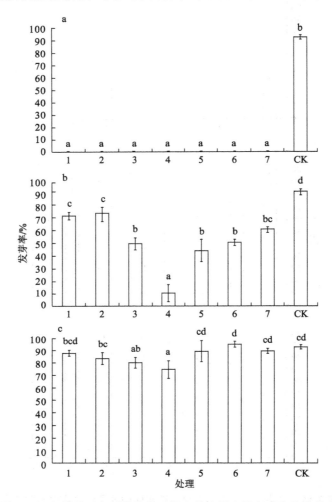

图 3-15　白菜种子在不同发育时期水曲柳果皮提取液中的发芽率

a、b 和 c 分别表示提取液浓度相当于每毫升水中含有 0.1g、0.04g 和 0.02g 干重的果皮。处理 1、2、3、4、5、6、7 分别表示花后 80 天、90 天、100 天、110 天、120 天、130 天、140 天所采果皮的提取液，CK 为蒸馏水

由图 3-15b 可见，当果皮提取液浓度为每毫升水中含有 0.04g 干重果皮时，白菜种子在不同发育时期果皮提取液中的发芽率差异极显著（$P < 0.01$），多重比较结果显示，白菜种子在不同发育时期果皮提取液中的发芽率都明显低于对照，这表明此浓度下，果皮中抑制物质仍具有较强的萌发抑制作用。不同发育时期水曲柳果皮中抑制物质活性存在差异，在不同发育时期之间呈现单峰形曲线。花后 80~110 天果皮中抑制物质活性呈上升趋势，在花后 110 天时的抑制活性达到最强，花后 110~140 天果皮中抑制物质活性又逐渐降低，在花后 140 天时呈现出较弱的

抑制物质活性。在该浓度下，果皮中抑制物质活性的变化显然与种子中（浓度为每毫升水中含有 0.1g 干重种子时）抑制物质活性的变化规律不同。虽然两者都是在花后 110 天时呈现出最强的抑制物质活性，但前者在整个发育过程中呈现单峰形曲线，而后者则呈现 "W" 形曲线，即在发育过程中种子内抑制物质活性的变化要比果皮中的变化更为复杂。

由图 3-15c 可见，当果皮提取液浓度为每毫升水中含有 0.02g 干重果皮时，白菜种子在不同发育时期果皮提取液中的发芽率差异仍然极显著（$P<0.01$），但多重比较结果显示，只有个别时期与对照之间存在差异，也是在花后 110 天时的抑制活性最强。在此浓度下，不同发育时期水曲柳果皮中抑制物质活性变化虽然不如在每毫升水中含有 0.04g 干重果皮时的大，但其在发育过程中变化的规律仍然相似，呈现单峰形曲线。

3.2.5　不同发育时期水曲柳种子内源激素含量的变化

从不同发育时期水曲柳种子中内源激素含量的变化（图 3-16）可见，在整个种子发育过程中，水曲柳种子中 ABA 含量先上升，后下降，而后又上升，出现两次高峰，呈现出波动状态。花后 70~90 天种子中 ABA 呈上升趋势，在花后 90 天左右达到第一次高峰（0.124μg/g），花后 90~120 天种子中 ABA 又逐渐下降，而后又开始上升，在种子成熟（花后 140 天）时达到第二次高峰（0.166μg/g）。

由图 3-16 可见，在种子发育过程中，水曲柳种子中 GA 含量基本上呈现先下降、后上升的趋势。花后 70~100 天种子中 GA 含量呈下降趋势，在花后 100 天左右达到最低值（0.16μg/g），花后 100~140 天种子中 GA 含量又逐渐上升，在种子成熟（花后 140 天）时恢复到较高水平（0.24μg/g）。

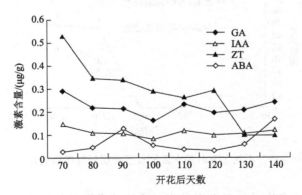

图 3-16　不同发育时期水曲柳种子内源激素的含量

在种子发育过程中，水曲柳种子中 ZT 含量（图 3-16）基本上呈现从高到低逐渐下降的趋势。花后 70 天种子中 ZT 含量最高（0.529μg/g），在花后 70~80 天迅速下降，花后 80~120 天呈缓慢下降趋势，花后 120~130 天又迅速下降，而后在种子成熟时趋于稳定，种子中 ZT 含量降至最低（0.098μg/g）。

在种子发育过程中，水曲柳种子中 IAA 含量（图 3-16）比较平稳，没有明显的变化。花后 70 天种子中 IAA 含量最高（0.145μg/g），在种子成熟时种子中 IAA 含量为 0.12μg/g。

3.2.6 不同发育时期水曲柳种子经层积处理后的发芽率

3.2.6.1 发育时期对种子层积处理后萌发的影响

由图 3-17 可知，随着发育时间的延长，水曲柳种子经层积处理后的发芽率逐渐提高。花后 70~100 天采集的种子，经层积处理后逐渐死亡，不能够完成层积过程。在暖温（20℃）12 周+低温（5℃）12 周的层积条件下，花后 110~130 天采集的种子经层积后的发芽率从 38.75%提高到 62.25%，方差分析结果表明：不同发育时期水曲柳种子的发芽率差异极显著（$P<0.01$）。多重比较结果显示，花后 110 天与后两个时期（120 天和 130 天）种子的发芽率差异显著，而花后 120 天和 130 天种子发芽率差异不显著。在暖温（20℃）16 周+低温（5℃）12 周的层积条件下，花后 110~130 天采集的种子经层积后的发芽率从 66%提高到 73%，方差分析结果表明：不同发育时期水曲柳种子的发芽率差异显著（$P<0.05$）。多重比较结果显示，花后 110 天与 120 天种子的发芽率差异不显著，而与花后 130 天种子发芽率差异显著。

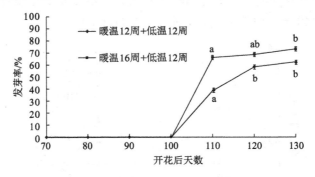

图 3-17　不同发育时期水曲柳种子经层积处理后的发芽率

3.2.6.2 层积方法对不同发育时期水曲柳种子萌发的影响

图 3-18 表明，相同时间采集的种子，在暖温（20℃）16 周+低温（5℃）12 周的层积条件下处理后的发芽率均高于在暖温（20℃）12 周+低温（5℃）12 周

的层积条件下的发芽率。方差分析结果表明，在花后 110 天、120 天、130 天采集的种子经上述两种层积方法处理后种子的发芽率差异均极显著（$P<0.01$）。花后 110 天采集的种子经两种层积方法处理后的发芽率分别为 66% 和 38.75%，相差 27.25%。花后 120 天采集的种子经两种层积方法处理后的发芽率分别为 68.5% 和 58.5%，相差 10%。花后 130 天采集的种子经两种层积方法处理后的发芽率分别为 73% 和 62.25%，相差 10.75%。这表明在发育阶段相对早的时期（花后 110 天）所采种子需要较长的暖温层积时间来完成胚的后熟，适当延长暖温层积时间对于提高种子发芽率作用十分明显，而在发育阶段相对晚的时期（花后 120~130 天）所采种子，虽然延长暖温层积时间对提高种子发芽率也有一定作用，但其效果不如花后 110 天的种子。

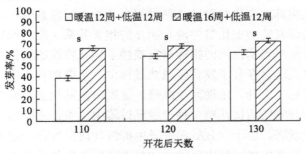

图 3-18　不同发育时期水曲柳种子在不同层积条件下处理后的发芽率

3.3　结论与讨论

3.3.1　水曲柳种子成熟过程中的生理状态与休眠特性

对于正贮型种子，种子的发育过程随着种子的成熟和干燥而结束，此时种子中贮藏物质大量积累，含水量下降，ABA 含量升高，种子的耐干特性与初休眠特性形成（Kucera et al.，2005）。在许多植物中，内源 ABA 都参与诱导和维持种子的休眠状态（Hilhorst，1995；Bewley，1997；Koornneef et al.，2002；Leubner-Metzger，2003；Nambara and Marion-Poll，2003）。成熟种子无初生休眠与种子发育过程中缺乏 ABA 有关，反之，ABA 合成基因的过量表达会增加种子中 ABA 的含量，从而使种子休眠加深或延迟萌发（Nambara and Marion-Poll，2003；Finkelstein et al.，2002；Kushiro et al.，2004）。GA 在许多种子的发育过程中合成，并以无生物活性的 GA 合成前体或有生物活性的 GA 两种状态存在（Groot and Karssen，1987；Toyomasu et al.，1998；Kamiya and Garcia-Martinez，1999；Yamaguchi et al.，2001）。有些研究认为发育的种子中 GA 的合成与种子初休眠的形成无关（Bewley，1997；

Karssen and Laçka，1985；Groot and Karssen，1987；Koornneef and Karssen，1994），但也有对番茄、花生（*Arachis hypogaea*）和几种十字花科植物的研究认为种子发育（包括受精、胚的发育、同化吸收、果实的发育）过程中GA的合成与种子初休眠的形成有关（Koornneef et al.，2002；Groot and Karssen，1987；Swain et al.，1997；Batge et al.，1999；Hays et al.，2002；Singh et al.，2002）。有研究利用GA合成抑制剂证明GA具有诱导胎萌的作用，但并不是GA或ABA的含量在控制胎萌，而是GA/ABA在控制胎萌（White and Rivin，2000；White et al.，2000）。因此，在种子发育过程中，GA可能直接与ABA信号相拮抗。

我们对水曲柳种子成熟过程中的生理状态和休眠特性的研究表明，种子成熟过程中胚长、胚干重、胚率、胚重比等形态指标及种子含水量能够反映种子的成熟过程，但这些指标的变化与种子成熟过程中各种内源激素变化、种子抑制物质活性变化、胚的萌发能力变化等并没有明显的相关关系（没有列出分析结果）。因此，不能通过这些容易测定的指标来反映种子休眠特性的变化。

我们的研究发现，在种子发育至成熟过程中，水曲柳种子中 ABA 含量先上升，后下降，而后又上升，出现两次高峰，呈现出波动状态，而并不是一直增加的。而种子中抑制物质活性在整个种子成熟过程中也不是逐渐增加的，而是呈现有升有降的波动状态。由于 ABA 和种子中抑制物质活性在一定程度上反映种子的休眠程度，它们在成熟过程中呈现波动的现象反映出种子在发育至成熟过程中休眠的程度也存在波动，而不是单向的加强或减弱。另外，我们在研究中发现，在种子发育至成熟过程中，种子胚的离体萌发能力也是波动的，并不是单向的增强或减弱，而种子胚的萌发能力也在一定程度上反映种子的休眠程度，因此种子胚萌发能力的波动也反映出种子在发育至成熟过程中休眠程度是波动的。我们在研究中也发现，在种子发育过程中水曲柳种子中 GA 含量呈现先下降、后上升的趋势，由于在种子发育过程中，GA 可能直接与 ABA 信号相拮抗，因此 GA 的这种变化趋势可能也与种子休眠程度在成熟过程中存在波动有关。综上分析表明，种子在发育至成熟过程中休眠程度是存在波动的，这也为我们确定适宜的采种时间以获得方便、有效的种子催芽效果提供了依据。

3.3.2　水曲柳种子成熟过程中的生理状态与种子萌发

随着含水量的迅速下降，种子脱水干燥达到了形态上成熟状态，此时可以进行采种工作，传统观点认为，若提前采种（即所谓的捋青）则会降低种子品质。

我们对水曲柳种子成熟过程中生理状态的研究表明：在开花后 120 天后种子和果实的含水量迅速下降，为成熟脱水阶段；开花后 110 天后种子的胚长、胚乳干重趋于稳定；开花后 110~120 天种子胚干重趋于稳定。综合这些生理指标可以确定，在开花后 110~120 天种子基本上达到了形态成熟状态。虽然在此期间大部分种子还是呈现绿色，但各种生理指标已表明其达到了成熟状态。传统的水曲柳采种时间一般在 9 月末至 10 月初，因此按上述分析水曲柳采种时间可以提前 1 个月左右。由于传统隔冬埋藏处理通常需要 8 个月左右的时间，如果在 10 月采种处理则播种时间就需要安排在 6 月初，这样就会错过最佳播种季节，而减少层积处理时间又会影响种子解除休眠的效果，导致种子出苗率低，萌发不整齐。如果按照现在的分析结果在 8 月末至 9 月初进行采种处理，则完全可以满足对层积时间和播种时间的需求。我们的研究发现，花后 70~100 天采集的种子经层积处理后逐渐死亡，不能够完成层积过程。花后 110 天后，水曲柳种子可以通过层积处理萌发，而且随着发育时间的延长，水曲柳种子经层积处理后的发芽率逐渐提高。因此，提前采种进行层积处理对于水曲柳是可行的。

目前已确定先暖温后低温的变温层积处理是解除种子休眠的最佳途径。但对于不同层积温度阶段所需要的时间观点不一。凌世瑜和董愚得（1983）认为应先在暖温（20℃）下 4~5 个月，再在低温（5℃）下 4~5 个月。赵玉慧和李森（1989）则认为以暖温层积 60 天后转入低温层积 50 天效果最好。以上是对水曲柳成熟种子进行层积处理的方法，我们对不同发育时间采集的种子的层积处理研究认为，暖温（20℃）16 周+低温（5℃）12 周的层积条件下处理后的种子发芽率高于在暖温（20℃）12 周+低温（5℃）12 周的层积条件，而且发育阶段相对早的时期所采种子需要较长的暖温层积时间来完成胚的后熟，适当延长暖温层积时间对于提高种子发芽率效果明显。

4 水曲柳种子经夏越冬播种过程中的生理变化及其调控技术

自然条件下，休眠种子散落以后，如果遇到适宜的条件，便会逐渐地解除休眠，当种子解除休眠后如果遇到了适宜的萌发条件，就会顺利萌发。因此，人们经常采用秋播的方法，人为地为种子提供适宜的条件，利用自然环境温度的变化来打破种子休眠，在播种后第二年的春季种子便可以顺利萌发。但是，具有深休眠特性的种子通常经过秋播以后并不能取得很好的出苗效果。

在播种育苗生产实践中，水曲柳种子通常采用隔年埋藏或隔冬埋藏等处理后进行播种育苗。但有些生产单位在缺乏层积处理种子或层积处理种子失败时，也会采用春季或夏季进行直接播种，利用自然环境温度变化来解除种子休眠，在播种后的第二年种子萌发出苗。有些生产单位则认为此种方法省时、省工、方便，在第一年播种水曲柳的同时，还可以播种大豆等作物，不影响土地当年的生产效益，因此他们将这种方法作为水曲柳播种育苗的主要方法。由于这种直播播种法通常于夏季进行，需要经过一个冬季后于第二年春季萌发，为了研究方便，本书中将其称为经夏越冬播种。

虽然这种播种方法在生产实践中有较多的应用，但人们对此过程中种子所发生的一系列变化却缺乏详细的了解，播种育苗效果具有很大的不稳定性。要想将这种方法在生产中大量应用，还需要进行细致的研究。本章以当年不同发育时期和贮藏的水曲柳种子为材料，目的是确定不同发育时期种子经夏越冬播种的可行性，确定贮藏种子经夏越冬播种的时间及药剂处理的效果，探讨种子在经夏越冬播种萌发过程中的一些生理变化。

4.1　试验材料和方法

4.1.1　试验材料

4.1.1.1　贮藏种子经夏越冬播种

于 2005 年和 2006 年分别进行了试验。2005 年经夏越冬播种所用的水曲柳种子于 2004 年采自吉林省露水河林业局。种子千粒重 59.49g，含水量为 8.41%，种子于低温 5℃下干燥贮藏备用。2006 年经夏越冬播种所用的水曲柳种子来自吉林省大石头林业局种子库，种子千粒重 59.42g，含水量为 8.78%，种子于低温 5℃下干燥贮藏备用。

4.1.1.2 当年新采种子经夏越冬播种

试验于 2006 年进行。在东北林业大学校园内水曲柳人工林中选择并固定单株采种树，采种树已达到稳定结实年龄。于种子发育过程中的不同时间采集树冠上层的水曲柳种子。采种时间从 7 月中旬（开花后 70 天）开始至 9 月末（开花后 140 天）结束，每 10 天采集一次。

4.1.2 研究方法

4.1.2.1 播种时间对水曲柳种子经夏越冬播种出苗的影响

于 2005 年 6 月中旬、7 月中旬、8 月中旬、9 月中旬 4 个时期使用干种子直接播种。每个时期播种 4 行，每行播种 50 粒，行距 15cm。播种后，当年只进行苗床的除草工作，不采取其他管理措施。于 2006 年春季 4 月下旬后开始调查出苗情况，苗期管理按常规育苗管理要求进行。

4.1.2.2 药剂浸种对水曲柳种子经夏越冬播种出苗的影响

试验于 2005 年 7 月中旬进行。使用不同药剂的不同浓度：GA_3（10mg/L、100mg/L、1000mg/L），BAP（1mg/L、10mg/L、100mg/L），KT（0.1mg/L、1mg/L、10mg/L、100mg/L），分别浸种 1 天、2 天、4 天，以水浸 4 天为对照。每种处理播种 3 行，即重复 3 次，每行播种 50 粒，行距 15cm。播种后，当年只进行苗床的除草工作，不采取其他管理措施。于 2006 年春季 4 月下旬后开始调查出苗情况，苗期管理按常规育苗管理要求进行。

4.1.2.3 KT 对不同发育时期水曲柳种子经夏越冬播种萌发的影响

不同时期（2006 年 8 月 15 日、8 月 25 日、9 月 4 日、9 月 14 日）采集的水曲柳种子经过以下处理：①直接播种；②100mg/L KT 溶液处理 24h 后播种。每种处理播种 4 行，即 4 次重复，每行播种 50 粒种子。2007 年 5~6 月调查种子出苗率。

4.1.2.4 KT 对水曲柳贮藏种子经夏越冬播种萌发的影响

（1）KT 对水曲柳种子经夏越冬播种出苗率的影响
于 2005 年 7 月中旬和 2006 年 7 月中旬进行了两次试验。将贮藏种子水浸 24h

后用 100mg/L KT 溶液处理 24h，以水浸 48h 种子为对照。将两种处理的种子在苗床播种，每种处理播种 4 行，即重复 4 次，每行播种 50 粒，行距 15cm。播种后，当年只进行苗床的除草工作，不采取其他管理措施。于 2006 年春季 4 月下旬开始调查出苗情况。

（2）贮藏种子经夏越冬播种解除休眠过程中的生理变化

2006 年 7 月中旬，将贮藏种子水浸 24h 后用 100mg/L KT 溶液处理 24h，然后分装在种子袋中在室外埋藏（距地面 10cm），以水浸 48h 种子为对照。于 2006 年 8 月 15 日、9 月 15 日、10 月 15 日、11 月 15 日和 2007 年 3 月 15 日分别取出一份种子测定如下指标。

a）种子长、胚长：使用游标卡尺测定长度，每次取 30 粒果实，分别测定种子长、胚长，并计算胚率（胚长/种子长）。

b）胚干重、胚乳干重：每次取 30 粒种子，每个处理 10 粒种子，将胚乳与胚分开后在 105℃下烘干 17h，使用电子天平（万分之一）测定干重，重复 3 次，并计算胚重比（胚干重与种子干重的比值）。

c）内源激素含量：每次取一定量不同处理的种子，按照第 2 章中介绍的方法进行种子内源激素（ABA、GA_3、IAA、ZT）的提取和测定。

4.1.3　播种地点

以上播种试验地点均选在东北林业大学花卉生物工程研究所院内圃地。每次播种前进行人工做床，并使用五氯硝基苯进行土壤消毒。

4.1.4　数据分析方法

试验数据利用 Microsoft Excel 和 SPSS 11.5 数据处理软件分析。

4.2　结果与分析

4.2.1　播种时间对水曲柳种子经夏越冬播种出苗率的影响

不同播种时间水曲柳种子经夏越冬播种后的出苗率见图 4-1，方差分析结果表明，不同播种时间水曲柳种子经夏越冬播种出苗率差异极显著（$P < 0.01$）。多重比较结果（图 4-1）显示，7 月中旬和 8 月中旬播种的种子出苗率差异不显著，6 月中旬和 9 月中旬播种的种子出苗率差异也不显著，7 月中旬和 8 月中旬播种与

6月中旬和9月中旬播种的种子出苗率差异显著。7月中旬和8月中旬播种的种子
出苗率较高，6月中旬和9月中旬播种出苗率较低。

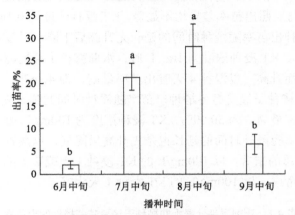

图 4-1　不同播种时间水曲柳种子经夏越冬播种后的出苗率

4.2.2　药剂浸种对水曲柳种子经夏越冬播种出苗率的影响

方差分析结果表明，不同浓度的 GA_3 浸种不同时间后种子经夏越冬播种出苗
率差异极显著（$P<0.01$），多重比较结果（表 4-1）显示，除 1000mg/L 的 GA_3
浸种 2 天处理与对照播种后出苗率差异显著外，其他处理与对照出苗率差异均不
显著。从不同浸种时间来看，无论是浸种 1 天还是 4 天，水曲柳种子经夏越冬播
种出苗率均随 GA_3 浓度的升高呈下降的趋势，即浸种时间短效果好。从 GA_3 不同
浓度来看，浓度相对较低（10mg/L）时种子经夏越冬播种出苗率高，在此浓度下
浸种 2 天和 4 天的水曲柳种子经夏越冬播种出苗率较高，分别为 44.67% 和 46.67%，
相差不大，从经济、方便的角度考虑，以浸种 2 天效果最好。

不同浓度的 BAP 浸种不同时间后种子经夏越冬播种出苗率差异也极显著
（$P<0.01$），多重比较结果（表 4-1）显示，除 100mg/L 的 BAP 浸种 4 天处理与
对照播种后出苗率差异显著外，其他处理与对照出苗率差异均不显著。BAP 浸种
浓度为 1mg/L 时，水曲柳种子经夏越冬播种出苗率随浸种时间的延长先下降后升
高，以浸种 1 天或 4 天时出苗率最高，均为 50.67%。BAP 浸种浓度为 10mg/L 时，
水曲柳种子经夏越冬播种出苗率随浸种时间的延长先升高后降低，以浸种 2 天时
出苗率最高，为 48.00%。BAP 浸种浓度为 100mg/L 时，水曲柳种子经夏越冬播
种出苗率随浸种时间的延长而降低，以浸种 1 天时出苗率最高，为 55.33%。总的
来看，以 100mg/L 的 BAP 浸种 1 天或 1mg/L 的 BAP 浸种 1 天的效果较好，从经
济、方便的角度考虑，以 1mg/L 的 BAP 浸种 1 天为好。

不同浓度的 KT 浸种不同时间后种子经夏越冬播种出苗率差异极显著（$P<$

0.01），多重比较结果（表 4-1）显示，0.1mg/L 的 KT 浸种 4 天、1mg/L 的 KT 浸种 1 天、100mg/L 的 KT 浸种 1 天和 2 天这 4 种处理与对照播种后出苗率差异显著，其他处理与对照出苗率差异均不显著。KT 浸种浓度为 0.1mg/L 时，水曲柳种子经夏越冬播种出苗率随浸种时间的延长先升高后下降，以浸种 2 天时出苗率最高，为 37.33%。KT 浸种浓度为 1mg/L 时，水曲柳种子经夏越冬播种出苗率随浸种时间的延长而升高，以浸种 4 天时出苗率最高，为 46.67%。KT 浸种浓度为 10mg/L 时，水曲柳种子经夏越冬播种出苗率随浸种时间的延长先升高后降低，以浸种 2 天时出苗率最高，为 50.00%。KT 浸种浓度为 100mg/L 时，水曲柳种子经夏越冬播种出苗率随浸种时间的延长也是先升高后降低，以浸种 2 天时出苗率最高，为 60.00%。总的来看，以 100mg/L 的 KT 浸种 1 天或 2 天的效果最好，从经济、方便的角度考虑，以 100mg/L 的 KT 浸种 1 天为好。

表 4-1　药剂浸种处理水曲柳种子经夏越冬播种的出苗率

处理	浓度/（mg/L）	浸种时间/天	出苗率/%
GA$_3$	10	1	34.67±5.70[*]bc[**]
		2	44.67±4.67c
		4	46.67±7.86c
	100	1	32.00±5.29bc
		2	48.67±6.67c
		4	34.67±1.76bc
	1000	1	22.00±10.07ab
		2	12.00±6.11a
		4	24.67±1.76ab
	对照	4	40.00±3.06bc
BAP	1	1	50.67±4.81cd
		2	44.67±2.67cd
		4	50.67±7.69cd
	10	1	38.67±4.67bc
		2	48.00±1.15cd
		4	41.33±7.69bcd
	100	1	55.33±3.71d
		2	28.67±4.06ab
		4	18.67±2.40a
	对照	4	40.00±3.06bcd

续表

处理	浓度/（mg/L）	浸种时间/天	出苗率/%
		1	30.00±6.43abc
	0.1	2	37.33±8.74bcd
		4	20.00±3.06a
		1	22.67±1.76ab
	1	2	28.00±4.16abc
		4	46.67±4.06de
KT		1	37.33±9.26bcd
	10	2	50.00±6.11de
		4	48.00±3.06de
		1	58.00±0.00e
	100	2	60.00±4.62e
		4	44.00±3.06cde
	对照	4	40.00±3.06cd

*平均值±标准误；**同一列上相同字母表示经邓肯多重比较差异不显著（$P > 0.05$）

4.2.3 KT 对不同发育时期水曲柳经夏越冬播种萌发的影响

从图 4-2 可知，随着水曲柳种子发育时间的延长，经夏越冬播种后种子的发芽率先增加而后下降，不同发育时期种子经夏越冬播种发芽率都很低。直接播种后种子的发芽率在开花后 80~110 天，从不萌发增加至 10%，开花后 130 天又下降至 5%。100mg/L KT 浸种 24h 后播种处理从花后 100 天开始进行，其种子的发芽率也是在花后 110 天时达到最大（6%），开花后 130 天下降至 2%。方差分析结果表明，不同采种时期种子经夏越冬播种后发芽率差异不显著（$P > 0.05$）。由此看来，当年发育过程中的水曲柳种子进行经夏越冬播种效果并不理想。

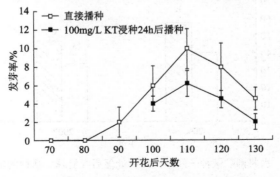

图 4-2 不同发育时期水曲柳种子经夏越冬播种的发芽率

图 4-3 表明,直接播种与 100mg/L KT 浸种 24h 后播种两种处理在开花后 100 天、110 天、120 天、130 天采种后播种发芽率差异均不显著(P>0.05),100mg/L KT 浸种种子的发芽率还略低于直播种子。这表明,100mg/L KT 浸种对新种子经夏越冬播种发芽率的提高没有明显的作用。

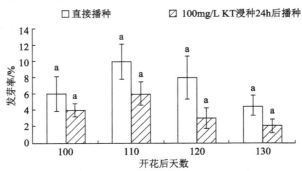

图 4-3　不同发育时期水曲柳种子直接播种或用 KT 浸种后经夏越冬播种的发芽率

4.2.4　KT 对水曲柳贮藏种子经夏越冬播种萌发的影响

4.2.4.1　KT 对水曲柳贮藏种子经夏越冬播种出苗率的影响

从图 4-4 可知,水浸 48h 与 100mg/L KT 浸种 24h 处理种子经夏越冬播种出苗率不同。2006 年水浸 48h 的种子经夏越冬播种出苗率为 40%,而 100mg/L KT 浸种 24h 的种子经夏越冬播种出苗率为 57.5%。方差分析结果表明,两种处理种子经夏越冬播种出苗率差异极显著(P<0.01)。2007 年水浸 48h 的种子经夏越冬播种出苗率为 34.25%,而 100mg/L KT 浸种 24h 的种子经夏越冬播种出苗率为 46.5%。方差分析结果表明,两种处理种子经夏越冬播种出苗率差异也极显著(P<0.01)。

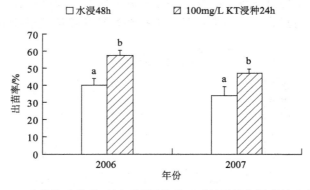

图 4-4　水曲柳贮藏种子经不同浸种处理后经夏越冬播种的出苗率

这说明 KT 浸种对提高种子经夏越冬播种出苗率作用明显。但同时我们也注意到，2006 年和 2007 年采用相同方法浸种处理所获得的出苗率也明显不同，2006 年比 2007 年出苗效果好。这说明贮藏种子采用经夏越冬播种的出苗率与种子质量、播种年份等因素有关。

4.2.4.2　KT 对水曲柳贮藏种子经夏越冬播种胚生长的影响

从图 4-5 可知，无论是水浸 48h，还是 100mg/L KT 浸种 24h，随着埋藏时间的增加，种胚的长度都逐渐增加。胚的继续伸长主要是在埋藏后 30~120 天的时间内完成的，水浸 48h 和 100mg/L KT 浸种 24h 两种处理的胚长分别从 1.06cm 和 1.08cm 增加到 1.342cm 和 1.397cm。在埋藏后的 30 天内和 120 天后种胚的长度基本没有变化。对两种处理后埋藏不同时间的种子胚长的方差分析结果表明，不同埋藏时间种子胚长差异极显著（$P<0.01$），多重比较结果显示，种子埋藏时与埋藏后 30 天时的胚长差异不显著，但与埋藏 60 天、90 天、120 天、240 天时的胚长差异均显著，埋藏 120 天时与之前各时期胚长差异均显著，但与埋藏 240 天时的差异不显著。以上分析表明，经夏越冬播种过程中，种子胚的生长从播种后 30 天（8 月 15 日）一直持续至 120 天（11 月 15 日）。

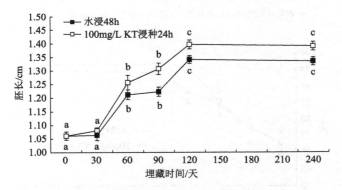

图 4-5　水曲柳种子经夏越冬播种解除休眠过程中胚的生长

图 4-6 表明，水浸 48h 与 100mg/L KT 浸种 24h 两种处理在播种后 30 天和 60 天时种胚长度差异不显著（$P>0.05$），100mg/L KT 浸种 24h 种子的胚长略高于水浸种子。但在播种 90 天、120 天和 240 天，100mg/L KT 浸种 24h 种子的胚长均高于水浸种子，且两种处理之间胚长差异显著（$P<0.05$）。这表明，100mg/L KT 浸种可以促进经夏越冬播种过程中种胚的生长。

从图 4-7 可知，无论是水浸 48h，还是 100mg/L KT 浸种 24h，随着埋藏时间的增加，胚率都逐渐增加。水浸 48h 和 100mg/L KT 浸种 24h 两种处理的胚率从 73.17%分别增加到 94.85%和 96.57%。对两种处理后种子埋藏不同时间的胚率的方差分析结果表明，不同埋藏时间种子胚率差异极显著（$P<0.01$）。多重比较结果显示，水浸 48h 处理种子埋藏 120 天时与埋藏 0 天、30 天、60 天、90 天时的胚率差异显著，但与埋藏 240 天时的胚率差异不显著；100mg/L KT 浸种 24h 种子埋藏 90 天时与埋藏 0 天、30 天、60 天时的胚率差异显著，但与埋藏 120 天和 240 天时的胚率差异不显著。以上分析表明，经夏越冬播种过程中，两种处理的胚率都一直增加，100mg/L KT 浸种 24h 种子胚生长较快，胚率先达到最高值，而后稳定。

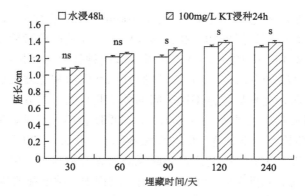

图 4-6　水曲柳不同浸种处理种子经夏越冬播种后胚的生长

ns 表示处理之间差异不显著，s 表示处理之间差异显著，下同

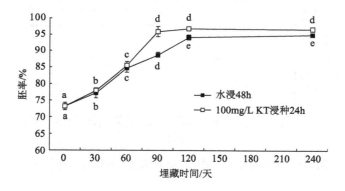

图 4-7　水曲柳种子经夏越冬播种解除休眠过程中胚率的变化

图 4-8 表明，水浸 48h 与 100mg/L KT 浸种 24h 两种处理在播种后 30 天和 60 天时胚率差异不显著（$P>0.05$），100mg/L KT 处理种子的胚率略高于水浸种子。但在播种 90 天、120 天和 240 天，100mg/L KT 处理种子的胚率均高于水浸种子，且两种处理之间胚率差异显著（$P<0.05$）。这表明，100mg/L KT 处理种子可以促进经夏越冬播种过程中胚率的提高。

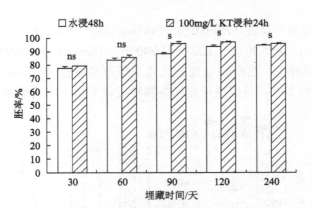

图 4-8 水曲柳不同浸种处理种子经夏越冬播种解除休眠过程中胚率的变化

4.2.4.3 KT 对水曲柳经夏越冬播种种子各部分干重的影响

从图 4-9 可知，随着埋藏时间的增加，水浸 48h 和 100mg/L KT 浸种 24h 两种处理的胚干重都逐渐增加。胚干重从 0.0019g 分别增加到 0.0040g 和 0.0045g。两种处理种子埋藏不同时间的胚干重的方差分析结果表明，不同埋藏时间种子胚干重差异极显著（$P < 0.01$）。多重比较结果显示，水浸 48h 种子埋藏 120 天时与埋藏 0 天、30 天、60 天、90 天时的胚干重差异显著，但与埋藏 240 天时的胚干重差异不显著；100mg/L KT 浸种 24h 种子埋藏 90 天时与埋藏 0 天、30 天、60 天时的胚干重差异显著，但与埋藏 120 天和 240 天时的胚干重差异不显著。以上分析表明，经夏越冬播种过程中，两种处理的胚干重都一直增加，100mg/L KT 浸种 24h 种子胚干重增加较快。

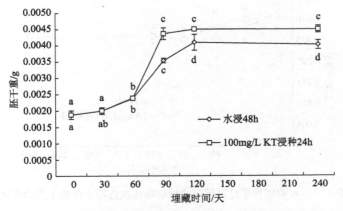

图 4-9 水曲柳种子经夏越冬播种解除休眠过程中胚干重的变化

图 4-10 表明，水浸 48h 与 100mg/L KT 浸种 24h 两种处理在播种后 30 天和

60 天时胚干重差异不显著（$P>0.05$），100mg/L KT 浸种 24h 种子的胚干重略高于水浸种子。但在播种 90 天、120 天和 240 天，100mg/L KT 浸种 24h 种子的胚干重均高于水浸种子，且两种处理之间胚干重差异显著（$P<0.05$）。这表明，100mg/L KT 浸种 24h 可以促进经夏越冬播种过程中胚干重的增加。

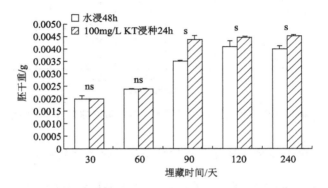

图 4-10 水曲柳不同浸种处理种子经夏越冬播种解除休眠过程中胚干重的变化

从图 4-11 可知，随着埋藏时间的增加，水浸 48h 和 100mg/L KT 浸种 24h 两种处理胚乳干重都逐渐降低。胚乳干重从 0.0309g 分别降低到 0.0258g 和 0.026g。对两种处理后种子埋藏不同时间的胚乳干重的方差分析结果表明，不同埋藏时间种子胚乳干重差异极显著（$P<0.01$）。多重比较结果显示，水浸 48h 与 100mg/L KT 浸种 24h 种子埋藏 90 天时与埋藏 0 天、30 天、60 天时的胚乳干重差异显著，但与埋藏 120 天和 240 天时的胚乳干重差异不显著。

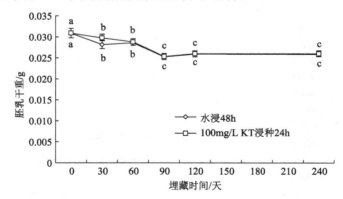

图 4-11 水曲柳种子经夏越冬播种解除休眠过程中胚乳干重的变化

图 4-12 表明，水浸 48h 与 100mg/L KT 浸种 24h 两种处理在播种后 30~240 天时，种子胚乳干重差异均不显著（$P>0.05$）。这表明，100mg/L KT 处理种子促进经夏越冬播种过程中胚乳分解的作用不明显。

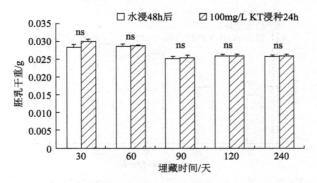

图 4-12 水曲柳不同浸种处理种子经夏越冬播种解除休眠过程中胚乳干重的变化

从图 4-13 可知，随着埋藏时间的增加，水浸 48h 和 100mg/L KT 浸种 24h 两种处理的胚重比都逐渐增加。胚重比从 5.762%分别增加到 13.47%和 14.78%。对两种处理后种子埋藏不同时间的胚重比的方差分析结果表明，不同埋藏时间种子胚重比差异极显著（$P<0.01$）。多重比较结果显示，水浸 48h 与 100mg/L KT 浸种 24h 种子埋藏 90 天时与埋藏 0 天、30 天、60 天时的胚重比差异显著，但与埋藏 120 天和 240 天时的胚重比差异不显著。

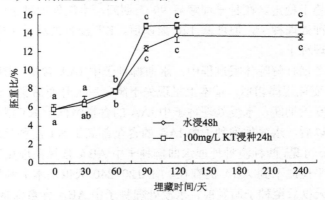

图 4-13 水曲柳种子经夏越冬播种解除休眠过程中胚重比的变化

图 4-14 表明，水浸 48h 与 100mg/L KT 浸种 24h 两种处理在播种后 30 天和 60 天时种子胚重比差异不显著（$P>0.05$），但在播种 90 天、120 天和 240 天，100mg/L KT 浸种 24h 种子的胚重比均高于水浸种子，且两种处理之间胚重比差异显著（$P<0.05$）。这表明，KT 处理种子可以促进经夏越冬播种过程中胚重比的增加。

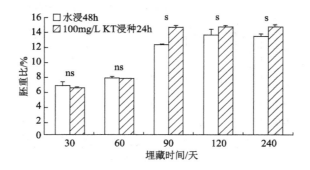

图 4-14　水曲柳不同浸种处理种子经夏越冬播种解除休眠过程中胚重比的变化

4.2.4.4　水曲柳经夏越冬播种解除休眠过程中内源激素含量的变化

从水曲柳经夏越冬播种解除休眠过程中种子中 GA_3 含量的变化（图 4-15a）可见，在解除休眠过程中，无论是水浸还是 KT 浸种处理，水曲柳种子中 GA_3 含量基本上呈现先下降、后上升而后又略有下降的趋势。埋藏后 30~60 天种子中 GA_3 含量呈下降趋势，埋藏后 60~120 天呈上升趋势，120 天后种子中 GA_3 含量又略有下降，但趋于稳定。在种子埋藏后 90 天期间，水浸处理种子中 GA_3 的含量略高于 KT 浸种处理种子，但埋藏 120 天以后，KT 浸种处理种子中 GA_3 的含量都高于水浸处理种子。

在经夏越冬播种解除休眠过程中，水曲柳种子中 IAA 含量（图 4-15b）变化的趋势与 GA_3 变化规律相似，基本上呈现先下降、后上升而后又下降的趋势。在种子埋藏后 120 天期间，水浸处理种子中 IAA 的含量略低于 KT 浸种处理种子，但埋藏 240 天以后，水浸处理种子中 IAA 的含量都高于 KT 浸种处理种子。

由图 4-15c 可见，两种浸种处理水曲柳种子中 ABA 含量在埋藏后 120 天期间基本相同，几乎检测不到 ABA 的存在。在 120~240 天也基本上都呈现上升的趋势。但在 240 天以后至种子萌发前，水浸处理种子中 ABA 含量保持稳定，而 KT 浸种处理种子中 ABA 的含量则呈现突然下降的趋势。

在经夏越冬播种解除休眠过程中，水曲柳种子中 ZT 含量（图 4-15d）基本上呈现从低到高逐渐上升的趋势。KT 浸种处理种子中 ZT 的含量在埋藏后 60~120 天呈现急剧上升的趋势，120 天以后又有所下降。水浸处理种子中 ZT 的含量在埋藏后 60~90 天呈现急剧上升的趋势，90 天以后基本保持平稳的状态。从整个解除休眠过程来看，在埋藏 60 天以后，KT 浸种处理种子中 ZT 的含量均高于水浸处理种子。

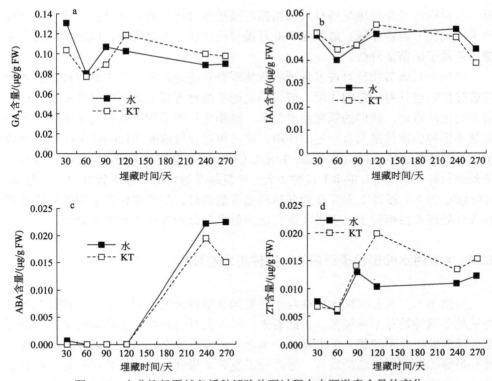

图 4-15 水曲柳经夏越冬播种解除休眠过程中内源激素含量的变化

4.3 结论与讨论

4.3.1 水曲柳种子经夏越冬播种时间与药剂处理效果

人们经常采用秋播的方法，人为地为种子提供适宜的条件，利用自然环境温度的变化来打破种子休眠，在播种后第二年的春季种子便可以顺利萌发。但是，具有深休眠特性的种子通常经过秋播以后并不能取得很好的出苗效果。

我们的研究表明，水曲柳经夏越冬播种时，7 月中旬和 8 月中旬播种种子出苗率较高，6 月中旬和 9 月中旬播种出苗率较低。9 月中旬播种出苗率低是由于播种时间晚，水曲柳种子暖温处理时间相对较短，经过一个冬季后大部分种子仍然处于休眠状态。6 月中旬播种由于播种时间早，暖温处理时间充分，理论上应获得较高的出苗率。但本试验中 6 月中旬播种的种子出苗率极低，从土中取出的未萌发的种子十分干燥，因此推测可能是由于播种时温度太高，土壤含水量低，而播种后我们又未采取灌溉措施，从而导致种子在长时间内得不到充足的水分。可见，水曲柳种子经夏越冬播种可以出苗，播种宜选在 9 月之前进行，播种时间晚种子不能充分解除休眠。如果在 5~6 月播种则应注意及时灌溉，防止苗床过于干燥而使种子出苗率降低。

植物生长调节物质对许多种子破除休眠具有促进作用，对水曲柳种子层积处理破除休眠也具有一定的作用，但在经夏越冬播种方式上是否能促进水曲柳种子萌发则无法肯定。我们的研究结果显示，植物生长调节物质在提高水曲柳种子经夏越冬播种出苗效果上有一定的作用。使用相对较低浓度（10mg/L）GA$_3$ 处理种子 2 天，经夏越冬播种出苗率高；1mg/L 的 BAP 处理种子 1 天，经夏越冬播种出苗效果较好；100mg/L 的 KT 浸种 1 天，经夏越冬播种出苗效果较好。综合看来，100mg/L 的 KT 浸种 1 天经夏越冬播种出苗效果好。生产单位如采用经夏越冬播种方式处理水曲柳种子，可以考虑在播种前采用此种方法进行浸种处理。

4.3.2　KT 对水曲柳种子经夏越冬播种萌发的影响

对当年不同发育时期水曲柳种子经夏越冬播种研究表明，不同发育时期种子经夏越冬播种发芽率都极低。由此看来，当年发育过程中的水曲柳种子进行经夏越冬播种效果并不理想，可能是种子本身并未发育完全，再加上播种时间较晚，没有足够的时间完成胚的发育，导致种子发芽率极低。虽然 KT 浸种对贮藏种子经夏越冬播种萌发具有较好的促进作用，但对新种子经夏越冬播种发芽率的提高却没有明显的作用。因此，水曲柳新种子进行经夏越冬播种是不可行的。

我们在不同年份对水曲柳贮藏种子使用 KT 处理后进行经夏越冬播种发现，KT 浸种对提高种子经夏越冬播种出苗率作用明显。但相同的方法在年份间所获得的促进效果并不稳定，这说明贮藏种子采用经夏越冬播种的出苗率还受种子质量、播种年份自然条件等因素影响。因此，生产单位采用此种方式播种育苗时要充分考虑这些因素。

KT 处理水曲柳种子可以促进经夏越冬播种过程中种胚的生长及胚干重的增加，从而使胚较快完成发育过程，达到较好的萌发效果。KT 处理水曲柳种子可以促进种子萌发前 GA$_3$ 和 ZT 含量的提高及 ABA 含量的下降，而这些内源激素的变化趋势是有利于种子萌发的。

5 水曲柳种子混沙层积催芽过程中的生理变化及其调控技术

针对水曲柳种子休眠原因，对其解除休眠的方法也进行了一些研究。目前已确定先暖温后低温的变温层积处理是解除种子休眠的最佳途径。但对于不同层积温度阶段所需要的时间观点不一。凌世瑜和董愚得（1983）认为应先在暖温（20℃）下 4~5 个月，再在低温（5℃）下 4~5 个月。赵玉慧和李森（1989）则认为以暖温层积 60 天后转入低温层积 50 天效果最好。植物生长调节物质对许多种子解除休眠具有促进作用。对使用植物生长调节物质处理水曲柳种子也进行过尝试。凌世瑜（1986）用赤霉素处理水曲柳休眠种子的结果表明，赤霉素处理可以促进暖温层积过程的完成，但不能取代对低温的要求。Tinus（1982）对洋白蜡的研究表明，适当浓度的 GA₃ 和 BA 溶液能够促进种子萌发。

虽然水曲柳种子处理方法在生产实践中比较成熟，但仍然没有达到完美的程度，在许多环节上仍然有提高播种育苗效果的可能性。本章以水曲柳成熟种子为材料，对打破种子休眠的措施进行研究，目的是确定果皮、流水冲洗、药剂处理、暖温层积等在打破种子休眠过程中的作用，确定混沙层积处理水曲柳种子时在不同温度处理阶段的层积时间。

5.1 试验材料和方法

5.1.1 试验材料

水曲柳种子采自吉林省露水河林业局。种子千粒重 59.49g，含水量为 8.41%。种子于低温 5℃下干燥贮藏。

5.1.2 研究方法

5.1.2.1 果皮对水曲柳种胚生长和种子萌发的影响

层积处理前水曲柳果实经过以下 3 种处理：①果皮完整；②去掉果皮；③果

皮剥裂露出种子。每种处理果实与 3 倍体积的湿沙混合，在暖温（20℃）条件下催芽 16 周，然后在低温（5℃）下催芽 12 周。

在暖温层积期间，每 4 周从各处理中抽取 30 粒果实，测量种子长和胚长，计算胚率（胚长/种子长），同时将胚乳（包括种皮）与胚分开后在 105℃下烘干 17h，使用电子天平（万分之一）测定干重，重复 3 次，计算胚重比（胚干重与种子干重的比值）。另外，每 4 周从各处理中抽取 100 粒种子，转到低温（5℃）下催芽 12 周。在层积结束后进行种子萌发试验，每种处理 100 粒种子，4 次重复。于 15℃/10℃黑暗条件下萌发，测定各处理水曲柳种子的发芽率。

5.1.2.2　流水冲洗对水曲柳种胚生长和种子萌发的影响

种子在流水中冲洗 48h、72h、96h 后采用混沙层积。不同处理种子置于 20℃下混沙层积催芽，种子催芽 16 周后转入低温（5℃）下催芽 12 周。

在暖温层积期间，每 4 周从各处理中抽取 30 粒果实，测量种子长和胚长，计算胚率（胚长/种子长），同时将胚乳（包括种皮）与胚分开后在 105℃下烘干 17h，使用电子天平测定干重，重复 3 次，计算胚重比。另外，每 4 周从各处理中抽取 100 粒种子，转到低温（5℃）下催芽 12 周。在层积结束后进行种子萌发试验，每种处理 100 粒种子，4 次重复。于 15℃/10℃黑暗条件下萌发，测定各处理水曲柳种子的发芽率。

5.1.2.3　药剂处理对水曲柳种胚生长和种子萌发的影响

层积前使用不同药剂不同浓度处理水曲柳种子。药剂包括：①GA$_3$（3 种浓度分别为 10mg/L、100mg/L、1000mg/L）；②BAP（3 种浓度分别为 1mg/L、10mg/L、100mg/L）；③KT（3 种浓度分别为 1mg/L、10mg/L、100mg/L）。浸种时间为 24h，以水浸为对照。不同处理种子在暖温（20℃）条件下催芽 16 周，然后在低温（5℃）下催芽 12 周。

在暖温层积期间，每 4 周从各处理中抽取 30 粒果实，测量种子长和胚长，计算胚率（胚长/种子长），同时将胚乳（包括种皮）与胚分开后在 105℃下烘干 17h，使用电子天平测定干重，重复 3 次，计算胚重比。在层积结束后进行种子萌发试验，每种处理 100 粒种子，4 次重复。于 15℃/10℃黑暗条件下萌发，测定各处理水曲柳种子的发芽率。

5.1.2.4　暖温层积温度对水曲柳种胚生长和种子萌发的影响

种子于 10℃、15℃、20℃条件下层积。在暖温（20℃）条件下催芽 16 周，然后在低温（5℃）下催芽 12 周。在暖温层积期间，每 4 周从各处理中抽取 30 粒果实，测量种子长和胚长，计算胚率（胚长/种子长），同时将胚乳（包括种皮）

与胚分开后在 105℃下烘干 17h，使用电子天平测定干重，重复 3 次，计算胚重比。

在层积结束后进行种子萌发试验，每种处理 100 粒种子，4 次重复。于 15℃/10℃ 黑暗条件下萌发，测定各处理水曲柳种子的发芽率。

5.1.2.5 层积处理方法对水曲柳种子萌发的影响

采用沙层积处理种子。沙层积方法：①暖温（20℃）8 周+低温（5℃）16 周；②暖温（20℃）12 周+低温（5℃）12 周；③暖温（20℃）16 周+低温（5℃）8 周。

在层积结束后进行种子萌发试验，每种处理 100 粒种子，4 次重复。于 15℃/10℃ 黑暗条件下萌发，测定各处理水曲柳种子的发芽率。

5.2 结果与分析

5.2.1 果皮对水曲柳种胚生长和种子萌发的影响

由图 5-1 可见，不同果皮处理水曲柳种子经层积处理后的发芽率不同。不同果皮处理种子经 4 周或 8 周暖温层积再经 12 周的低温层积处理后，种子发芽率差异极显著（$P<0.01$），多重比较结果显示，去果皮和撕裂果皮处理种子的发芽率明显高于对照。不同果皮处理种子经 12 周或 16 周暖温层积再经 12 周的低温层积处理后，种子发芽率差异显著（$P<0.05$），多重比较结果显示，去果皮处理种子的发芽率明显高于对照，撕裂果皮处理与对照种子发芽率差异不显著。

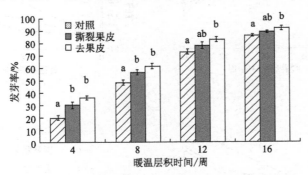

图 5-1　不同果皮处理水曲柳种子经层积处理后的发芽率

由图 5-2a 可见，在暖温层积期间，去果皮和撕裂果皮处理种子的胚长均高于对照，尤其是去果皮处理种子胚长增加明显，在暖温层积结束时比对照种子胚长增加了 13.28%，比撕裂果皮处理胚长增加了 8.18%。

由图 5-2b 可见，在暖温层积期间，去果皮处理种子的胚率高于撕裂果皮和对照处理，而撕裂果皮处理和对照种子胚率差异不明显。在暖温层积结束时，去果皮处理种子胚率达到了 90.15%，而撕裂果皮和对照处理种子胚率分别为 85.83% 和 84.83%。

由图 5-2c 和图 5-2d 可见，在暖温层积期间，不同果皮处理种子的胚乳干重变化没有明显的规律，而胚干重差异明显，去果皮处理高于撕裂果皮和对照处理，而撕裂果皮处理胚干重略高于对照。在暖温层积结束时，去果皮处理比对照胚干重增加了 25.67%，比撕裂果皮处理胚长增加了 19.31%。

由图 5-2e 可见，在暖温层积期间，不同果皮处理的胚重比变化规律与胚干重变化规律相似，还是以去果皮处理最高。在暖温层积结束时，去果皮处理胚重比比对照增加了 32.80%，比撕裂果皮处理增加了 27.76%。

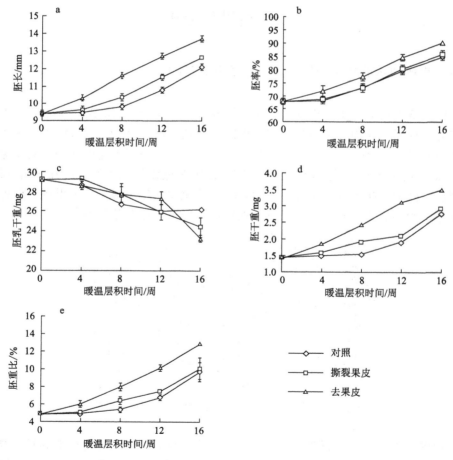

图 5-2 不同果皮处理水曲柳种子在暖温层积期间的形态变化

5.2.2 流水冲洗对水曲柳种胚生长和种子萌发的影响

由图 5-3 可见，不同冲洗处理水曲柳种子经层积处理后的发芽率不同。不同冲洗处理种子经 4 周、8 周或 12 周暖温层积再经 12 周的低温层积处理后，种子发芽率差异极显著（$P<0.01$），冲洗时间越长，经层积处理后种子的发芽率就越高。不同冲洗处理种子经 16 周暖温层积再经 12 周的低温层积处理后，种子发芽率差异显著（$P<0.05$），多重比较结果显示，冲洗 96h 处理种子的发芽率明显高于冲洗 48h 处理，冲洗 72h 处理与冲洗 48h 处理种子发芽率差异不显著。

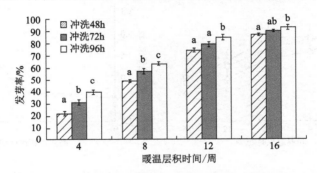

图 5-3 不同冲洗处理水曲柳种子经层积处理后的发芽率

由图 5-4a 可见，在暖温层积前 8 周，不同冲洗处理种子胚长增长都较小，差异不明显，暖温层积 8 周后，冲洗时间越长胚长增加越快。在暖温层积结束时，冲洗 96h 处理比冲洗 72h 处理胚长增加了 2.42%，比冲洗 48h 处理胚长增加了 7.18%。

由图 5-4b 可见，在暖温层积期间，不同冲洗处理种子胚率变化与胚长变化规律基本相同。在暖温层积结束时，冲洗 96h 处理比冲洗 72h 处理胚率增加了 2.06%，比冲洗 48h 处理胚率增加了 8.06%。

由图 5-4c 可见，在暖温层积期间，冲洗时间越长，胚乳干重降低得就越快。在暖温层积结束时，冲洗 96h 处理胚乳干重降低了 10.56%，冲洗 72h 处理胚乳干重降低了 8.73%，冲洗 48h 处理胚乳干重降低了 7.47%。

由图 5-4d 可见，在暖温层积前 8 周，不同冲洗处理种子胚干重增长都较小，差异不明显，暖温层积 8 周后，胚干重增加迅速。在暖温层积结束时，冲洗 96h 处理胚干重增加了 1 倍，比冲洗 72h 和冲洗 48h 处理胚干重分别增加了 6.62% 和 18.45%。

由图 5-4e 可见，在暖温层积期间，不同冲洗处理的胚重比变化规律与胚干重变化规律相似，冲洗 96h 处理胚重比最高。在暖温层积结束时，冲洗 96h 处理比冲洗 72h 处理胚重比增加了 7.27%，比冲洗 48h 处理胚重比增加了 15.65%。

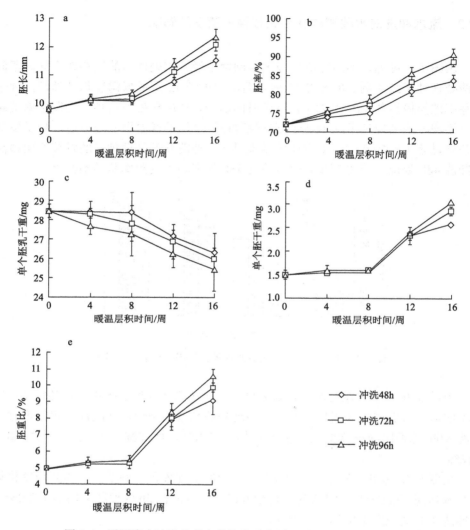

图 5-4　不同流水冲洗处理水曲柳种子在暖温层积期间的形态变化

5.2.3　药剂处理对水曲柳种胚生长和种子萌发的影响

从表 5-1 可见，使用 GA_3 处理种子时，只有浓度为 100mg/L 时种子暖温层积结束时的胚长（12.46mm）与对照（12.31mm）差异不显著，其他浓度时种子暖温层积结束时的胚长均显著低于对照。不同浓度 GA_3 处理的种子暖温层积结束时的胚干重均与对照差异不显著，浓度为 100mg/L 和 1000mg/L 时种子暖温层积结束时的胚干重高于对照。不同浓度 GA_3 处理的种子经层积处理后的发芽率差异极显著（$P < 0.01$），其中，GA_3 浓度为 100mg/L 时的种子发芽率显著高于对照，其

他均低于对照。综合来看，使用 100mg/L GA₃ 处理水曲柳种子，对暖温层积过程中种胚的生长和种子萌发有利。

表 5-1 药剂处理对水曲柳种子暖温层积过程中胚生长和种子萌发的影响

处理	浓度/（mg/L）	胚长/mm	胚干重/（×10⁻²g）	种子发芽率/%
GA₃	10	11.51±0.19*b**	2.42±0.01a	68.0±1.6ab
	100	12.46±0.24c	3.09±0.09a	79.0±1.0c
	1000	10.50±0.16a	2.88±0.05a	64.0±1.6a
	对照	12.31±0.21c	2.56±0.40a	70.0±2.6b
BAP	1	12.54±0.16b	3.44±0.14c	81.0±1.9c
	10	12.33±0.21b	2.95±0.02bc	75.0±1.9bc
	100	11.21±0.19b	2.08±0.20a	62.0±2.6a
	对照	12.31±0.21b	2.56±0.40ab	70.0±2.6b
KT	1	11.93±0.21c	2.75±0.04b	63.0±3.4bc
	10	10.50±0.16a	1.76±0.03a	56.0±1.6a
	100	11.12±0.21b	2.23±0.14ab	64.0±2.8bc
	对照	12.31±0.21c	2.56±0.40b	70.0±2.6c

*平均值±标准误；**同一列上相同字母表示经邓肯多重比较差异不显著（$P>0.05$）

使用 BAP 处理种子时，浓度为 1mg/L 和 10mg/L 时种子暖温层积结束时的胚长与对照差异不显著，且略高于对照，浓度为 100mg/L 时种子暖温层积结束时的胚长显著低于对照。不同浓度 BAP 处理的种子暖温层积结束时的胚干重差异显著（$P<0.05$），浓度为 1mg/L 和 10mg/L 时种子暖温层积结束时的胚干重高于对照。不同浓度 BAP 处理的种子经层积处理后的发芽率差异极显著（$P<0.01$），其中，BAP 浓度为 1mg/L 时的种子发芽率（81%）显著高于对照，BAP 浓度为 10mg/L 时的种子发芽率（75%）高于对照，但与对照差异不显著。综合来看，使用 1mg/L 和 10mg/L 的 BAP 处理水曲柳种子，对暖温层积过程中种胚的生长和种子萌发有利，1mg/L 的 BAP 处理水曲柳种子效果最好。

使用 KT 处理种子时，浓度为 10mg/L 和 100mg/L 时种子暖温层积结束时的胚长均显著低于对照，浓度为 1mg/L 时种子暖温层积结束时的胚长略低于对照，但差异不显著。不同浓度 KT 处理的种子暖温层积结束时的胚干重差异显著（$P<0.05$），浓度为 1mg/L 时种子暖温层积结束时的胚干重高于对照，但与对照差异不显著，其他浓度处理均低于对照。不同浓度 KT 处理的种子经层积处理后的发芽率差异显著（$P<0.05$），其中，KT 浓度为 1mg/L 和 100mg/L 时的种子发芽率与对照差异不显著，KT 浓度为 10mg/L 时的种子发芽率显著低于对照。综合来看，使用 KT 处理水曲柳种子，对暖温层积过程中种胚的生长和种子萌发没有明显的促进作用。

5.2.4 暖温层积温度对水曲柳种胚生长和种子萌发的影响

由图 5-5a 可见，在暖温层积前 8 周，不同层积温度条件下种子胚长增长都较小，15℃下种子胚长生长较 10℃和 20℃下略快，暖温层积 8 周后，不同层积温度条件下种子胚长增长都较大，15℃下种子胚长生长最快。在暖温层积结束时，15℃下种子胚长比 10℃下增加了 9.61%，比 20℃下增加了 4.40%。

由图 5-5b 可见，在暖温层积期间，15℃条件下胚乳干重降低得较快，20℃条件下次之，10℃下最慢。在暖温层积结束时，15℃条件下胚乳干重降低了 5.58%，10℃条件下胚乳干重降低了 3.13%，20℃条件下胚乳干重降低了 4.90%。

由图 5-5c 可见，在暖温层积前 8 周，不同层积温度条件下种子胚干重增长都较小，差异不明显，暖温层积 8 周后，胚干重增加迅速。在暖温层积结束时，15℃条件下胚干重增加了 57.72%，比 20℃和 10℃条件下胚干重分别增加了 4.91%和 14.63%。

由图 5-5d 可见，在暖温层积期间，不同层积温度条件下胚重比变化规律与胚干重变化规律相似，15℃条件下胚重比最高。在暖温层积结束时，15℃条件下比 20℃条件下胚重比增加了 5.12%，比 10℃条件下胚重比增加了 15.60%。

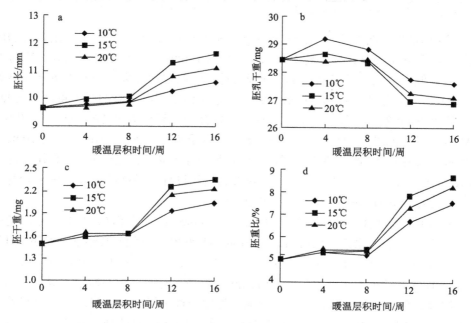

图 5-5 不同暖温温度下水曲柳种子层积期间的形态变化

由图 5-6 可知，水曲柳种子在不同暖温温度下层积 16 周，再经 12 周的低温层积处理后发芽率差异极显著（$P < 0.01$）。暖温层积温度为 10℃的种子经层积处

理后发芽率最低（40.5%），显著低于暖温层积温度为15℃和20℃的种子发芽率，暖温层积温度为15℃和20℃的种子经层积处理后的发芽率差异不显著,暖温层积温度为 15℃的种子发芽率最高（为 63.75%）。15℃的暖温层积温度对种子的萌发有利。

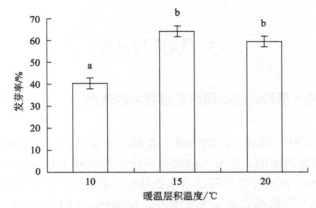

图 5-6   在不同暖温温度下层积的水曲柳种子经低温层积后的发芽率

5.2.5   层积方法对水曲柳种子萌发的影响

由图 5-7 可见，不同的暖温和低温层积时间组合条件下种子发芽率差异显著（$P < 0.05$），这说明采用混沙层积，总的层积时间一定时，不同的暖温和低温层积时间组合对种子层积处理后的发芽率有影响。多重比较结果显示，暖温 2 个月+低温 4 个月组合种子发芽率最低（为 76%），与暖温 3 个月+低温 3 个月组合和

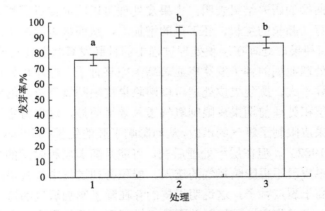

图 5-7   水曲柳种子经不同沙层积处理后的发芽率

处理 1、2 和 3 分别表示暖温 2 个月+低温 4 个月层积、暖温 3 个月+低温 3 个月层积

和暖温 4 个月+低温 2 个月层积

暖温 4 个月+低温 2 个月组合之间差异均显著，暖温 3 个月+低温 3 个月组合与暖温 4 个月+低温 2 个月组合之间种子发芽率差异不显著，其中暖温 3 个月+低温 3 个月组合种子发芽率最高（为 94%）。暖温 3 个月+低温 3 个月组合层积处理效果最好。

5.3　结论与讨论

5.3.1　果皮在种子层积处理破除休眠过程中的作用

　　Ferenczy（1955）对欧洲白蜡的研究表明，果皮对种子的休眠没有明显的作用，他认为果皮是透水的，氧气也能够自由地渗透到种子中。Steinbauer（1937）和Asakawa（1956）在研究黑栲和日本水曲柳时都认为，胚由于受到被覆组织（果皮、种皮和胚乳）的机械阻碍而不能萌发。Asakawa（1956）还认为，果皮内含有抑制物质影响了胚的生长。Villiers和Wareing（1962）在欧洲白蜡上证明，由于完整不裂的果皮限制了氧气对胚的供应，从而影响了胚的生长。Tinus（1982）研究表明，洋白蜡去翅种子发芽率明显高于未去翅种子，也认为果皮限制了氧气的供应。凌世瑜和董愚得（1983）通过测定水曲柳果皮浸出液对离体胚的抑制作用，以及果皮对胚生长和种子内外气体交换的影响，认为果皮内含抑制物质和对氧气透入的阻碍延迟了胚的发育。叶要妹等（1999）通过实验证明，对节白蜡种子果翅能透水，不是引起种子深休眠的原因，但果翅可能阻碍种子所含发芽抑制物的渗出，有利于保持种子的深休眠状态。

　　我们对水曲柳的研究结果表明，去果皮处理可以明显促进层积处理过程中种胚的进一步发育（胚长的生长，胚干重的增加），从而显著提高了层积处理后种子的发芽率。撕裂果皮处理在层积处理过程中的种胚发育状况比对照（完整种子）稍好，在层积处理前期的种子发芽率显著高于完整种子，但层积处理后期与完整种子发芽率差异不大。撕裂果皮处理可以消除果皮限制氧气透入的效应，从本试验结果看，在层积处理前期果皮限制氧气透入效果明显，这也肯定了其他学者的研究结果——果皮限制了氧气的供应，从而影响了胚的生长（Villiers and Wareing，1962；Tinus，1982）。但在层积处理后期，可能是随着层积时间的延长，果皮的通透性提高，果皮已不再影响氧气的透入。层积处理过程中，去果皮处理种子的发芽率始终要高于裂皮种子，这说明果皮的存在除了影响氧气的透入之外，还起到了抑制作用，可以肯定这种抑制并不是机械阻碍，而是果皮的存在阻碍了种子中抑制物质的排出（叶要妹等，1999），抑制了胚的萌发。

　　总之，可以肯定的是，果皮在水曲柳种子的层积处理破除休眠过程中起到了阻碍作用，如果有条件的话，在层积处理前采用一些脱皮设备处理种子应该会取得较好的效果。但这种脱皮设备应该保证不会对种子内部，尤其是种胚产生物理伤害。

5.3.2　流水冲洗在种子层积处理破除休眠过程中的作用

抑制物质在欧洲白蜡（Kentzer，1966a，1966b；Blake et al.，2002）、美国白蜡（Sondheimer et al.，1968）、洋白蜡（郑彩霞和高荣孚，1991）、水曲柳（郭廷翘等，1991）等白蜡树属树种的种子中是普遍存在的，它们在种子休眠的调节中起重要作用（Nikolaeva and Vorob'eva，1979；Blake et al.，2002）。这些抑制物质在种子层积处理过程中逐渐下降，对延迟种子的萌发起到了重要的作用。通常采用流水冲洗或者长期水浸的方法可以有效地降低抑制物质在种子中的含量，从而使其对种子萌发的抑制作用减弱。

我们在对水曲柳种子层积前进行流水冲洗处理的结果显示，冲洗处理促进了胚的发育，冲洗时间越长，胚长和胚干重就增加越快，尤其是在层积后期效果更加明显。冲洗处理也对种子的萌发产生了一定的影响，尤其是在层积的前期，冲洗处理对提高种子发芽率效果明显，冲洗时间越长，种子发芽率就越高。在层积的后期，经长时间冲洗的种子发芽率仍然较高。因此，水曲柳种子层积处理前进行流水冲洗处理对促进种子的萌发是十分有利的，冲洗96h便可以获得良好的效果。

5.3.3　药剂处理在种子层积处理破除休眠过程中的作用

利用植物生长调节物质处理种子已十分普遍，在促进种子休眠破除和萌发方面具有良好的效果。在白蜡树属树种种子破除休眠的研究中曾经使用过赤霉素（Tinus，1982；Wcislinska，1977；凌世瑜，1986；Lewandowska and Szczotka，1992）、精胺（Lewandowska and Szczotka，1992）、KT（Lewandowska and Szczotka，1992）、BAP（Tinus，1982）等处理种子，所得的观点也不一致，有的认为在暖温前处理对于破除休眠和种子萌发的作用不明显（Lewandowska and Szczotka，1992），有的认为外源激素对种子休眠解除的作用取决于层积温度：在暖温条件下施用能刺激萌发，但不能解除休眠；在低温条件下施用可以缩短低温处理时间，加速休眠的解除，促进萌发；在变温层积条件下施用没有明显作用。对于水曲柳，凌世瑜（1986）曾用赤霉素处理其休眠种子，认为赤霉素处理有一定的作用，可以促进暖温层积过程的完成，但不能取代对低温的要求。

我们的研究结果显示：使用100mg/L的GA_3处理水曲柳种子，虽然对层积过程中种胚的发育促进作用不明显，但能显著提高层积处理后种子的发芽率；使用

1mg/L 和 10mg/L 的 BAP 处理水曲柳种子，对暖温层积过程中种胚的生长和种子萌发有利，1mg/L 的 BAP 处理水曲柳种子效果最好。而使用 KT 处理水曲柳种子，对暖温层积过程中种胚的生长和种子萌发没有明显的促进作用。总的看来，在水曲柳种子层积处理前应用适当的外源激素处理会取得很好的效果。应用较普遍的 GA_3 在 100mg/L 浓度时对提高种子发芽率有一定的效果，而 BAP 则在 1mg/L 浓度时对种胚的发育和种子萌发均有明显的促进作用。因此，在生产实践中，可以考虑在水曲柳层积处理前使用 1mg/L 的 BAP 进行 24h 的浸种处理。

5.3.4　水曲柳种子的混沙层积处理方法

暖温层积温度对于形态生理后熟休眠类型种子层积过程中种胚的生长和种子萌发都非常重要。以往的研究认为，欧洲白蜡（Wcislinska，1977）、狭叶白蜡（Piotto and Piccini，1998）等白蜡树属深休眠树种种子的暖温层积温度都以 20℃为宜，凌世瑜和董愚得（1983）认为水曲柳种子的暖温层积温度也以 20℃为好。但 Suszka 等（1994）则认为欧洲白蜡种子催芽的最佳暖温层积条件是 15℃。

我们的研究结果是 15℃层积条件下种子胚发育最快，15℃的暖温层积温度对种子的萌发有利。这与 Suszka 等（1994）的研究结果一致。在生产实践中，水曲柳种子层积处理时的暖温层积温度以 15℃为好。

目前已确定先暖温后低温的变温层积处理是解除种子休眠的最佳途径。但对于不同层积温度阶段所需要的时间观点不一。凌世瑜和董愚得（1983）认为，应先在暖温（20℃）下 4~5 个月，再在低温（5℃）下 4~5 个月。赵玉慧和李森（1989）则认为以暖温层积 60 天后转入低温层积 50 天效果最好。我们的研究结果表明，采用混沙层积时，暖温 3 个月+低温 3 个月组合可以获得较好的层积处理效果。

6 水曲柳种子裸层积催芽过程中的生理变化及其调控技术

解除水曲柳种子休眠所需时间太长，需要每一位苗圃工作者在每年的固定时期进行催芽处理，而且若播种时间因遇到特殊情况而延误，还会影响育苗效果。如果经过催芽解除休眠后的种子可以进行再干燥贮藏，便可以连续提供非休眠种子而不需要苗圃工作者再进行催芽处理。这样可以使苗圃在一年中的任何时候进行催芽和播种，也可以直接购买非休眠种子而不需要自己进行催芽处理工作。这对于苗圃生产将非常方便，而且会节约一定的种子处理费用，具有一定的经济意义。

Suszka 等（1994）提出了一种新的无基质催芽方式（也称为裸层积）（图 6-1），这种方式能够很好地控制种子的含水量，适合于大量种子的播种前处理；它能够使种子发芽率高，出苗整齐，提高苗木质量。这种催芽方法可以成功应用于商业生产，它可以为苗圃提供直接播种而无需层积处理的干燥种子，而且苗圃生产者可以根据天气条件来决定播种时间，而无需在规定的时间内提前进行催芽处理。

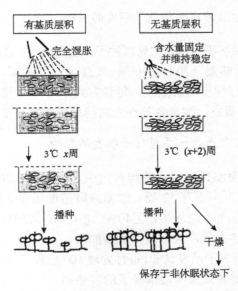

图 6-1 有基质和无基质层积催芽方法的比较示意图（根据 Finch-Savage 未发表资料修改）

虽然这种裸层积处理方法在一些种子的生产实践中有应用，但在水曲柳种子催芽处理中尚未进行尝试，人们对裸层积催芽过程中种子所发生的一系列变化也缺乏详细的了解。要想将这种方法在生产中推广应用，还需要进行细致研究。本章以水曲柳休眠种子为材料，目的是确定种子采用裸层积催芽的可行性和基本条件，探讨种子在裸层积催芽过程中的一些形态、生理变化，研究种子裸层积催芽条件优化的可行性及相关技术。

6.1　水曲柳种子裸层积催芽的可行性及其基本条件

研究水曲柳种子采用裸层积催芽处理的可行性，比较分析裸层积处理与混沙层积处理的效果，并确定层积处理所需的暖温和低温时间等基本催芽条件。

6.1.1　试验材料

试验所用的水曲柳种子于 2010 年 10 月取自黑龙江省，种子千粒重为 58.52g，含水量为 8.03%。

6.1.2　研究方法

6.1.2.1　裸层积方法对水曲柳种子萌发的影响

采用混沙层积和裸层积两种方式处理种子。层积条件：①暖温（20℃）12 周+低温（5℃）12 周；②暖温（20℃）16 周+低温（5℃）8 周。

在层积结束后进行种子萌发试验，每种方式处理 100 粒种子，4 次重复。于 15℃/10℃黑暗条件下萌发，测定各处理水曲柳种子的发芽率。

6.1.2.2　裸层积时种子含水量对种子萌发的影响

种子裸层积时将果实置于打孔的塑料盒中，在暖温（20℃）条件下催芽 16 周，然后在低温（5℃）下催芽 12 周。暖温阶段适量加水保持种子湿润，低温阶段种子含水量调整为 3 个不同水平：①40%；②45%；③50%。每周将果实搅拌一次，并通过称重检查含水量，根据需要适量加水。

在层积结束后进行种子萌发试验，每种处理 100 粒种子，4 次重复。于 15℃/10℃黑暗条件下萌发，测定各处理水曲柳种子的发芽率。

6.1.3 结果与分析

6.1.3.1 裸层积时种子含水量对种子萌发的影响

由图 6-2 可见，低温阶段含水量不同的水曲柳种子经裸层积处理后发芽率差异极显著（$P<0.01$）。含水量为 40% 的种子经层积处理后发芽率最低（66%），显著低于含水量为 45% 和 50% 的种子，含水量为 45% 和 50% 的种子经层积处理后的发芽率差异不显著，含水量为 45% 的种子发芽率最高（为 86%）。裸层积处理水曲柳种子时，种子含水量以 45%~50% 为宜。

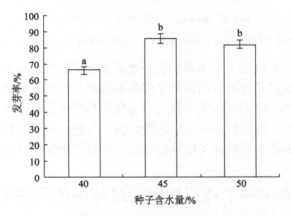

图 6-2 不同含水量种子经层积处理后的发芽率

6.1.3.2 层积处理方法对水曲柳种子萌发的影响

由图 6-3 可见，无论是在暖温 3 个月+低温 3 个月组合条件下，还是在暖温 4 个月+低温 2 个月组合条件下，混沙层积处理种子发芽率都略高于裸层积，但两者之间差异不显著（$P>0.05$），裸层积也可以达到较高的发芽率。暖温 3 个月+低温 3 个月组合条件下混沙层积和裸层积处理的种子发芽率均高于暖温 4 个月+低温 2 个月组合。暖温 3 个月+低温 3 个月组合条件下裸层积处理的效果也最好。

6.1.4 结论与讨论

Suszka 等（1994）提出了一种新的无基质催芽方式（也称为裸层积），这种方式能够很好地控制种子的含水量，适合于大量种子的播种前处理；它能够使种子发芽率高，出苗整齐，提高苗木质量。这种催芽方法可以成功应用于商业生产，它可以为苗圃提供直接播种而无需层积处理的干燥种子，而且苗圃生产者可以根据天气条件来决定播种时间，而无需在规定的时间内提前进行催芽处理。我们的

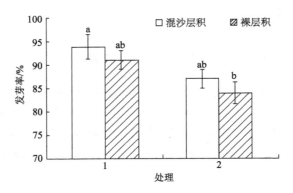

图 6-3 种子经不同层积处理后的发芽率

处理 1 和 2 分别表示暖温 3 个月+低温 3 个月层积和暖温 4 个月+低温 2 个月层积

研究结果显示，水曲柳种子采用裸层积处理是完全可行的，暖温 3 个月+低温 3 个月组合条件下裸层积处理水曲柳种子的效果较好，裸层积处理水曲柳种子时，种子含水量以 45%~50%为宜。采用裸层积方法虽然种子发芽率并不会比混沙层积处理有明显的优势，但这种层积方法比较经济、方便，而且层积后的种子易于再干燥贮藏。在今后的水曲柳种子催芽处理时，可以考虑采用裸层积。

6.2 水曲柳种子裸层积催芽过程中的形态生理变化

研究种子裸层积过程中的形态和生理变化，确定水曲柳种子裸层积处理解除休眠过程中的状态变化，为制定实用、经济、快速、有效地解除水曲柳种子休眠的技术措施提供理论参考依据。

6.2.1 试验材料

试验所用的水曲柳种子于 2010 年 10 月取自黑龙江省，种子千粒重为 58.52g，含水量为 8.03%。种子于 2010 年 11 月 1 日进行裸层积处理，裸层积为暖温（18℃）3 个月+低温（5℃）3 个月。2011 年 5 月层积处理结束，前 5 个月每 15 天取一次种子，后一个月每 10 天取一次，每个时间段取出的种子置于密封袋中，在 5℃冰箱中保存备用。

6.2.2 研究方法

6.2.2.1 水曲柳种子裸层积过程中胚和胚乳的变化

从各试验处理中抽取 30 粒水曲柳种子，分别测量种子长和胚长，计算胚率（胚长/种子长），同时将胚乳（包括种皮）与胚分开后在 105℃下烘干 24h，使用电子天平（万分之一）测定干重，重复 3 次，计算胚重比。

6.2.2.2 裸层积过程中主要贮藏物质的变化

（1）脂肪酸含量测定（张志良，1990）。

分别称取 1g 胚乳和 0.5g 胚研细。用 10ml 的 95%乙醇洗涤，引入三角瓶（50ml）中，用橡皮塞塞紧，70℃水浴中提取 30min，保温结束后，每瓶加入 0.2g 活性炭并摇动，用漏斗过滤，取各自滤液 10ml 加入另外 3 个 50ml 锥形瓶中（每处理 3 次重复），各加入 2 滴酚酞指示剂，用 0.05mol/L 标准 NaOH 溶液滴定至微弱红色为终点，记录 NaOH 溶液的体积，即为脂肪酸的量。

（2）可溶性糖和淀粉含量的测定采用蒽酮比色法（李合生，2000）

称取 0.5g 胚乳和 0.1g 胚，分别放入三角瓶中，加沸水 25ml，在水浴锅中加盖煮沸 10min，冷却后过滤。滤液收集在 50ml 的容量瓶中，加水定容至刻度，作为可溶性糖的提取液。吸取 0.5ml 的提取液于大试管中，加入 1.5ml 的蒸馏水及 0.5ml 蒽酮试剂，再加入 0.5ml 浓硫酸，摇匀，而后在 620nm 波长下比色，记录吸光度，在标准曲线上查出对应的葡萄糖的含量。再按下列公式进行计算，得出样品中可溶性糖的含量。设定 3 个重复。

植物样品含糖量（mg/g）=[查表所得的糖量（mg）×样品稀释倍数]/样品重（g）

将提取可溶性糖后剩余的干燥残渣移入 50ml 容量瓶，加 20ml 蒸馏水，放入沸水浴中煮沸 15min，再加入 2ml 的 9.2mol/L 高氯酸溶液，提取 15min，冷却后用蒸馏水稀释定容至刻度，摇匀，用滤纸过滤，滤液作为提取液。吸取滤液 0.5ml 于大试管中，加入 1.5ml 蒸馏水，再加入 2%的 0.5ml 蒽酮试剂，然后沿管壁缓慢加入 5ml 浓硫酸，微微摇动，促使乙酸乙酯分解，当管内出现蒽酮絮状物时，再剧烈摇动促进蒽酮溶解，然后立即放入沸水浴中加热 10min，冷却后在 620nm 波长下比色，记录吸光度。在标准曲线上查出对应的淀粉含量，再按下列公式进行计算。设定 3 个重复。

样品淀粉含量（mg/g）=[查表所得的淀粉量（mg）×样品稀释倍数]/样品重（g）

（3）可溶性蛋白质含量的测定采用考马斯亮蓝法（北京师范大学生物系生化教研室，1982）

称取 0.5g 胚乳和 0.1g 胚，分别放入研钵中，先加入 1ml 蒸馏水研磨成匀浆，再用 4ml 蒸馏水洗涤研钵，一并转入离心管中，然后在 12 000r/min 下离心 30min，取上清液 1ml，用蒸馏水稀释至 25ml。再取 1.0ml 稀释液，放入具塞试管中，加入 5ml 考马斯亮蓝 G-250 溶液，充分混合，放置 2min 后在 595nm 下比色，测定吸光度，并通过标准曲线查得蛋白质含量。

$$样品中蛋白质含量（mg/g）= \frac{C \times V_T}{V_S \times W_F}$$

式中，C 为查得的标准曲线值，单位为 mg；V_T 为提取液总体积，单位为 ml；W_F 为样品的鲜重，单位为 g；V_S 为测定时加入的提取液的量，单位为 ml。

6.2.2.3 裸层积过程中种子浸提液的生物效应及种子的萌发能力

（1）裸层积过程中种子浸提液的生物效应测定

取层积各阶段的种子各 5g，研碎后加入 50ml 的 80%甲醇，混匀后用塑料薄膜封瓶口，置于 0~4℃条件下避光提取 48h，之后滤去残渣，即为醇提原液。将原液分别稀释为原来浓度的 100%、50%、10%（文中提到的 10%浸提液即为将浸提原液稀释到原浓度的 10%的溶液，50%浸提液的原理同上）。将各浓度的浸提液加入垫有 3 层滤纸的培养皿中，液体蒸出后，将浸种 2h 白菜种子置床，在 25℃ 光照培养箱内进行发芽试验，48h 后统计白菜种子的发芽率（以胚根突破种皮作为发芽的标准），以蒸馏水浸种作为对照，每种处理 4 个重复，每个重复 25 粒。

（2）离体胚萌发能力测定

取各层积阶段种子，将胚从种子中剥离出来，置于垫有一层滤纸的培养皿（9cm）中。每种处理 25 个胚，4 次重复。离体胚萌发于 25℃光下进行，每 2 天观察记录 1 次离体胚的萌发情况。记录共分以下 6 种情况：①胚腐烂或死亡；②无任何变化；③胚体有所增大，但形态没有变化；④子叶伸长变绿，胚轴和胚根没有变化；⑤子叶伸长变绿，胚轴伸长，胚根无变化；⑥完全萌发。

（3）各层积阶段种子萌发试验

取各层积阶段种子 100 粒，试验前将种子置于烧杯中，在温水中（20~25℃）浸种 24h 后置床，每种处理 25 粒种子，4 次重复，置于垫有 2 层滤纸的 9cm 塑料培养皿中，滤纸下垫少量脱脂棉。萌发试验在 15℃/10℃（8h/16h）黑暗条件下进行。每日观察并记录种子萌发情况，以胚根伸长大于 2mm 为种子萌发标志。

6.2.3 结果与分析

6.2.3.1 水曲柳种子裸层积过程中胚和胚乳的形态变化

在层积期间，水曲柳种子胚长随时间的延长逐渐增加，并且在层积 160~180 天胚长变化趋于稳定，胚长从层积 0 天到层积结束由 10.5mm 增加到 13.6mm。0~120 天，胚长的增加量比较整齐，但是 105~120 天增加量明显高于其他任何时期，而这个时期也是种子由暖温转入低温的时间段。可以看出，变温对胚的影响比恒温要大。在整个层积过程中从 120 天开始到层积结束，胚长变化不大，而且在层积 120 天，水曲柳种子胚长达到最高峰（图 6-4）。多重比较结果显示，层积 120~180 天种子胚长差异不显著，层积 0~120 天种子胚长变化明显且差异显著（$P<0.05$）。所以层积过程是种胚伸长和生长过程，也是为解除休眠后种子萌发

做好充分准备的阶段。

图 6-5 显示，在整个层积过程中，胚率随着层积时间的延长从 75.5%增加到 96.4%，在层积 120 天达到高峰并且到后期趋于稳定，说明胚在 120 天后伸长非常缓慢。与图 6-4 相比较，胚率的变化趋势与胚长的变化趋势一致，所以在整个层积过程中种子没有伸长或者伸长很小。由多重比较结果显示，层积 0~105 天和层积 120 天到层积结束胚率差异显著（$P<0.05$），层积 120 天后各时间段胚率差异不显著。

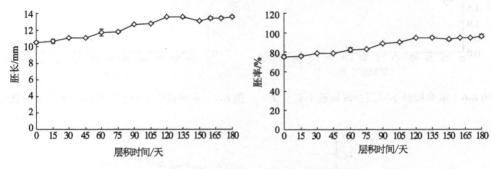

图 6-4　水曲柳经不同层积时间胚长的变化　　图 6-5　水曲柳经不同层积时间胚率的变化

图 6-6 表明，随着层积时间的增加，胚干重在层积 0 天为 1.88mg，层积 15 天最低，为 1.67mg，层积 120 天为 3.53mg，层积结束时为 3.72mg。在相邻的两个层积时间段内，层积 90~120 天胚干重增加得最多，增加 1.02mg。方差分析结果显示，层积 0 天、15 天、30 天和 45 天与层积 120 天到层积结束胚干重差异极显著（$P<0.01$），与层积 60 天、75 天、90 天和 105 天胚干重差异显著（$P<0.05$）。层积 120~180 天胚干重差异不显著，而且此期间胚干重的变化不大，层积 170 天和 180 天胚干重分别为 3.71mg 和 3.72mg，趋于稳定。

图 6-7 显示，在层积过程中，胚乳干重随着层积时间的增加在逐渐降低，胚乳干重在层积 0 天为 29.16mg，层积 75 天最高，为 30.11mg，层积 180 天最低，为 24.52mg。在相邻的两个层积时间段内，层积 90~120 天胚乳干重减少最多，减少量为 3.93mg。同时也说明在种子裸层积过程中胚乳消耗最高值是从暖温（18℃）变为冷温（5℃）。在层积后期 135~180 天胚乳干重的减少量为 0.39mg，变化非常小。方差分析结果显示，层积 0 天、15 天、45 天、60 天、75 天和 90 天与后期层积时间内的胚乳干重差异显著（$P<0.05$），层积 75 天与层积 160 天、170 天和 180 天胚乳干重差异极显著（$P<0.01$）。

从图 6-8 可知，随着层积时间的增加，胚重比也在逐渐增加。层积 15 天胚重比最低，为 5.45%，层积 180 天胚重比为 13.48%，是最高值。在相邻的两个层积时间段内胚重比增加最大的是 90~120 天，增加量为 4.27%。进一步说明，在种子裸层积过程中胚乳消耗最高值和胚增加的最大值是从暖温（18℃）变为冷温（5℃）。

在层积后期 120 天后，胚重比差异不显著，胚重比增加量也很小。

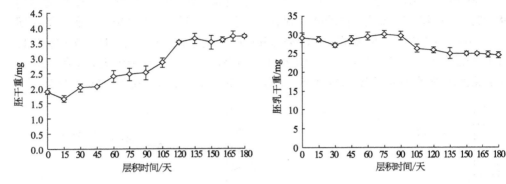

图 6-6　水曲柳经不同层积时间胚干重变化　　图 6-7　水曲柳经不同层积时间胚乳干重变化

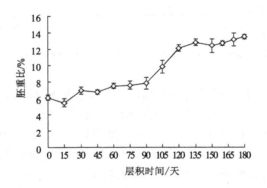

图 6-8　水曲柳经不同层积时间胚重比变化

6.2.3.2　裸层积过程中主要贮藏物质的变化

（1）裸层积过程中胚乳和胚中脂肪酸含量变化

在裸层积过程中，随着层积的时间增加，种子胚乳中的脂肪酸含量在层积 120 天达到最高，为 1.37mg/g，在层积 180 天含量最低，为 0.63mg/g（图 6-9）。层积 160 天、170 天和 180 天与层积 0 天比脂肪酸含量都下降，而层积 30~120 天脂肪酸含量都升高。脂肪酸的 β-氧化提供能量，产物中的乙酰辅酶 A 可以进入三羧酸循环，氧化成二氧化碳和水并放出能量，所以后期脂肪酸的减少为胚提供了大量的能量。层积前期脂肪酸的不断积累也是为后期种胚的生长做准备。方差分析表明，层积 120 天与层积 0 天、160 天、170 天、180 天脂肪酸含量差异极显著（$P<0.01$），层积 30 天、60 天、90 天与层积 160 天、170 天、180 天脂肪酸含量差异显著（$P<0.05$），这也说明在层积过程中，胚乳内的脂肪酸先积累，然后被利用。

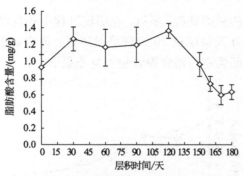

图 6-9　经不同层积时间胚乳中脂肪酸含量变化

图 6-10 显示，在裸层积过程中，随着层积时间的增加，胚中脂肪酸的含量在减少。从层积 0 天的 1.13mg/g 降低到 180 天的 0.27mg/g，减少量为 0.86mg/g，是 180 天的 3.19 倍。0~90 天胚中脂肪酸的减少量为 0.3mg/g，120 天后脂肪酸变化不大，趋于稳定。在单一层积时间段内减少量最大的是 90~120 天，减少量为 0.57mg/g，在 90 天后层积温度由暖温变为低温。这也说明层积过程中由高温转移到低温，种胚消耗大量的能量，以应对各种生理生化反应，使种子适应低温，使胚能更好地生长。方差分析表明，层积 0~90 天与层积 120~180 天胚中脂肪酸含量差异极显著（$P<0.01$）。而 0 天、30 天、60 天、90 天之间脂肪酸含量差异不显著，120 天、150 天、160 天、170 天、180 天之间脂肪酸含量差异也不显著。

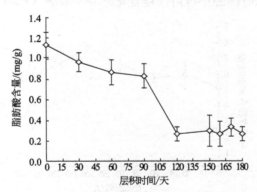

图 6-10　经不同层积时间胚中脂肪酸含量变化

（2）裸层积过程中胚乳和胚中可溶性糖含量变化

由图 6-11 可知，层积过程中，随着层积时间的增加，胚乳中可溶性糖含量在逐渐降低，层积 0 天（14.33mg/g）到 180 天（6.1mg/g）减少量为 8.23mg/g。120 天到层积结束减少 1.74mg/g，0~90 天减少量为 4.97mg/g，是低温层积过程的 2.86 倍，说明暖温层积过程可溶性糖的分解远远大于低温层积。可溶性糖含量反映了可利用的物质和能量的供应基础,所以,在层积过程中胚乳提供的能量是最多的。方差分析表明,层积 0 天与层积 30 天到层积结束差异极显著($P<0.01$),而层积 120 天后各时间段胚乳中可溶性糖含量差异不显著。

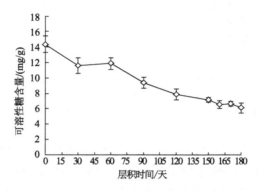

图 6-11 经不同层积时间胚乳中可溶性糖含量

层积过程中,0~120 天,胚中可溶性糖含量在逐渐增加(图 6-12),120 天后逐渐降低,且 120 天含量为最大值(7.73mg/g)。180 天(5.67mg/g)与层积 0 天(5.13mg/g)相比只增加了 0.54mg/g,而胚乳中可溶性糖减少了 8.23mg/g,可以看出,层积过程中消耗的可溶性糖主要是胚乳中的。方差分析表明,除了层积 120 天,其余各层积时间胚中可溶性糖含量差异不显著($P>0.05$)。

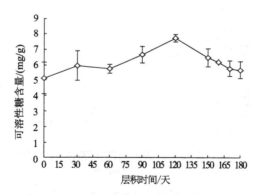

图 6-12 经不同层积时间胚中可溶性糖含量

(3)裸层积过程中胚乳和胚中淀粉含量变化

层积过程中,胚乳中淀粉含量随层积时间的增加而降低。图 6-13 显示,层积 30 天(5.5mg/g)到 180 天(4.13mg/g)减少量为 1.37mg/g;层积 0 天淀粉含量为 5.37mg/g。可以看出,在整个层积过程中胚乳中淀粉的消耗比较小,暖温层积时间内胚乳中淀粉含量减少大于低温层积过程中。这也和酶活性有关,低温影

响 α-淀粉酶、β-淀粉酶活性，致使淀粉的变化很小。方差分析结果表明，整个层积的各时间段差异不显著（$P > 0.05$）。

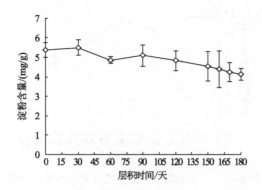

图 6-13　经不同层积时间胚乳中淀粉含量

由图 6-14 可知，在层积过程中，胚中淀粉含量由层积 0 天的 3.5mg/g 增加到 120 天的 4.8mg/g，120 天后逐渐降低，到层积结束为 2.77mg/g。可以看出，暖温层积过程中胚中淀粉的量是增加的，低温层积过程中则减少，是胚中发生生理生化反应消耗掉的。淀粉是主要的贮藏物质，胚中淀粉的含量下降提供了大量的能量，可以看出在这一期间胚消耗了大量能量。相邻两个时间段内淀粉减少量最多的是 120~160 天，减少量为 2.07mg/g。而在 160 天到层积结束，变化趋于稳定。方差分析表明，层积 120 天与 160 天、170 天、180 天差异显著（$P < 0.05$）。

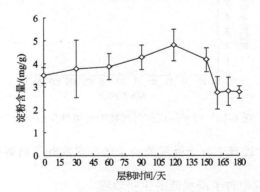

图 6-14　经不同层积时间胚中淀粉含量

（4）裸层积过程中胚乳和胚中可溶性蛋白含量变化

图 6-15 显示，在层积过程中，胚乳中可溶性蛋白含量随着层积时间的延长而减少，层积开始到结束减少量为 5.17mg/g。层积后期（160 天后）变化趋于稳定。方差分析表明，经过层积 0 天、30 天、60 天、90 天与 150 天、160 天、170 天、

180 天之间可溶性蛋白含量差异显著（$P<0.05$），但是它们各自之间的差异不显著。

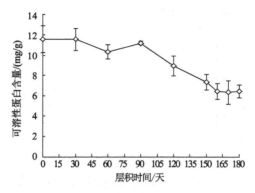

图 6-15　经不同层积时间胚乳中可溶性蛋白含量

由图 6-16 可知，胚中可溶性蛋白含量随着层积时间的延长先增加后降低，在 120 天达到最大值，为 8.12mg/g。层积前后增加了 0.22mg/g，变化不大。方差分析显示，层积 120 天与 0 天、30 天、60 天、160 天、170 天、180 天可溶性蛋白含量差异显著（$P<0.05$）。层积后期变化量趋于稳定，胚中可溶性蛋白消耗很少。

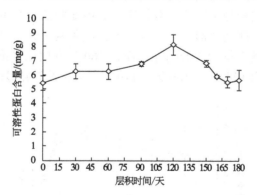

图 6-16　经不同层积时间胚中可溶性蛋白含量

6.2.3.3　裸层积过程中种子浸提液的生物效应及种子的萌发能力

（1）裸层积过程中种子浸提液的生物效应

影响种子萌发的一个主要因子是种子内含有的发芽抑制物质，裸层积过程中这些物质有一定的降低。由图 6-17 可知，随着层积时间的增加，浸提液对白菜种子萌发的影响也减小。采用进入低温层积阶段的浸提液，白菜种子的发芽率变化非常小，说明这一时间段内，种子内的抑制物对种子发芽的影响不大。层积 0 天发芽率最低（56.5%），明显低于对照（98%）。方差分析结果表明，0~60 天与 150~180 天白菜种子发芽率差异极显著（$P<0.01$）。

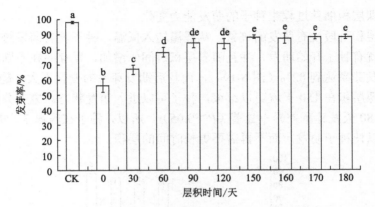

图 6-17　不同层积时间种子浸提液对白菜种子发芽率的影响

（2）裸层积过程中离体胚萌发能力

试验开始时设置了 3 个浸提液浓度，分别为 100%、50% 和 10%，但是在试验过程中，100% 和 50% 的浸提液抑制白菜种子萌发，发芽率为 0，所以以下分析是浓度为 10% 的浸提液对白菜种子萌发的影响。

由图 6-18 可见，随着层积时间的延长，离体胚萌发能力增强。在层积 75 天，完全萌发的胚达到 88%，转入低温层积一个月（120 天）完全萌发的胚为 96%，而 135 天后完全萌发的胚达到 100%。层积 0 天、15 天和 30 天，子叶伸长变绿，胚轴伸长，胚根无变化的分别为 60%、52% 和 48%。胚根的变化决定种胚是否能完全萌发，胚根没有变化，就说明不能产生侧根，继而影响萌发。层积 0~45 天胚轴和胚根无变化的分别为 12%、24%、12%、12%。在层积的 0~30 天有腐烂的胚，而腐烂的胚是由胚根尖端开始，然后延伸到整个胚。

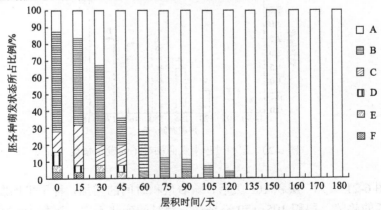

图 6-18　不同层积时间水曲柳种子胚的离体萌发状态

A. 完全萌发；B. 子叶伸长变绿，胚轴伸长，胚根无变化；C. 子叶伸长变绿，胚轴和胚根没有变化；D. 胚体有所增大，但形态没有变化；E. 无任何变化；F. 胚腐烂或死亡

（3）裸层积催芽过程中种子的萌发能力变化

暖温层积阶段没有萌发的迹象。从暖温转入低温，种子就有萌发迹象，在层积 105 天就有种子开始萌发，并且随着层积时间的增加，发芽率在不断增加。层积 150 天发芽率达到 82%（图 6-19），而且后期发芽率的变化不大，趋于稳定，这也说明裸层积在 150 天就可以结束，种子可以进入萌发状态。方差分析结果显示，150~180 天发芽率差异不显著（$P>0.05$）。所以，种子在暖温 3 个月+低温 2 个月就可以使种子萌发，而不再需要更长时间的层积。

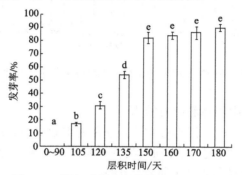

图 6-19　层积过程中水曲柳种子的发芽率

图 6-20 显示，层积 150~170 天发芽指数变化不大，层积 180 天发芽指数最高，为 3.9。随着层积时间的增加，发芽指数也在增加，在后期 150~170 天，变化不明显。层积 150 天时发芽指数接近 2.2。方差分析结果显示，层积 180 天种子发芽指数与其他各层积时间差异极显著（$P<0.01$）。

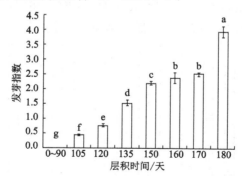

图 6-20　层积过程中水曲柳种子的发芽指数

由图 6-21 可知，层积 105 天后，随着层积时间的增加，种子平均发芽时间呈逐渐降低的趋势，层积 105~170 天平均发芽时间变化不大，层积 180 天的平均发芽时间最短，为 7 天。方差分析表明，层积 180 天平均发芽时间与其他各层积时间差异极显著（$P<0.01$），105~170 天平均发芽时间差异不显著。

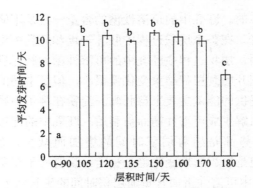

图 6-21 层积过程中水曲柳种子的平均发芽时间

6.2.4 结论与讨论

裸层积过程中，随着层积时间的增加，胚长在增加，胚率在增加，胚乳干重在下降，胚干重在增加，胚重比在增加。在整个层积时间内，特别是 90~120 天，即从暖温 18℃转移到低温 5℃过程中，胚乳干重下降最大，胚干重增加最大。这也说明，从高温进入低温阶段胚乳物质消耗多，而胚内物质增加最多，这也为后期胚长生长提供更多的能量，加快弱化胚乳，为种子萌发做好充分准备。而在层积后期 160~180 天，胚形态变化不大，所以，裸层积 150 天胚形态生长即可完成。

种子发芽的过程是一个从异养到自养的需能过程，同时也是各种物质在酶的催化下由贮藏状态向可利用状态转化的一个过程。在种子发芽过程中，是先吸胀，然后开始萌动，在这个过程中释放出大量的能量，向种胚提供能量，从而形成新组织，同时转变成易于吸收的形态。在萌发过程中，呼吸途径能产生很多物质，而脂肪酸是油脂转化利用过程中的一种重要中间物质，萌发时油脂开始动员，而种子油脂的完全降解分别在油体、线粒体和乙醛酸循环体中进行，是分步进行的。淀粉是主要贮藏物质，在种子萌发过程中提供大量能量。种子中可溶性糖含量则反映了种子中可利用的物质和能量的供应物质基础。可溶性蛋白中大约有 50%为酶蛋白，而种子萌发过程中需要许多种酶进行催化，酶蛋白的含量高低可以间接反映萌发过程中各种代谢活动的强弱，种子萌发前蛋白质的转化产生氨基酸，然后从贮藏组织运到生长组织中再经过一系列转化，蛋白质的转化是在蛋白酶的催化下进行的。

在裸层积催芽过程中脂肪酸含量呈现先升高后下降的趋势，胚乳中下降最多的是 120~150 天，而胚中下降最多的是 90~120 天。胚干重的增加量最多和胚乳干重减少量最多都是在 90~120 天，可以看出，在层积由暖温到低温的过程中，脂肪酸的消耗是最多的。胚乳中的可溶性糖的含量一直是下降的，胚中的可溶性糖含量先升高后下降。在整个层积过程中胚乳干重和胚乳中可溶性糖含量都呈现下降趋势，这也说明，层积过程中胚乳中的可溶性糖为胚提供了大量能量。而胚中的可溶性糖从层积开始到层积结束变化量很小，但是中间的波动较大，所以层积过程中可溶性糖提供的能量主要来自胚乳。淀粉在种子中属于不溶性糖，但是可以在酶的作用下水解生成可溶性糖而被利用。胚乳中的淀粉变化与可溶性糖、胚乳干重的变化趋势都是随着层积时间的增加而减少。胚中的淀粉变化在120~150 天最大，但是层积后期变化趋于稳定，说明种子在层积后期胚中的淀粉含量基本不变。胚乳中可溶性蛋白含量随层积时间的延长而下降，胚中则先上升，后下降，在 120 天到达最大值，由暖温到低温，胚乳中可溶性糖下降值最大。贮藏物质的分解为种子提供了大量的能量，促使种胚生长、抑制物质分解及胚乳弱化，进而打破种子休眠。从以上贮藏物质的变化来看，变温时贮藏物质分解大于恒温时的分解量，在种子层积最后一个月，贮藏物质变化趋于稳定，说明在这一时期，种子内部的生理生化反应较稳定。

在种子裸层积催芽过程中，从用浓度为 10% 的各阶段种子浸提液对白菜种子萌发的影响可以看出，其在层积 150~180 天的变化不大，这期间种子中的抑制物含量低，抑制物质对种子的影响不大。通过各阶段离体胚萌发情况可以知道，层积 135 天之后的种胚完全可以萌发，子叶、胚轴和胚根生长达到最好，特别是 150 天后，胚萌发的效果最好。从各阶段种子萌发试验可以看出，种子在暖温（0~90 天）层积阶段，种子没有萌发，进入低温层积后就开始有萌发的，而且在层积 150 天后的发芽率基本一致，发芽指数逐渐增高，平均发芽时间逐渐缩短。

6.3　水曲柳种子裸层积催芽条件的优化

研究暖温层积时长、低温层积时长和 GA_3 溶液的处理阶段 3 个因素的不同组合处理对种子萌发的影响，目的是：①探讨水曲柳种子裸层积打破休眠的时间可否进一步缩短，并确定怎样的变温层积组合能获得较好的层积处理效果；②验证在水曲柳种子裸层积过程中使用 GA_3 处理是否会获得明显的促进种子解除休眠的效果，并确定在哪个层积处理阶段使用 GA_3 效果最好；③比较不同处理方式解除水曲柳种子休眠过程中内源激素和胚的生长发育状态是否存在差异。

6.3.1　试验材料

试验所用水曲柳种子于 2013 年 9 月采自黑龙江省哈尔滨市东北林业大学校园内水曲柳人工林中，在室内阴干后于 5℃ 贮藏备用。

6.3.2 研究方法

6.3.2.1 裸层积催芽条件的正交试验设计与处理

取水曲柳休眠种子用自来水浸泡 3 天（每日换水一次）后，用 0.5%的高锰酸钾溶液消毒 20min。种子用清水冲洗后，选取暖温层积时长、低温层积时长及 GA₃ 溶液的处理阶段 3 个因素，然后按"三因素三水平"正交试验表设计试验，如表 6-1 所示，将各处理种子置于培养箱中，每隔两天翻动一次，适时补水，保持种子湿润即可，如遇种子发霉，及时挑出或用清水冲洗后放回。

表 6-1 水曲柳种子裸层积条件优化正交试验设计表

处理	A（暖温层积时长）	B（低温层积时长）	C（100mg/L GA₃ 处理阶段）
1	A1（8 周）	B1（8 周）	C1（暖温前）
2	A1（8 周）	B2（10 周）	C2（低温前）
3	A1（8 周）	B3（12 周）	C3（暖温前+低温前）
4	A2（10 周）	B1（8 周）	C2（低温前）
5	A2（10 周）	B2（10 周）	C3（暖温前+低温前）
6	A2（10 周）	B3（12 周）	C1（暖温前）
7	A3（12 周）	B1（8 周）	C3（暖温前+低温前）
8	A3（12 周）	B2（10 周）	C1（暖温前）
9	A3（12 周）	B3（12 周）	C2（低温前）

注：暖温层积温度 20℃，低温层积温度 5℃，100mg/L GA₃ 浸泡种子 24h

6.3.2.2 裸层积催芽不同处理条件种子相关指标测定

（1）种子发芽指标测定

各处理的种子于处理后立即进行萌发试验，每种处理 50 粒种子，4 次重复，置于垫有两层滤纸的 9cm 塑料培养皿中，在 10℃的恒温条件下暗培养。每天对种子发芽情况进行记录，以胚根伸长大于 2mm 为萌发标志，记录各处理种子的萌发情况。

（2）种子形态指标测定

从暖温层积开始每隔 4 周取一次样，每次取 30 粒果实，使用游标卡尺测定长度，每次取 30 粒果实，分别测定果长、种子长、胚长（剥开种子取出胚测量），并计算胚率（胚长/种子长）。

胚干重、胚乳干重测定：每次取 30 粒种子，分为 3 份（即 3 次重复），将胚乳（包括种皮在内）与胚分开后置于玻璃培养皿中，于 105℃干燥箱中烘干 17h，烘干后的样品置于干燥器中静止 30min，然后使用电子天平（万分之一）测定胚干重和胚乳干重，重复 3 次，并计算胚重比（胚干重与种子干重的比值）。

（3）种子内源激素测定

采用高效液相色谱法（HPLC）测定内源激素 GA_3、ABA、IAA 的含量。操作方法如下。

1）提取

称取 1.0g 样品（各处理胚、胚乳各 1.0g），用剪刀剪碎后采用液氮研磨至均匀粉末，然后迅速将样品转移至 15ml 具塞塑料离心管中，向其中加入 10ml 甲醇-水-甲酸（体积比 15：4：1）溶液，在-18℃下避光浸提 16h。将上述提取液在 4℃下 3000r/min 离心 5min，取上清液于 100ml 鸡心瓶中，再向残渣中加入 10ml 溶液，在-18℃下避光浸提 30min，重复提取一次，合并提取液于同一鸡心瓶中，再向其中加入维生素 C-乙醇溶液（15g/L）1.0ml，在常温下旋转蒸发浓缩至水相。

2）纯化

将上述提取液离心后，过 Oasis HLB（60mg，3ml）固相萃取柱（使用前依次用 1ml 甲醇、1ml 水活化），弃上样液，再分别用 1ml 20%甲醇溶液与 1ml 80%甲醇溶液洗脱，收集洗脱液于同一离心管，样液混匀后过 0.22μm 有机滤膜，供 HPLC-MS/MS 分析。

3）IAA、ABA、GA_3、ZT 的 LC-MS/MS 的条件

a）色谱柱：SB C_{18} 柱，50mm×2.1mm（内径），粒度 2.7μm。

b）流动相：①乙腈；②0.1%甲酸溶液，梯度洗脱程序。

c）流速：0.4ml/min。

d）柱温：40℃。

e）进样量：5μl。

仪器和试剂：Waters600 高效液相色谱仪，Waters2996 二极管阵列检测器，HT-230A COLUMN HEAT ER 柱温箱。GA_3、ABA、IAA 标准品均为进口分装产品，其他试剂均为分析纯，试验用水为重蒸水。

6.3.2.3　发芽指标计算公式

a）发芽率（GR）$= \dfrac{\text{发芽种子粒数}}{\text{供试种子总数}} \times 100\%$

b）发芽指数（GI）$= \sum \dfrac{n_g}{t_g}$

式中，t_g 表示发芽时间（天），n_g 表示与 t_g 相对应的每天发芽种子数。

c）平均发芽日数（MGT）$= \dfrac{\sum n_g \times t_g}{\sum n_g}$

式中，t_g 表示发芽时间（天），n_g 表示与 t_g 相对应的每天发芽种子数。

6.3.2.4　数据统计分析方法

种子发芽率、发芽指数及平均发芽时间的方差分析和多重比较利用 SPSS 11.5 数据处理软件分析，并利用 Microsoft Excel 作图。

6.3.3　结果与分析

6.3.3.1　不同裸层积条件对水曲柳种子萌发的影响

（1）不同裸层积条件对水曲柳种子发芽率的影响

方差分析结果（表 6-2）表明，在层积结束时不同暖温层积时长处理下水曲柳种子发芽率差异极显著（$P<0.01$），不同低温层积时长处理下水曲柳种子发芽率差异不显著（$P>0.05$），不同 GA$_3$ 施用时间处理下水曲柳种子的发芽率差异极显著（$P<0.01$）。从表 6-2 可知，埃塔平方（Eta^2）（GA$_3$ 施用时间）>Eta^2（暖温时长）。可以认为各因素对总变异的贡献是 GA$_3$ 施用时间>暖温时长，即 GA$_3$ 施用时间作用大于暖温层积时长对种子解除休眠后发芽率的作用。

对不同暖温层积时长处理下的水曲柳种子的发芽率进行多重比较（图 6-22a）显示，随着暖温层积时间的延长发芽率增加，暖温层积 12 周处理的水曲柳种子发芽率最高，可达到 80%，与暖温层积 8 周处理的种子发芽率差异显著，与暖温层积 10 周处理的种子发芽率差异不显著。暖温层积 8 周和层积 10 周处理种子发芽率分别是 68.67% 和 75.7%，两者差异显著。

表 6-2　不同因素对水曲柳种子发芽率影响的方差分析

变异来源	平方和	自由度	均方	F 值	显著水平	Eta^2
校正模型	4 142	6	690.333	10.375	3.82×10^{-6}	0.682
截距	197 728.4	1	197 728.4	2 971.73	8.99×10^{-31}	0.990
暖温时长	774.222	2	387.111	5.818	0.008	0.286
低温时长	118.222	2	59.111	0.888	0.422	0.058
GA$_3$ 施用时间	3 249.556	2	1 624.778	24.420	6.06×10^{-7}	0.627
误差	1 929.556	29	66.536			
总和	203 800	36				
校正总和	6 071.556	35				

对不同 GA$_3$ 施用时间处理下的水曲柳种子发芽率进行多重比较（图 6-22c）显示，暖温层积前进行 GA$_3$ 处理（C1）、低温层积前进行 GA$_3$ 处理（C2）、暖温和低温层积前都进行 GA$_3$ 处理（C3）三种处理之间种子发芽率差异都是显著的，

其中低温层积前进行 GA₃ 处理（C2）的种子发芽率最高，为 89%，暖温层积前进行 GA₃ 处理（C1）种子发芽率其次，为 70.33%，暖温和低温层积前都进行 GA₃ 处理（C3）种子的发芽率最低，为 64.83%。可以认为低温层积前施用 GA₃ 有利于提高种子的发芽率，但暖温层积和低温层积前都进行 GA₃ 处理反而有抑制萌发的效果。

综合考虑暖温层积时长、低温层积时长和 GA₃ 处理三个因素，处理 A2+B1+C2 或 A3+B3+C2 的发芽率较理想。试验验证处理 A2+B1+C2 的发芽率为 86%，A3+B3+C2 的发芽率为 90.5%，与其他处理相比种子发芽率较高。

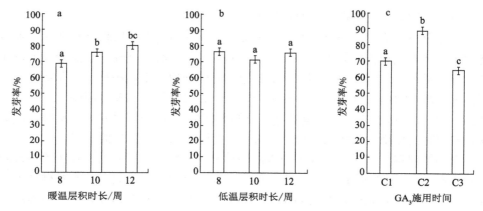

图 6-22　不同暖温、低温层积时长及不同阶段 GA₃ 处理对水曲柳种子发芽率的影响

C1 表示在暖温层积前用 100mg/L GA₃ 浸泡种子 24h，C2 表示在低温层积前用 100mg/L GA₃ 浸泡种子 24h，C3 表示在暖温层积前和低温层积前均用 100mg/L GA₃ 浸泡种子 24h。下同

（2）不同裸层积条件对水曲柳种子发芽指数的影响

方差分析结果（表 6-3）表明，不同暖温层积时长处理下水曲柳种子发芽指数差异不显著（$P>0.05$），不同低温层积时长处理下水曲柳种子发芽指数差异极显著（$P<0.01$），不同 GA₃ 施用时间处理下水曲柳种子的发芽指数差异极显著（$P<0.01$）。从表 6-3 可知，Eta^2（GA₃ 施用时间）$>Eta^2$（低温时长）。可以认为各因素对总变异的贡献是 GA₃ 施用时间>低温时长，即 GA₃ 施用时间作用大于暖温层积时长对种子解除休眠后发芽指数的作用。

表 6-3　不同因素对水曲柳种子发芽指数影响的方差分析

变异来源	平方和	自由度	均方	F 值	显著水平	Eta^2
校正模型	161.944	6	26.991	39.442	1.16×10^{-12}	0.891
截距	791.221	1	791.221	1156.22	6.41×10^{-25}	0.976
暖温时长	4.241	2	2.120	3.099	0.060	0.176
低温时长	11.975	2	5.987	8.750	0.001	0.376

续表

变异来源	平方和	自由度	均方	F 值	显著水平	Eta²
GA₃ 施用时间	145.728	2	72.864	106.477	4.37×10^{-14}	0.880
误差	19.845	29	0.684			
总和	973.009	36				
校正总和	181.789	35				

对不同低温层积时长处理下的水曲柳种子发芽指数进行多重比较显示（图 6-23b），随低温层积时间的增加水曲柳种子的发芽指数增加，低温层积 12 周处理种子的发芽指数最大，为 5.50，与低温层积 8 周和 10 周处理的种子发芽指数差异显著，低温层积 8 周处理种子发芽指数最小，为 4.20，与低温层积 10 周处理种子发芽指数差异不显著。

对不同 GA₃ 施用时间处理下水曲柳种子的发芽指数进行多重比较（图 6-23c）显示，暖温层积前进行 GA₃ 处理（C1）、低温层积前进行 GA₃ 处理（C2）、暖温和低温层积前都进行 GA₃ 处理（C3）三种处理之间种子发芽指数差异都是显著的，其中低温层积前进行 GA₃ 处理（C2）的种子发芽指数最大，为 7.18，暖温层积前进行 GA₃ 处理（C1）种子发芽指数其次，为 4.63，暖温和低温层积前都进行 GA₃ 处理（C3）种子的发芽指数最小，为 2.25。

综合考虑暖温层积时长、低温层积时长和 GA₃ 施用时间三个因素，处理 A3+B3+C2 的发芽指数最理想，A1+B3+C2 的发芽指数也较高。试验验证处理 A3+B3+C2 的发芽指数为 8.76，与其他处理相比发芽指数最高。

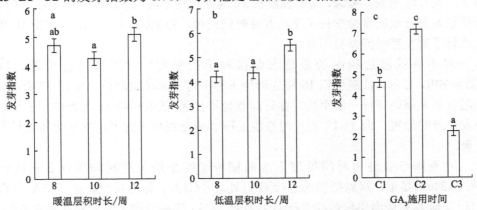

图 6-23 不同暖温、低温层积时长及不同阶段 GA₃ 处理对水曲柳种子发芽指数的影响

（3）不同裸层积条件对水曲柳种子平均发芽时间的影响

方差分析结果（表 6-4）表明，不同暖温层积时长处理下水曲柳种子平均发芽时间差异显著（$P < 0.05$），不同低温层积时长处理下水曲柳种子平均发芽时间

差异不显著（$P>0.05$），不同 GA$_3$ 施用时间处理下水曲柳种子的平均发芽时间差异极显著（$P<0.01$）。从表 6-4 可知，Eta^2（GA$_3$ 施用时间）>Eta^2（暖温时长）>Eta^2（低温时长）。可以认为各因素对总变异的贡献是 GA$_3$ 施用时间>低温时长，即 GA$_3$ 施用时间作用大于暖温层积时长对种子解除休眠后平均发芽时间的作用，大于低温层积时间的作用。

表 6-4　不同因素对水曲柳种子平均发芽时间影响的方差分析

变异来源	平方和	自由度	均方	F 值	显著水平	Eta^2
校正模型	579.126	6	96.521	38.393	1.64×10^{-12}	0.888
截距	5 123.921	1	5 123.921	2 038.14	2×10^{-28}	0.986
暖温时长	23.847	2	11.924	4.743	0.017	0.246
低温时长	16.479	2	8.239	3.278	0.052	0.184
GA$_3$ 施用时间	538.800	2	269.4	107.159	4.03×10^{-14}	0.881
误差	72.907	29	2.514			
总和	5 775.954	36				
校正总和	652.033	35				

对不同暖温层积时长处理的水曲柳种子的平均发芽时间进行多重比较（图 6-24a）显示，随着暖温层积时长的增加水曲柳种子的平均发芽时间延长，暖温层积 12 周处理种子的平均发芽时间最长，为 12.85 天，与暖温层积 8 周处理种子的发芽时间差异显著，与暖温层积 10 周处理种子的发芽时间差异不显著；暖温层积 8 周处理的水曲柳种子平均发芽时间最短，为 10.87 天，与暖温层积 10 周处理种子的发芽时间差异不显著。

对不同低温层积时长处理水曲柳种子的平均发芽时间进行多重比较（图 6-24b）显示，低温层积 10 周处理种子的平均发芽时间最长，为 12.77 天，与低温层积 8 周处理种子的平均发芽时间差异不显著；低温层积 12 周处理种子的平均发芽时间最短，为 11.12 天，与低温层积 8 周处理种子的平均发芽时间差异不显著。

对不同 GA$_3$ 施用时间处理下水曲柳种子的平均发芽时间进行多重比较（图 6-24c）显示，暖温层积前进行 GA$_3$ 处理（C1）、低温层积前进行 GA$_3$ 处理（C2）、暖温和低温层积前都进行 GA$_3$ 处理（C3）三种处理之间差异都是显著的，其中低温层积前进行 GA$_3$ 处理（C2）种子的平均发芽时间最短，为 8.19 天，暖温层积前进行 GA$_3$ 处理（C1）种子的平均发芽时间其次，为 10.34 天，暖温和低温层积前都进行 GA$_3$ 处理（C3）种子的平均发芽时间最长，为 17.26 天。

综合考虑暖温层积时长、低温层积时长和 GA$_3$ 施用时间三个因素，处理

A1+B2+C2 的层积时间最短，发芽最迅速。试验验证处理 A1+B2+C2 的平均发芽时间为 8.76 天，同其他处理相比所需发芽时间较短。

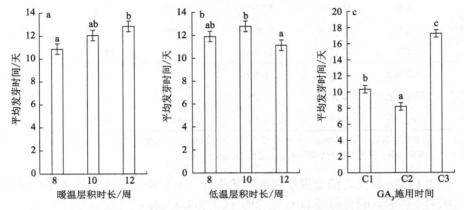

图 6-24　不同暖温、低温层积时长及不同阶段 GA_3 处理对水曲柳种子平均发芽时间的影响

6.3.3.2　不同裸层积条件对水曲柳种子形态变化的影响

（1）不同裸层积条件对水曲柳种子胚长变化的影响

经方差分析结果（表 6-5）表明，在层积结束时不同暖温层积时长处理下水曲柳种子胚长差异不显著（$P>0.05$），不同低温层积时长处理下胚长的差异也不显著（$P>0.05$），不同 GA_3 施用时间处理下胚长的差异显著（$P<0.05$）。多重比较结果显示，暖温层积前进行 GA_3 处理（C1）与暖温和低温层积前都进行 GA_3 处理（C3）之间差异显著，与低温层积前进行 GA_3 处理（C2）差异不显著，低温层积前进行 GA_3 处理（C2）与暖温和低温层积前都进行 GA_3 处理（C3）差异不显著，其中暖温和低温层积前都进行 GA_3 处理（C3）的胚长最长，为 12.133mm。

表 6-5　层积结束时不同暖温、低温层积时长及不同 GA_3 施用时间对种子形态的影响

处理		胚长/mm	胚率/%	胚干重/mg	胚乳干重/mg	胚重比/%
暖温层积	8 周	11.987a	87.001a	2.314a	29.614ab	7.800a
	10 周	11.984a	87.203a	2.542b	27.733a	9.302b
	12 周	11.815a	87.201a	2.414ab	30.648b	7.900a
低温层积	8 周	11.676a	85.700a	2.327a	28.374a	8.401b
	10 周	12.040a	87.701a	2.312a	30.912b	7.500a
	12 周	12.070a	87.900a	2.626b	28.709ab	9.132b

续表

处理		胚长/mm	胚率/%	胚干重/mg	胚乳干重/mg	胚重比/%
GA₃施用时间	C1	11.636a	85.900a	2.224a	30.220a	7.410a
	C2	12.017ab	86.800ab	2.539b	27.869a	9.205c
	C3	12.133b	88.700b	2.501b	29.907a	8.406b
显著水平	暖温时长	0.604	0.984	0.102	0.050	0.002
	低温时长	0.101	0.139	0.009	0.070	0.002
	GA₃处理	0.046	0.071	0.010	0.099	0.001

注：C1 表示在暖温层积前用 100mg/L GA₃ 浸泡种子 24h，C2 表示在低温层积前用 100mg/L GA₃ 浸泡种子 24h，C3 表示在暖温层积前和低温层积前均用 100mg/L GA₃ 浸泡种子 24h

由图 6-25a 可见，随着裸层积处理的进行，水曲柳种子胚的长度逐渐增加。在层积第 4 周时，暖温前经 GA₃ 处理的（C1 和 C3）与未经 GA₃ 处理的（C2）胚长差别很明显（$P<0.01$），经 4 周暖温层积后 GA₃ 处理种子的胚长从层积开始前的 10.48mm 增加到 11.06mm，未经 GA₃ 处理的种子只增加到 10.58mm。暖温层积结束时与层积结束时类似，暖温层积时长对水曲柳种子胚长变化的影响不显著（$P>0.05$），是否经 GA₃ 处理种子胚长差异极显著（$P<0.01$），故只需在低温层积前进行 GA₃ 处理就能达到促进胚长增加的目的。

（2）不同裸层积条件对水曲柳种子胚率变化的影响

方差分析结果（表 6-5）表明，在层积结束时不同暖温层积时长处理下水曲柳种子胚率变化差异不显著（$P>0.05$），不同低温层积时长处理下种子胚率的差异不显著（$P>0.05$），不同 GA₃ 施用时间处理下胚率的差异也不显著（$P>0.05$）。

图 6-25b 表明，随着裸层积处理的进行，水曲柳种子胚率逐渐增加。与胚长相似，在第 4 周时暖温层积前经 GA₃ 处理的（C1 和 C3）与暖温层积前未经 GA₃ 处理的（C2）种子胚率差异极显著（$P<0.01$），其中暖温层积前经 GA₃ 处理的（C1 和 C3）从最初的胚率 77.36% 增加到 80.13%。与层积结束时不同，暖温层积结束时不同暖温时长的水曲柳种子胚率变化差异极显著（$P<0.01$），暖温层积 12 周的胚率最大，为 84.08%，与暖温层积 8 周和 10 周处理的种子胚率差异显著，暖温层积 8 周与 10 周处理种子的胚率差异不显著；暖温层积前经 GA₃ 处理的（C1 和 C3）和未经 GA₃ 处理的（C2）胚率差异极显著（$P<0.01$），经 GA₃ 处理过的胚率为 83.44%，未经 GA₃ 处理的胚率为 79.81%。综合考虑暖温层积时长、低温层积时长和 GA₃ 处理三个因素，A3+B3+C2 比较符合此结果。

（3）不同裸层积条件对水曲柳种子胚干重变化的影响

方差分析结果（表 6-5）表明，在层积结束时不同暖温层积时长处理下水曲柳种子胚干重的差异不显著（$P>0.05$），不同低温层积时长处理下胚干重的差异极显著（$P<0.01$），不同 GA_3 施用时间处理下胚干重的差异显著（$P<0.05$）。从表 6-5 可知，各因素对种子胚干重变化的贡献是：不同低温层积时间的作用大于不同 GA_3 施用时间的。多重比较显示，低温层积 8 周（B1）与 10 周（B2）处理胚干重差异不显著，但都与低温层积 12 周（B3）处理差异显著，低温 12 周（B3）胚干重最大，为 2.626mg；暖温层积前进行 GA_3 处理胚干重最低，与低温层积前进行 GA_3 处理和暖温、低温层积前都进行 GA_3 处理的胚干重差异都显著，低温层积前进行 GA_3 处理（2.54mg）和暖温、低温层积前都进行 GA_3 处理（2.50mg）胚干重差异不显著。综合考虑暖温层积时长、低温层积时长和 GA_3 处理三个因素，A2+B3+C2 处理有利于胚干重的增加。

由图 6-25c 可见，各处理种子在层积过程中胚干重都是增加的，在暖温层积阶段增加得较平缓，而在低温层积阶段胚干重增加剧烈。在层积处理第 4 周时，暖温层积前是否进行 GA_3 处理对种子胚干重影响不大（$P>0.05$）。与层积结束时不同，暖温层积结束时，不同暖温层积时长与不同 GA_3 施用时间对种子胚干重的影响差异均不显著（$P>0.05$）；可见在暖温层积前是否进行 GA_3 处理无明显差异。

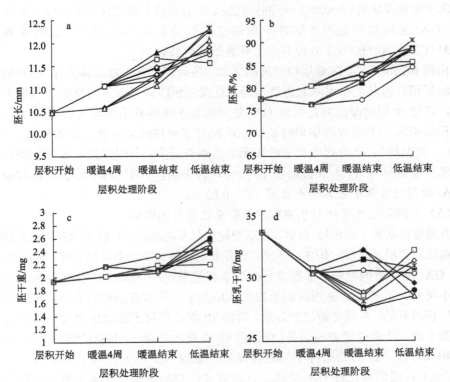

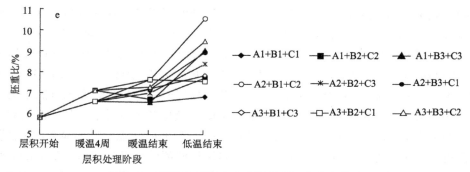

图 6-25　裸层积过程中水曲柳种子胚的形态变化

暖温层积结束时的层积时间分别为 8 周、10 周、12 周，低温层积结束时的层积时间分别为 16 周、18 周、20 周、22 周、24 周，其中：A1 代表暖温层积 8 周，A2 代表暖温层积 10 周，A3 代表暖温层积 12 周，B1 代表低温层积 8 周，B2 代表低温层积 10 周，B3 代表低温层积 12 周，C1 表示在暖温层积前用 100mg/L GA₃ 浸泡种子 24h，C2 表示在低温层积前用 100mg/L GA₃ 浸泡种子 24h，C3 表示在暖温层积前和低温层积前均用 100mg/L GA₃ 浸泡种子 24h

（4）不同裸层积条件对水曲柳种子胚乳干重变化的影响

方差分析结果（表 6-5）表明，在层积结束时不同暖温层积时长处理下水曲柳种子胚乳干重差异显著（$P=0.05$），不同低温层积时长处理下的差异不显著（$P>0.05$），不同 GA₃ 施用时间处理下胚乳干重的差异不显著（$P>0.05$）。综合来看，A2+B1+C2 和 A2+B3+C2 处理有利于胚乳的分解转化。

由图 6-25d 可见，随着层积时间的增加，各处理胚乳干重总体呈减少的趋势，在暖温层积阶段胚乳干重降低迅速，而在低温层积阶段基本不再降低。与胚干重相似，在第 4 周时暖温前是否经 GA₃ 处理胚乳干重差异不显著（$P>0.05$）；暖温层积结束时，不同暖温层积时长的水曲柳种子单粒胚乳干重差异极显著（$P<0.01$），暖温层积 12 周处理种子的胚乳干重剩余最少，与暖温层积 8 周处理种子的胚乳干重差异显著，与暖温层积 10 周处理种子的差异不显著；暖温层积前是否经 GA₃ 处理对胚乳干重影响不显著（$P>0.05$）。

（5）不同裸层积条件对水曲柳种子胚重比变化的影响

方差分析结果（表 6-5）表明，在层积结束时不同暖温层积时长处理下水曲柳种子胚重比差异极显著（$P<0.01$），不同低温层积时长处理下的差异极显著（$P<0.01$），不同 GA₃ 施用时间处理下的胚重比差异也极显著（$P<0.01$）。比较各因素显著性大小可知，不同 GA₃ 施用时间处理的作用大于不同暖温层积时长的，大于不同低温层积时长的。多重分析比较显示，暖温 10 周处理种子胚重比最大（9.302%），与暖温 8 周、12 周处理差异显著；低温层积 10 周处理种子的胚重比最小（7.5%），与层积 8 周、12 周处理种子的差异显著，低温 12 周处理种子的胚重比最大（9.132%）；暖温前进行 GA₃ 处理、低温前进行 GA₃ 处理、暖温和低温前都进行 GA₃ 处理之间，胚重比差异都显著，低温前进行 GA₃ 处理种子的胚重比最大

（9.205%），暖温和低温前都进行 GA_3 处理种子的胚重比次之，暖温前进行 GA_3 处理种子的胚重比最小。综合考虑暖温层积时长、低温层积时长和 GA_3 处理三个因素，处理 A2+B3+C2 和 A2+B1+C2 有利于胚重比的增加。

由图 6-25e 可见，各处理种子的胚重比随层积的进行而增加，但暖温层积阶段增加缓慢，低温层积阶段增加迅速。层积 4 周时，暖温层积前是否经 GA_3 处理对胚重比影响不显著（$P>0.05$）；暖温层积结束时，不同暖温层积时长处理种子的胚重比差异显著（$P<0.05$），暖温 12 周处理种子的胚重比最大，为 7.4%，多重比较显示，暖温 8 周处理与暖温 10 周和 12 周处理种子胚重比差异显著，后两者胚重比差异不显著；不同 GA_3 施用时间处理对种子胚重比的影响不显著（$P>0.05$）。

6.3.3.3　不同裸层积条件对水曲柳种子内源激素变化的影响

由表 6-6 可见，裸层积结束时，各因素对水曲柳种子胚中、胚乳中 ABA、GA_3、IAA 的含量及 GA_3/ABA、IAA/ABA 的影响都不显著（$P>0.05$），但各处理在数值上还是明显有差别的。

（1）不同裸层积条件对水曲柳种子中 ABA 含量的影响

从表 6-6 可见，层积结束时，综合三因素考虑，A1+B2+C2 处理更有利于种子胚中 ABA 的分解，处理 A3+B3+C2 可能利于种子胚乳中 ABA 的分解。

从图 6-26a 可见，层积开始时，经 GA_3 处理的（C1、C3）水曲柳种子胚中 ABA 的含量高于未经 GA_3 处理（C2）的，随着裸层积的进行种子胚中 ABA 的含量整体都是下降的，且在前 8 周的暖温层积过程中下降约 71%。经过 8 周的暖温层积各处理分别进入低温层积阶段后，水曲柳种子胚中 ABA 的含量下降速度变缓，层积处理第 16 周至层积处理全部结束期间，除处理 A1+B1+C1 结束层积外，其他还处在低温层积处理阶段的种子胚中 ABA 含量都有一个小幅上升；与其他处理相比，处理 A1+B2+C2 种子胚中 ABA 含量一直处于中间水平，降低趋势较稳定，波动不明显。从图 6-26b 可见，在层积过程各处理种子胚乳中 ABA 的含量普遍低于胚中的，其变化趋势与胚中相似，只是在层积 16 周后没有一个明显的小幅上升过程；处理 A3+B3+C2 的种子胚乳中 ABA 含量在裸层积过程中一直比其他处理低。

表 6-6　层积结束时不同暖温、低温层积及不同阶段 GA_3 处理对种子内源激素的影响

处理		ABA 含量 /（ng/ml）		GA_3 含量 /（ng/ml）		GA_3 /ABA		IAA 含量 /（ng/ml）		IAA /ABA	
		胚	胚乳	胚	胚乳	胚	胚乳	胚	胚乳	胚	胚乳
暖温层积	8 周	1.57	0.64	0.15	0.35	0.10	0.55	5.67	5.68	3.62	8.93
	10 周	3.48	0.68	2.92	1.60	0.84	2.35	4.07	4.01	1.17	5.87
	12 周	2.09	0.55	1.09	3.91	0.52	7.12	3.71	3.66	1.78	6.66

续表

处理		ABA 含量 / (ng/ml)		GA₃ 含量 / (ng/ml)		GA₃ /ABA		IAA 含量 / (ng/ml)		IAA /ABA	
		胚	胚乳	胚	胚乳	胚	胚乳	胚	胚乳	胚	胚乳
低温层积	8 周	2.64	0.76	3.45	3.72	2.10	4.91	4.75	5.94	1.72	10.77
	10 周	2.42	0.56	1.08	1.28	0.45	2.32	4.76	5.45	2.89	7.17
	12 周	3.08	0.55	0.70	0.86	0.23	1.54	4.55	4.15	1.48	7.45
GA₃ 处理	C1	3.03	0.67	0.30	1.14	0.10	1.69	3.82	5.48	1.26	8.16
	C2	1.34	0.58	2.88	0.80	2.15	1.38	6.09	4.65	4.54	7.98
	C3	2.77	0.61	0.98	3.92	0.36	6.39	3.55	5.03	1.28	8.20
显著水平	暖温时长	0.24	0.57	0.45	0.37	0.48	0.38	0.24	0.50	0.49	0.56
	低温时长	0.38	0.31	0.33	0.45	0.36	0.45	0.79	0.53	0.52	0.71
	GA₃ 处理	0.28	0.75	0.48	0.40	0.42	0.40	0.15	0.53	0.58	0.26

（2）不同裸层积条件对水曲柳种子中 GA₃ 含量的影响

从表 6-6 可见，层积结束时，综合三因素考虑 A2+B1+C2 处理更有利于种子胚中 GA₃ 的合成，A3+B1+C3 处理更有利于种子胚乳中 GA₃ 的合成。

从图 6-26c 可见，随着裸层积的进行，种子胚中 GA₃ 的含量在前 8 周时变化不大，各处理进入低温层积阶段后，种子胚中 GA₃ 的含量开始较大幅度上升；与其他处理相比，处理 A2+B1+C2 种子胚中 GA₃ 的含量在暖温层积 8 周后一直呈稳定上升的趋势，无下降波动，且在层积结束时胚中 GA₃ 的含量最高。从图 6-26d 可见，在前 8 周的暖温层积过程中，种子胚乳中 GA₃ 的含量变化与胚中 GA₃ 含量变化规律相类似，有一个降低的过程。各处理进入低温层积阶段后，种子胚乳中 GA₃ 的含量开始较大幅度地上升并达到峰值，在层积 16 周后，除处理 A3+B1+C3 的种子胚乳中 GA₃ 含量还在上升外，其余处理种子胚乳中 GA₃ 的含量都呈现下降趋势。

（3）不同裸层积条件对水曲柳种子中 GA₃/ABA 含量的影响

从表 6-6 可见，层积结束时，综合三因素考虑 A2+B1+C2 处理种子胚中 GA₃/ABA 最高，处理 A3+B1+C3 种子胚乳中 GA₃/ABA 最高。

从图 6-26e 可见，水曲柳种子胚中 GA₃/ABA 在前 8 周的暖温层积过程中变化不大，但在 8 周后所有处理的 GA₃/ABA 均开始上升，在 16 周时达到峰值。在层积 16 周后处理 A1+B1+C1 结束，除处理 A2+B1+C2 的 GA₃/ABA 还在上升，其余处理都呈下降趋势。从图 6-26f 可见，水曲柳种子胚乳中 GA₃/ABA 随层积时间的变化情况基本与胚中的变化规律一致，但在层积 16 周后处理 A2+B3+C1 和 A3+B2+C1 的 GA₃/ABA 都还在继续上升，且处理 A2+B3+C1 种子胚乳中 GA₃/ABA 比 A3+B2+C1 的上升更为迅速，在层积结束时处理 A2+B3+C1 种子胚乳中 GA₃/ABA 最高。

（4）不同裸层积条件对水曲柳种子中 IAA 含量的影响

从表 6-6 可见，层积结束时，综合三因素考虑处理 A1+B2+C2 更有利于种子胚中 IAA 的合成，处理 A1+B1+C1 更有利于种子胚乳中 IAA 的合成。

从图 6-26g 可见，随着裸层积的进行，种子胚中 IAA 的含量较层积开始时整体上是下降的，在层积过程中有波动但规律不明显。从图 6-26h 可见，层积开始时经 GA₃ 处理（C1、C3）的种子胚乳中 IAA 明显低于未经 GA₃ 处理（C2）的，各处理种子胚乳中 IAA 含量变化也无明显规律。

（5）不同裸层积条件对水曲柳种子中 IAA/ABA 含量的影响

从表 6-6 可见，层积结束时，综合三因素考虑处理 A1+B2+C2 更有利于种子胚中 IAA/ABA 的提高，处理 A1+B1+C3 更有利于种子胚乳中 IAA/ABA 的提高。

从图 6-26i 可见，从层积开始时到层积第 8 周时，层积前经 GA₃ 处理的（C1、C3）种子胚中 IAA/ABA 下降，8 周后再上升，层积 16 周时又开始下降，而层积前未经 GA₃ 处理的（C2）则是一直上升的趋势，在层积 8 周时达到最大值后下降。从图 6-26j 可见，在裸层积过程中水曲柳种子胚乳中 IAA/ABA 变化并无明显规律。

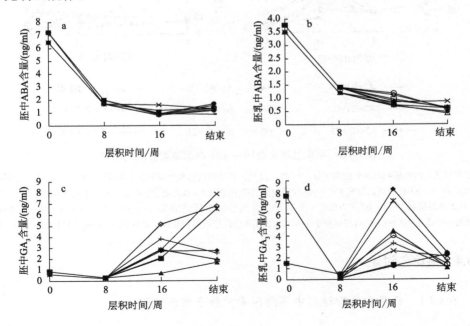

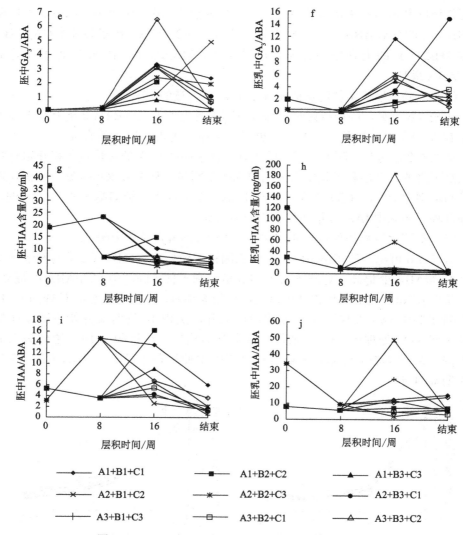

图 6-26　层积过程水曲柳种子中内源激素含量的变化

暖温层积结束时的层积时间分别为 8 周、10 周、12 周，结束时的层积时间分别为 16 周、18 周、20 周、22 周、24 周，其中，A1 代表暖温层积 8 周，A2 代表暖温层积 10 周，A3 代表暖温层积 12 周，B1 代表低温层积 8 周，B2 代表低温层积 10 周，B3 代表低温层积 12 周，C1 表示在暖温层积前用 100mg/L GA₃ 浸泡种子 24h，C2 表示在低温层积前用 100mg/L GA₃ 浸泡种子 24h，C3 表示在暖温层积前和低温层积前均用 100mg/L GA₃ 浸泡种子 24h

6.3.4　结论与讨论

6.3.4.1　裸层积处理过程中不同因素对种子萌发的影响

目前的研究已确定先进行暖温层积再进行低温层积是最有效地解除水曲柳种

子休眠的方法。但是对于暖温层积和低温层积两个阶段所需的时间存在分歧。在对裸层积打破水曲柳种子休眠的研究中提出，经 3 个月的暖温层积+3 个月的低温层积可以获得较好的层积效果（张鹏，2008）。另外，GA$_3$ 对解除种子休眠有一定的促进作用，过去对水曲柳休眠种子的研究也发现 GA$_3$ 处理可以促进暖温层积过程的完成，有利于打破种子休眠（凌世瑜，1986）。针对不同层积处理方法我们最关心的是打破休眠后种子的发芽效果，在本研究中，暖温层积 10 周+低温层积 8 周+仅在低温层积前用 100mg/L GA$_3$ 处理的组合能获得较好发芽率，其发芽率能达 86%，可以将水曲柳种子催芽时间由原来的 24 周缩短至 18 周，提前 6 周；但若是不仅需要较高的发芽率，还需要较高的发芽指数或较短的发芽时间，则暖温层积 12 周+低温层积 12 周+仅在低温层积前用 100mg/L GA$_3$ 处理或组合暖温层积 8 周+低温层积 10 周+仅在低温层积前用 100mg/L GA$_3$ 处理发芽指数最高且发芽迅速，这和前期对水曲柳裸层积的研究相似，暖温层积 12 周+低温层积 12 周可以获得较好层积效果。我们在研究中还发现，在低温层积阶段前施用 GA$_3$ 能获得较好萌发效果，但如果在暖温层积和低温层积前都进行 GA$_3$ 处理可能会对水曲柳种子的萌发有一定的抑制作用。

6.3.4.2 裸层积处理过程中不同因素对种子形态变化的影响

前期的研究发现，成熟的欧洲白蜡的种胚形态已是完整的，但种子依旧保持休眠，需要一个低温过程才能完成胚的生理发育（Villiers and Wareing，1964）。在对水曲柳的研究中也发现，未解除休眠种子的胚发育尚不完全，体积小、活力不高，只有通过层积处理才能积累营养物质，增大细胞体积，解除休眠（郭廷翘等，1991）。GA$_3$ 有促进胚发育的作用，但有研究认为，使用 100mg/L GA$_3$ 处理水曲柳种子对层积过程中胚的发育促进不明显（张鹏，2008）。与以往的研究相似，在我们的研究中，随着层积的进行水曲柳种子的胚长和胚干重逐渐增加，但暖温层积时长、低温层积时长和 GA$_3$ 施用时间对种子在层积过程中胚发育的影响则有所不同。在暖温层积结束时，不同暖温层积时长及是否进行 GA$_3$ 处理对水曲柳种子的胚长影响都是极显著（$P<0.01$）的，暖温层积 12 周的种子胚长增加最多，暖温层积前进行 GA$_3$ 处理的也明显长于未经 GA$_3$ 处理的，但在层积结束时暖温层积时长对种子胚长变化的影响就不显著了（$P>0.05$），不同阶段进行 GA$_3$ 处理对种子胚长的影响还是显著的（$P<0.05$），低温层积前进行 GA$_3$ 处理有利于胚长的增加；胚干重的增加主要在低温层积阶段，低温层积 12 周的胚干重最大，而胚乳干重则是在暖温层积阶段迅速下降，在低温层积阶段几乎不再变化，种子的胚重比变化也主要在低温层积阶段，在暖温层积阶段是否进行 GA$_3$ 处理对种子的胚重比影响不显著（$P>0.05$），但在低温层积阶段影响则是极显著的（$P<0.01$），在低温层积阶段进行 GA$_3$ 处理的水曲柳种子的胚重比最大。总的看来，在解除休

眠的过程中较长的低温层积时间和在低温层积前进行 GA_3 处理有利于水曲柳种子的胚的发育,其中组合暖温 12 周+低温 8 周+暖温、低温层积前都进行 100mg/L GA_3 处理利于胚长度的增加,组合暖温 10 周+低温 12 周+低温层积前进行 100mg/L GA_3 处理则利于胚干重的积累。

6.3.4.3 裸层积处理过程中不同因素对种子中内源激素变化的影响

在对拟南芥的研究中发现,在休眠状态下,因 ABA 和 GA_3 拮抗作用,可以保持较高的 ABA/GA_3(Ali-Rachedi et al., 2004)。研究发现,在二次休眠解除过程中 ABA 的含量持续降低,GA_3/ABA、IAA/ABA、ZT/ABA 则是明显升高(郭廷翘等,1991)。在我们的研究中,在裸层积解除种子休眠的过程中,种子胚中 ABA 的含量也是持续下降的,但主要在暖温层积阶段下降,低温层积阶段中下降缓慢,胚乳中 ABA 含量变化也是类似;种子胚中 GA_3 的含量在前 8 周的暖温层积阶段都有降低,在低温层积阶段迅速增加;在层积过程中是否使用 GA_3 处理对胚中 GA_3/ABA 影响不大,并没有出现在拟南芥中的拮抗反应(Ali-Rachedi et al., 2004),GA_3/ABA 在前 8 周变化不大,但在层积 16 周后低温层积时间越长的 GA_3/ABA 越低,降低得也越迅速,这也与水曲柳种子在解除次生休眠的过程中 GA_3/ABA 显著升高的变化不一致(Bewley,1997);随裸层积的进行,各处理下水曲柳种子胚、胚乳中 IAA 含量的变化都没有很明显的规律,但在暖温层积前是否进行 GA_3 处理对 IAA/ABA 有比较明显的影响。总的来看,组合暖温 8 周+低温 10 周+低温层积前进行 100mg/L GA_3 处理利于胚中 ABA 的分解,组合暖温 10 周+低温 8 周+低温层积前进行 100mg/L GA_3 处理利于胚中 GA_3 的合成;组合暖温 12 周+低温 12 周+低温层积前进行 100mg/L GA_3 处理利于胚乳中 ABA 的分解和胚乳中 GA_3 的合成;考虑三因素对种子胚中 GA_3/ABA 的影响,组合暖温 10 周+低温 8 周+低温层积前进行 100mg/L GA_3 处理有利于种子胚中 ABA 的分解和 GA_3 的积累合成。本研究中各处理对在裸层积打破休眠的过程中的水曲柳种子胚和胚乳中内源激素的变化影响都是不显著的,这可能是因为各处理层积时间相差不大,还不足以造成内源激素含量的明显差异。

7 水曲柳解除休眠种子干燥贮藏过程中的生理变化及其调控技术

在苗圃生产中，有休眠特性的木本植物种子在春季播种前需要通过层积处理来打破种子休眠。对于某些树种，一旦种子达到了非休眠的状态，便可能在播种日期到来之前在低温条件（3~5℃）下在层积基质中开始萌发（Pitto，1997）。近年来，在全球气候变化的影响下，突然高温或连续降雨等不正常的天气现象在春季播种季节里时有发生。如果在此期间经过层积处理打破休眠的种子不能够及时播种，部分种子便会萌发并逐渐失去生活力。在某些情况下，对于挪威枫（*Acer platanoides* L.）、欧洲椴（*Tilia cordata* Mill.）、欧洲白蜡（*Fraxinus excelsior* L.）和欧洲甜樱桃（*Prunus avium* L.）等可以通过将温度降至冰点以下（-3℃）来防止层积后期种子的萌发，这种方法可以维持种子至少在 8 周的时间内不提前萌发，而且如果在 3℃条件下进行解冻也不会破坏种子的生活力（Piotto，1997）。对于有些树种，通过另外一种方法来避免层积期间的种子萌发。在控制种子含水量的条件下打破种子休眠，然后将种子干燥至含水量为 8%~12%，并置于密封容器中，在-5~-3℃条件下贮藏。这种方法可以贮藏非休眠的欧洲山毛榉（*Fagus sylvatica* L.）（Suszka，1975）和欧洲白蜡（Tylkowski，1988，1990；Muller and Bonnet-Masimbert，1989）种子多年。这一技术在苗圃经营中非常方便、实用，因为我们可以将休眠种子打破休眠后进行贮藏，便可以随时使用非休眠的种子进行播种育苗。

目前，苗圃主要采用隔年埋藏法或隔冬埋藏法处理水曲柳种子。由于解除种子休眠所需时间太长，需要每一位苗圃工作者在每年的固定时期进行催芽处理，而且若在预期播种时间因遇到低温、多雨等特殊天气状况而延误播种，已经过催芽的种子播种品质就会下降，最终还会影响播种育苗的效果。如果将经过催芽解除休眠的水曲柳种子进行再干燥贮藏，便可以随时提供非休眠种子而不需要苗圃工作者再进行催芽处理。这样可以使有条件的（如容器育苗）苗圃在一年中的任何时候进行播种，不再受种子休眠造成的季节性限制，也不会因为播种时间延误而影响种子的播种品质和苗木质量。因此，对经过催芽解除休眠的种子进行再干燥贮藏，将会为深休眠种子的催芽和播种育苗提供更为经济、方便、有效的种子处理技术。

为了使水曲柳解除休眠的种子能够获得稳定、可靠的再干燥贮藏效果，为了使这种新的种子处理技术能够在生产实践中得以应用，我们就需要系统地研究不同脱水条件对水曲柳已解除休眠种子干燥脱水后萌发的影响，并深入了解其内在的生理机制。

7.1　水曲柳解除休眠种子再干燥贮藏的可行性及其相关技术

本节的研究目的：确定水曲柳已解除休眠种子再干燥的可行性；检测经过再干燥的种子是否可以贮藏以供将来播种使用；检测外源植物生长调节物质对再干燥贮藏的种子萌发是否有促进作用。

7.1.1　试验材料

试验所用的水曲柳种子于 2007 年 10 月采自黑龙江省带岭林科所种子园，于 2007 年 11 月 1 日进行裸层积处理（20℃条件下 12 周，然后转入 5℃条件下 12 周）打破种子休眠，2008 年 5 月层积处理结束后进行干燥贮藏试验，干燥过程分为在 5℃和室温（20~23℃）两种条件下进行。种子干燥至含水量为 10%~12%时结束，干燥后的种子置于密封袋中，在 5℃冰箱中保存备用。

7.1.2　研究方法

7.1.2.1　水曲柳种子经再干燥处理的可行性研究

于干燥前、（5℃和 20~23℃条件下）干燥后进行种子萌发试验。试验前将种子置于烧杯中，种子在温水中（20~25℃）浸种 24h 后置床，每种处理 25 粒种子，4 次重复，置于垫有一层滤纸的 9cm 塑料培养皿中。萌发试验在 15℃/10℃（8h/16h）黑暗条件下进行。每日观察并记录种子萌发情况，以胚根伸长大于 2mm 为种子萌发标志，发芽试验持续观察 50 天结束，若连续 3 天无种子发芽则可提前结束发芽试验。

7.1.2.2　植物生长调节物质处理对干燥贮藏水曲柳种子萌发的影响

经 5℃和室温条件下干燥处理后于 5℃条件下贮藏 3 个月的种子，先用蒸馏水浸泡 24h，然后用 10^{-3} mol/L 的 GA$_3$ 和激动素（KT）溶液浸泡 24h，以蒸馏水浸种 48h 为对照。每种处理 25 粒种子，4 次重复。种子萌发条件及观察记录方法同 7.1.2.1。

7.1.2.3　水曲柳种子经再干燥处理后的贮藏性研究

经 5℃和室温条件下干燥处理后的种子于 5℃条件下贮藏 3 个月、6 个月、9 个月、12 个月、16 个月后分别进行萌发试验。每种处理 25 粒种子，4 次重复。种子萌发条件及观察记录方法同 7.1.2.1。

7.1.2.4　计算公式

a）发芽率（GR）＝ $\dfrac{发芽种子粒数}{供试种子总数} \times 100\%$

b）发芽指数（GI）＝ $\sum \dfrac{n_g}{t_g}$

式中，t_g 表示发芽时间（天），n_g 表示与 t_g 相对应的每天发芽种子数。

c）平均发芽日数（MGT）＝ $\dfrac{\sum n_g \times t_g}{\sum n_g}$

式中，t_g 表示发芽时间（天），n_g 表示与 t_g 相对应的每天发芽种子数。

7.1.2.5　数据统计分析方法

种子发芽率、发芽指数及平均发芽时间的方差分析和多重比较利用 SPSS 11.5 数据处理软件分析，并利用 Microsoft Excel 作图。

7.1.3　结果与分析

7.1.3.1　水曲柳种子干燥前后的萌发能力变化

（1）水曲柳种子干燥前后的发芽率变化

已解除休眠的水曲柳种子干燥前、在 5℃和室温条件下干燥后的发芽率分别为 90%、23% 和 89%，方差分析结果显示，不同处理之间种子发芽率差异极显著（$P<0.01$）。进一步进行多重比较，结果（图 7-1）显示：干燥前和室温干燥后种子的发芽率与 5℃条件下干燥后种子的发芽率差异显著，而干燥前与室温干燥后种子的发芽率差异不显著。这表明已解除休眠的水曲柳种子可以在室温条件下进行干燥，干燥处理后种子的发芽率没有明显的下降，但在 5℃条件下干燥是不可行的，干燥后种子发芽率显著下降。

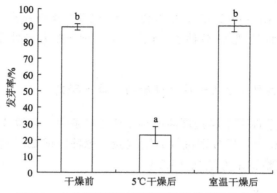

图 7-1　水曲柳种子经不同干燥处理后的发芽率

垂直线表示平均值±标准误，相同字母表示经邓肯多重比较差异不显著（P＞0.05）

（2）水曲柳种子干燥前后的发芽指数变化

由图 7-2 可见，已解除休眠的水曲柳种子干燥前发芽指数最高，为 3.89，在室温条件下干燥后的种子发芽指数略有下降，为 3.40，5℃下干燥的种子发芽指数最低，为 0.57，方差分析结果显示，不同处理之间种子发芽指数差异极显著（P＜0.01）。进一步由多重比较结果（图 7-2）显示：干燥前、室温干燥后和 5℃条件下干燥后种子的发芽指数差异均显著。这表明已解除休眠的水曲柳种子在室温条件下干燥后种子的发芽指数会略有下降，下降幅度不大，但是在 5℃条件下干燥后种子发芽指数大幅度下降。

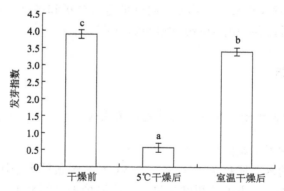

图 7-2　水曲柳种子经不同干燥处理后的发芽指数

（3）水曲柳种子干燥前后的平均发芽时间变化

已解除休眠的水曲柳种子干燥前、在 5℃和室温条件下干燥后的平均发芽时间分别为 6.42 天、10.63 天和 7.14 天（图 7-3），方差分析结果显示，不同处理之间种子平均发芽时间差异极显著（P＜0.01）。进一步由多重比较结果（图 7-3）表明：干燥前和室温干燥后种子的平均发芽时间与 5℃条件下干燥后种子的平均发芽时间差异显著，而干燥前与室温干燥后种子的平均发芽时间差异不显著。这表明，已解除休眠的水曲柳种子在室温条件下进行干燥处理后种子的平均发芽时间没有明显的变化，但在5℃条件下干燥处理后种子的平均发芽时间显著增加。

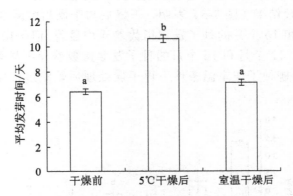

图7-3　水曲柳种子经不同干燥处理后的平均发芽时间

7.1.3.2　贮藏时间对再干燥后贮藏水曲柳种子萌发的影响

（1）贮藏时间对再干燥后贮藏水曲柳种子发芽率的影响

室温条件下干燥后（对照）及干燥后贮藏3个月、6个月、9个月、12个月和16个月的水曲柳种子发芽率（图7-4）分别为90%、83%、84%、85%、78%和70%，方差分析结果显示，不同贮藏时间种子发芽率差异未达到显著水平（$P > 0.05$）。多重比较结果（图7-4）显示，对照与贮藏3个月、6个月、9个月和12个月种子发芽率差异不显著，但与贮藏16个月种子发芽率差异显著。这表明已解除休眠的水曲柳种子在室温条件下再干燥处理后贮藏12个月时间内种子的发芽率没有明显变化，但贮藏16个月时发芽率已有明显下降。

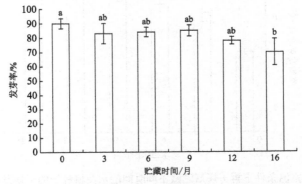

图7-4　室温条件下再干燥后贮藏不同时间的水曲柳种子的发芽率

（2）贮藏时间对再干燥后贮藏水曲柳种子发芽指数的影响

室温条件下干燥后及干燥后贮藏 3 个月、6 个月、9 个月、12 个月和 16 个月的水曲柳种子发芽指数（图 7-5）分别为 3.40、2.29、2.04、1.94、1.69 和 1.68，方差分析结果显示，不同贮藏时间种子发芽指数差异极显著（P＜0.01）。多重比较结果（图 7-5）表明，干燥后与干燥后贮藏 3 个月、6 个月、9 个月、12 个月和 16 个月的种子发芽指数差异均显著，但干燥后贮藏 3 个月、6 个月、9 个月、12 个月和 16 个月的种子发芽指数差异不显著。这表明，已解除休眠的水曲柳种子在室温条件下再干燥处理后贮藏过程中种子的发芽指数明显下降。

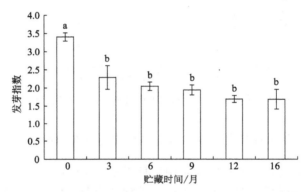

图 7-5　室温条件下再干燥后贮藏不同时间的水曲柳种子的发芽指数

（3）贮藏时间对再干燥后贮藏水曲柳种子平均发芽时间的影响

室温条件下干燥后及干燥后贮藏 3 个月、6 个月、9 个月、12 个月和 16 个月的水曲柳种子平均发芽时间（图 7-6）分别为 7.14 天、10.61 天、11.34 天、11.93

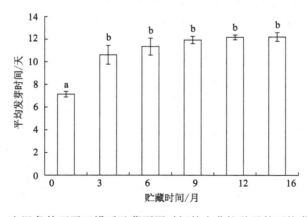

图 7-6　室温条件下再干燥后贮藏不同时间的水曲柳种子的平均发芽时间

天、12.16 天和 12.20 天，方差分析结果显示，不同贮藏时间种子平均发芽时间差异极显著（$P<0.01$）。多重比较结果（图 7-6）表明，干燥后贮藏 3 个月、6 个月、9 个月、12 个月和 16 个月的种子平均发芽时间差异不显著，但干燥后与干燥后贮藏 3 个月、6 个月、9 个月、12 个月和 16 个月的种子平均发芽时间差异均显著。这表明已解除休眠的水曲柳种子在室温条件下再干燥处理后贮藏过程中种子的平均发芽时间明显增加。

7.1.3.3 植物生长调节物质对再干燥贮藏种子萌发的影响

（1）植物生长调节物质对再干燥贮藏种子发芽率的影响

室温条件下干燥处理后贮藏 3 个月的水曲柳种子经对照（未处理）、KT、GA_3 和乙烯利处理的发芽率（图 7-7）分别为 83%、82%、89% 和 91%。以乙烯利处理的发芽率最高，KT 处理发芽率最低。方差分析结果表明，不同处理之间种子发芽率差异不显著（$P>0.05$）。这表明室温条件下干燥处理后贮藏 3 个月的种子，使用 KT、GA_3 和乙烯利处理对于种子发芽率的提高都没有明显的效果。

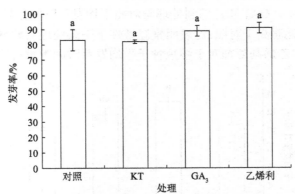

图 7-7 水曲柳再干燥贮藏种子经不同植物生长调节物质处理后的发芽率

（2）植物生长调节物质对水曲柳再干燥贮藏种子发芽指数的影响

室温条件下干燥处理后贮藏 3 个月的水曲柳种子经对照（未处理）、KT、GA_3 和乙烯利处理的发芽指数（图 7-8）分别为 2.29、1.85、2.32 和 2.38，以乙烯利处理的发芽指数最高，KT 处理发芽指数最低。方差分析结果表明，不同处理之间种子发芽指数差异不显著（$P>0.05$）。这表明室温条件下干燥处理后贮藏 3 个月的种子，使用 KT、GA_3 和乙烯利处理对于种子发芽指数的提高没有明显效果。

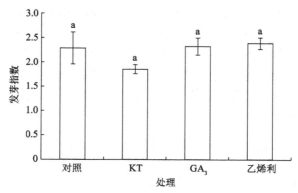

图 7-8　水曲柳再干燥贮藏种子经不同植物生长调节物质处理后的发芽指数

（3）植物生长调节物质对水曲柳再干燥贮藏种子平均发芽时间的影响

室温条件下干燥处理后贮藏 3 个月的水曲柳种子经对照（未处理）、KT、GA₃ 和乙烯利处理的平均发芽时间（图 7-9）分别为 10.6 天、13.1 天、11.7 天和 10.0 天，方差分析结果表明，不同处理之间种子平均发芽时间差异显著（$P < 0.05$）。多重比较结果显示，GA₃ 和乙烯利处理与对照平均发芽时间差异不显著，KT 处理平均发芽时间显著高于对照。这表明室温条件下干燥处理后贮藏 3 个月的种子，使用 KT、GA₃ 和乙烯利处理对于缩短种子平均发芽时间都没有明显效果。

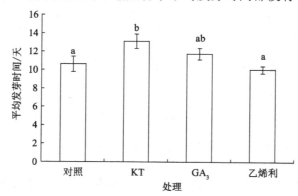

图 7-9　水曲柳再干燥贮藏种子经不同植物生长调节物质处理后的平均发芽时间

7.1.4　结论与讨论

深休眠种子解除休眠所需时间太长，需要在每年的固定时期提前进行催芽处理，而且若在预期播种时间因遇到特殊天气状况而延误播种，已经过催芽的种子播种品质就会下降。如果将经过催芽解除休眠的种子进行再干燥贮藏，在苗圃生产中将非常方便和有效。根据本研究的试验结果，已解除休眠的水曲柳种子在 5℃

条件下干燥是不可行的，但在室温条件下进行再干燥是可行的，而且种子在室温条件下再干燥处理后贮藏一年时间内种子的发芽率没有明显变化，这就为生产上一年内随时使用解除休眠的种子进行播种提供了可行的途径。据此，已解除休眠的水曲柳种子可以经过再干燥贮藏后应用于播种育苗生产实践。有关外源植物生长调节剂促进种子萌发的报道较多，KT、GA$_3$和乙烯利等植物生长调节物质都有很好地促进种子萌发的效果。本试验结果表明，已解除休眠水曲柳种子再干燥贮藏后使用一定浓度的KT、GA$_3$和乙烯利处理对种子的萌发都没有明显的促进作用。

7.2　解除休眠水曲柳种子对不同脱水条件的萌发和生理响应

温度是植物生长发育过程中最重要的环境因素之一，同时也影响着植物生命周期中每一个生长发育过程，即从种子萌发到幼苗生长再到成熟结实，以及营养、生殖生长等都随温度的变化而受到不同程度的影响。植物分布的地域性及季节性与温度的变化有关。在植物种子的成熟过程中，种子内部的生理生化反应比较剧烈，酶的活性也比较高，温度对种子的成熟度，以及糖、蛋白质等的含量影响非常大。同时，温度对种子的脱水耐性也有一定影响。Berjak等（1994）认为在种子脱水过程中，脱水温度和种子脱水耐性呈一定的函数关系。在对水稻种子脱水过程研究中发现，水稻种子收获后及时在35℃下干燥能提高种子活力（夏巧凤等，2007）。羊草和无芒雀麦（*Bromus inermis*）种子的最适回干温度分别是20℃和30℃，过高或者过低的回干温度都会降低种子萌发能力（刘桂霞和苗玉华，2008）。脱水速度是影响种子脱水耐性的重要因素（Bray，1993；Bonner，1996）。脱水速度在种子发育、成熟及成熟脱落后都会影响种子的脱水耐性。对于顽拗性种子，适宜温度下快速脱水有利于提高种子的脱水耐性和种子活力，而正常性种子则相反，即在适宜的温度下慢速脱水能更好地提高种子的脱水耐性（Song et al.，2003；邵玉涛等，2006；姜孝成等，1996）。

脱水温度和脱水速度都会不同程度地影响种子脱水耐性，温度会影响种子内部各种酶的活性，脱水速度的快慢决定了种子内部生理生化反应中产生的有害离子的积累或清除。目前已有很多与脱水温度和脱水速度相关的研究，但尚未见对具有深休眠特性种子的脱水耐性研究的相关报道。

前期研究发现，解除休眠的水曲柳种子在室温条件下进行再干燥后贮藏是可行的，但在较低温度条件下再干燥后种子发芽率、发芽指数显著下降，平均发芽时间明显延长。以往研究表明，解除休眠的水曲柳种子可以在较低温度（5℃）条件下萌发（张鹏等，2007），但在相同条件下干燥脱水后却表现出了异常的萌发效果，这种现象的产生必然与种子干燥脱水条件有密切的关系。为了使水曲柳解除休眠的种子能够获得稳定、可靠的再干燥贮藏效果，就需要系统地研究不同脱水条件对解除休眠种子再干燥后萌发的影响，并深入探索在干燥脱水过程中种子脱水耐性变化的内在生理机制。本节以水曲柳解除休眠种子为材料，研究种子在不同条件下脱水后的萌发能力、种子浸出液的相对电导率、抗氧化系统活性及贮藏物质的变化，以期为解除休眠水曲柳种子的再干燥贮藏提供理论和技术依据。

7.2.1 试验材料

试验用水曲柳种子采自黑龙江省带岭林科所种子园。种子经过裸（无基质）层积处理，裸层积条件：先暖温（18℃）3 个月，再低温（5℃）3 个月（张鹏，2008）。以层积处理结束后的水曲柳种子为材料。

7.2.2 研究方法

7.2.2.1 不同温度脱水处理

种子于层积处理结束后立即进行脱水处理。设置 5℃、10℃、15℃、20℃、25℃、30℃、35℃共 7 个温度条件对解除休眠的水曲柳种子进行干燥脱水，在各温度条件下均采用自然阴干脱水，在培养箱中脱水至种子相对含水量为 10%以下时结束（采用称重法确定）。脱水处理后的种子进行发芽能力测定和种子浸出液电导率测定，以确定脱水温度对种子萌发和细胞膜透性的影响。

7.2.2.2 脱水温度与脱水速率组合处理

根据不同温度脱水处理的萌发效果，选择 5℃（低温）和 20℃（最适温度）两种温度条件下进行种子脱水。同时，使用硅胶干燥种子作为快速脱水处理，以慢速（不使用硅胶）干燥种子作为对照。形成脱水温度与速率组合条件共 4 种：①种子在 5℃条件下慢速脱水；②种子与硅胶混合在 5℃条件下快速脱水；③种子在 20℃条件下慢速脱水；④种子与硅胶混合在 20℃条件下快速脱水。硅胶脱水处理时硅胶与种子体积比为 3∶1，均匀混合后放在封闭的保鲜盒中。各处理脱水至种子相对含水量 10%以下时结束（各处理的干燥脱水时间分别为 92h、70h、19h、17h）。脱水处理后的种子进行发芽能力测定和种子渗出液电导率测定，以检验脱水温度、速率及其交互作用对种子萌发和细胞膜透性的影响。

7.2.2.3 脱水温度对种子抗氧化系统和贮藏物质代谢的影响

选择 5℃和 20℃两种温度条件下进行种子脱水处理，以慢速（不使用硅胶）

干燥种子，各处理脱水至种子相对含水量10%以下时结束。脱水处理后的种子进行抗氧化酶活性、丙二醛含量、可溶性糖、可溶性蛋白和淀粉含量测定，以确定脱水温度对种子抗氧化系统和贮藏物质代谢的影响。

7.2.2.4　脱水速率对种子抗氧化系统和贮藏物质代谢的影响

根据脱水温度与脱水速率对水曲柳种子萌发影响结果，在20℃条件下快速脱水与慢速脱水相比对种子萌发影响较小，而在5℃条件下快速脱水与慢速脱水相比对种子萌发影响更大，因此，研究脱水速率对种子各生理指标影响时，选择5℃条件下进行种子脱水处理，各处理脱水至种子相对含水量10%时结束。脱水处理后的种子进行抗氧化酶活性、丙二醛含量、可溶性糖、可溶性蛋白和淀粉含量测定，以考查脱水速率对种子抗氧化系统和贮藏物质代谢的影响。

7.2.2.5　种子发芽能力及生理指标测定

脱水后立即进行种子萌发试验，各处理种子于室温（20~23℃）条件下用冷水浸种24h后置床，将种子置于直径为9cm的塑料培养皿中，其底部垫有一层滤纸和脱脂棉。培养皿放入培养箱中于黑暗条件下进行培养，萌发温度为15℃（8h）/10℃（16h）的日变温，每种处理100粒种子，每皿25粒，4次重复，每日观察并记录种子发芽情况，以胚根突破种子并超过2mm作为种子萌发的标志。各发芽指标按7.1.2.4的公式计算。

细胞膜透性测定采用相对电导率法（宋松泉等，2005），略有改动，取不同条件下脱水处理的大小一致且无损伤的种子（去果翅），用双蒸水冲洗数次并用滤纸吸干表面水分。待测种子（每个处理为20粒，3次重复）放于具塞玻璃试管中，加5ml去离子水浸泡（25℃下），测定开始浸泡种子时浸泡液的电导率，作为初始值（R_1），浸泡12h后在室温下用电导仪测定，记录读数，即为种子外渗电导率（R_2）。再把浸泡液连同种子在100℃水浴中煮沸30min，取出后待冷却至室温，测定煮沸后的电导率（R_3）。电解质渗漏率以相对电导率表示。相对电导率（%）＝（R_2-R_1）×100/（R_3-R_2）。

超氧化物歧化酶（SOD）活性参照氮蓝四唑（NBT）法测定，过氧化物酶（POD）活性采用愈创木酚法测定（高俊凤，2006），过氧化氢酶（CAT）活性采用紫外吸收法测定，丙二醛（MDA）含量采用硫代巴比妥酸（TBA）法测定，可溶性糖及淀粉含量参照蒽酮试剂法测定（李合生，2000），可溶性蛋白参照考马斯亮蓝G-250染色法测定（张志良，1990）。取不同条件下干燥的种子，每种处理取种子3份（即3次重复），用解剖刀将种胚和胚乳（带种皮）分开，分别测定胚和胚乳（各取0.2g）的超氧化物歧化酶、过氧化物酶、过氧化氢酶活性及丙二醛、可溶性糖和可溶性蛋白含量。

7.2.2.6　数据统计分析

试验数据采用 SPSS 18.0 软件进行单因素或双因素方差分析，使用邓肯法进行多重比较。发芽率和电导率数据为百分数，对其进行反正弦平方根转换后再进行统计分析。

7.2.3　结果与分析

7.2.3.1　脱水温度对水曲柳种子萌发和细胞膜透性的影响

水曲柳种子经过不同温度脱水处理后的发芽率呈现随脱水温度的升高先上升后下降的趋势（表 7-1）。方差分析结果表明，不同脱水温度处理种子的发芽率差异显著（$P<0.05$），其中，5℃和35℃脱水种子的发芽率较低，分别为72%和69%，显著低于对照（脱水前的89%）和20℃脱水种子的发芽率（88%），与20℃脱水种子发芽率相比分别下降了 18%和 22%。20℃脱水的种子发芽率显著高于5℃、10℃、15℃、25℃、30℃、35℃脱水种子的发芽率，但与对照（脱水前）的种子发芽率差异不显著（表 7-1）。

水曲柳种子经过不同温度脱水处理后的发芽指数变化规律与发芽率相似，呈现随脱水温度上升而先上升后下降的趋势（表 7-1）。方差分析结果表明，不同脱水温度处理种子的发芽指数差异极显著（$P<0.01$），其中，20℃脱水种子的发芽指数最高（3.89），显著高于其他温度脱水种子的发芽指数，但与对照（脱水前）的种子发芽指数差异不显著。5℃和 35℃脱水种子的发芽指数相对较低，分别为 1.83 和 1.72，与 20℃脱水种子发芽指数相比分别下降了 53%和 56%。

水曲柳种子经过不同温度脱水处理后的发芽时间呈现出随脱水温度上升而先下降后上升的趋势（表 7-1），方差分析结果表明，不同脱水温度处理种子的发芽时间差异极显著（$P<0.01$），20℃脱水的种子发芽时间为 7.37 天，显著短于其他温度脱水的种子发芽时间，但与对照（脱水前）的种子发芽时间差异不显著。经过 5℃和 35℃脱水后种子发芽时间相对较长（11.37 天和 11.18 天），除了与 10℃和 15℃脱水种子的发芽时间差异不显著，与其他温度脱水种子发芽时间差异显著，与 20℃脱水种子相比发芽时间延长了近 4 天。

水曲柳种子经过不同温度脱水处理后种子浸出液的相对电导率变化规律与种子发芽时间的变化规律一致，呈现随脱水温度的升高先下降后上升的趋势（表 7-1）。方差分析结果表明，不同脱水温度处理水曲柳种子浸出液的电导率差异极显著（$P<0.01$）。多重比较结果显示，20℃下脱水后种子的相对电导率显著低于其他处理，5℃和 35℃下脱水后种子相对电导率显著高于其他处理，与 20℃脱水种子相比其相对电导率分别提高了 60%和 61%。

表 7-1 水曲柳种子在不同温度条件下干燥脱水后的萌发能力和种子相对电导率

脱水温度/℃	发芽率/%	发芽指数	发芽时间/天	相对电导率/%
5	72±3.65b	1.83±0.08cd	11.37±0.21a	12.19±0.10a
10	77±2.52b	2.02±0.07bcd	10.69±0.22ab	10.98±0.09b
15	77±5.00b	2.14±0.15bcd	10.46±0.39abc	11.05±0.06b
20	88±1.63a	3.89±0.21a	7.37±0.38d	7.63±0.07e
25	74±5.29b	2.29±0.18bc	9.30±0.17c	10.32±0.02c
30	76±4.32b	2.36±0.18bc	9.76±0.54bc	10.06±0.03d
35	69±5.00b	1.72±0.15d	11.18±0.61a	12.25±0.10a
对照（脱水前）	89±1.91a	3.89±0.12a	6.42±0.22d	

注：表中数据为平均值±标准误。同列小写字母表示采用邓肯法进行多重比较后的结果，字母不同表示差异显著（$P<0.05$）。下同

7.2.3.2 脱水温度与脱水速率对水曲柳种子萌发和细胞膜透性的影响

方差分析结果（表 7-2）表明，脱水温度与脱水速率的交互作用对种子萌发和种子渗出液电导率无明显影响，但脱水温度、脱水速率两因素都对种子萌发和种子渗出液电导率有显著影响。不同脱水温度处理种子的发芽率、发芽指数、发芽时间和渗出液电导率差异均极显著（$P<0.01$），5℃脱水种子的发芽能力显著低于 20℃脱水种子，种子渗出液电导率则是 5℃脱水种子显著高于 20℃脱水种子。不同脱水速率处理种子的发芽率差异显著（$P<0.05$），发芽指数和渗出液电导率差异均极显著（$P<0.01$），发芽时间差异不显著（$P>0.05$）。慢速干燥种子的发芽率和发芽指数显著高于快速干燥种子，快速干燥种子渗出液电导率显著高于慢速干燥种子。

表 7-2 水曲柳种子在不同温度与脱水速率条件下干燥后的萌发能力和种子电导率方差分析

脱水处理		发芽率/%	发芽指数	发芽时间/天	相对电导率/%
温度	5℃	66b	1.68b	10.97a	11.37a
	20℃	85a	3.37a	8.05b	8.25b
	标准差	2.68	0.13	0.23	0.03
速率	慢速	80a	2.86a	9.36a	9.09b
	快速	71b	2.19b	9.67a	10.53a
	标准差	2.68	0.13	0.23	0.03
变异来源	自由度		概率（P）		
温度	1	0.0003	<0.0001	<0.0001	<0.0001
速率	1	0.0349	0.0031	0.3568	<0.0001
温度×速率	1	0.4435	0.0652	0.0973	0.0782

7.2.3.3 脱水温度对种子抗氧化系统和贮藏物质代谢的影响

（1）脱水温度对种子抗氧化酶活性和丙二醛含量的影响

从表 7-3 可见，不同脱水温度对种子胚和胚乳中 SOD 活性的影响均不显著（$P>0.05$），脱水温度对胚中 POD 和 CAT 活性影响极显著（$P<0.01$），但对胚乳中 POD 和 CAT 活性影响不显著（$P>0.05$），胚中的 POD 和 CAT 活性都是 20℃脱水种子明显高于 5℃脱水种子（表 7-3）。不同脱水温度对胚和胚乳中 MDA 含量的影响均极显著（$P<0.01$），且都是 20℃脱水种子的胚和胚乳中 MDA 含量显著低于 5℃脱水种子，胚和胚乳中的 MDA 含量分别下降了 74%和 50%（表 7-3）。

表 7-3 不同温度干燥脱水后水曲柳种子胚和胚乳中抗氧化酶活性和丙二醛含量

脱水温度 /℃	种子部位	超氧化物歧化酶 /[U/（min·mg Pro）]	过氧化物酶 /[U/（min·mg Pro）]	过氧化氢酶 /[U/（min·mg Pro）]	丙二醛 /（μmol/g DW）
5	种胚	477.08±0.06a	0.28±0.16b	11.86±3.09b	60.13±0.05a
20	种胚	454.08±3.45a	21.95±0.09a	35.16±8.99a	15.62±0.05b
5	胚乳	145.71±3.08a	0.18±0.04a	6.32±2.87a	1.19±0.03a
20	胚乳	124.20±2.46a	0.25±0.09a	10.42±8.34a	0.60±0.06b

（2）脱水温度对种子可溶性蛋白、可溶性糖和淀粉含量的影响

脱水温度对胚和胚乳中可溶性蛋白含量的影响均显著（$P<0.05$），且 20℃脱水种子胚和胚乳中的可溶性蛋白含量均较 5℃脱水种子高，胚和胚乳中的可溶性蛋白含量分别提高了 5%和 14%（表 7-4）。不同温度脱水对胚和胚乳中可溶性糖和淀粉含量影响均不显著（$P>0.05$）（表 7-4）。

表 7-4 不同温度干燥脱水后水曲柳种子胚和胚乳中可溶性蛋白、可溶性糖和淀粉含量

脱水温度 /℃	种子部位	可溶性蛋白 /（mg/g DW）	可溶性糖 /（mg/g DW）	淀粉 /（mg/g DW）
5	种胚	10.07±0.04b	6.83±0.45a	7.25±0.63a
20	种胚	10.61±0.29a	8.56±0.99a	7.20±0.40a
5	胚乳	5.27±0.07b	11.46±2.18a	9.55±0.71a
20	胚乳	6.03±0.18a	11.06±0.79a	9.90±0.74a

7.2.3.4 脱水速率对种子抗氧化系统和贮藏物质代谢的影响

（1）脱水速率对种子抗氧化酶活性和丙二醛含量的影响

在低温条件下，不同速率脱水对种子胚和胚乳中 SOD 活性的影响均显著（$P<0.05$），但两个部位中 SOD 活性变化的规律不同，在胚中慢速脱水处理的

SOD 活性显著高于快速脱水处理，但在胚乳中则相反，慢速脱水处理的 SOD 活性显著低于快速脱水处理（表 7-5）。脱水速率对胚和胚乳中 POD 活性影响不显著（$P>0.05$）（表 7-5）。脱水速率对胚和胚乳中 CAT 活性影响也均不显著（$P>0.05$）。不同脱水速率对胚和胚乳中 MDA 含量的影响均显著（$P<0.05$），且都是快速脱水处理的胚和胚乳中 MDA 含量显著高于慢速脱水处理（表 7-5）。

表 7-5　不同速率干燥脱水后水曲柳种子胚和胚乳中抗氧化酶活性和丙二醛含量

脱水速率	种子部位	超氧化物歧化酶 /[U/（min·mg Pro）]	过氧化物酶 /[U/（min·mg Pro）]	过氧化氢酶 /[U/（min·mg Pro）]	丙二醛 /（μmol/g DW）
慢速	种胚	477.08±0.06a	0.28±0.16a	11.86±3.09a	60.13±0.05b
快速	种胚	413.25±0.97b	0.19±0.06a	22.77±7.33a	68.96±3.00a
慢速	胚乳	145.71±3.08b	0.18±0.04a	6.32±2.87a	1.19±0.03b
快速	胚乳	165.67±4.84a	0.10±0.01a	1.72±0.14a	2.20±0.30a

（2）脱水速率对种子可溶性蛋白、可溶性糖和淀粉含量的影响

脱水速率对胚和胚乳中可溶性蛋白含量的影响均显著（$P<0.05$），且慢速脱水处理胚和胚乳中的可溶性蛋白含量均高于快速脱水处理，胚和胚乳中的可溶性蛋白含量分别提高了 17% 和 24%（表 7-6）。不同速率脱水对胚和胚乳中可溶性糖和淀粉含量影响均不显著（$P>0.05$）（表 7-6）。

表 7-6　不同速率干燥脱水后水曲柳种子胚和胚乳中可溶性蛋白、可溶性糖和淀粉含量

脱水速率	种子部位	可溶性蛋白/（mg/g DW）	可溶性糖/（mg/g DW）	淀粉/（mg/g DW）
慢速	种胚	10.07±0.04a	6.83±0.45a	7.25±0.63a
快速	种胚	8.37±0.41b	8.06±0.16a	7.06±0.61a
慢速	胚乳	5.27±0.07a	11.46±2.18a	9.55±0.71a
快速	胚乳	4.02±0.06b	9.82±0.54a	11.41±0.78a

7.2.4　结论与讨论

脱水温度会影响种子脱水后的萌发表现。水稻种子收获后及时在 35℃ 下干燥能提高种子活力（夏巧凤等，2007）。Berjak 等（1994）对沼生菰（Zizania palustris）种子脱水研究发现，种子在 25~30℃ 干燥脱水后成活率最高，随着脱水温度的降低，种子的生活力降低。本研究发现，不同温度干燥脱水后，解除休眠的水曲柳种子的发芽率和发芽指数随脱水温度（5~35℃）升高呈先上升后下降的趋势，而发芽时间则呈现先降低后上升的趋势。最适的脱水温度是 20℃，高温（35℃）或

者低温（5℃）脱水都导致种子萌发能力降低。

脱水速率是影响种子脱水萌发的重要因子之一（Bonner，1996；Song et al.，2003）。对于顽拗性种子，适宜温度下快速脱水对种子的损伤小，有利于保持种子生活力（Farrant et al.，1985；邵玉涛等，2006；李朋等，2011；宗梅等，2006），而正常性种子经过慢速脱水能有效提高种子活力和发芽率。水曲柳种子属于正常性种子，对脱水速率的反应与其他正常性种子相同，表现为慢速干燥有利于保持种子的发芽能力。

种子的脱水过程是一个综合的生理生化过程，在干燥脱水过程中，细胞不断失水，引起膜结构、抗氧化系统的变化。细胞在一些（干旱、高温、低温、盐碱胁迫等）条件下失水，会在一定程度上损伤细胞膜，致使大量的离子泄漏，细胞膜的损害还会破坏细胞内信号转导，致使细胞内的自由基增加或对其的清除能力减弱，自由基的积累会使脂质过氧化反应产生过多的 MDA 直接毒害细胞。同时，细胞内的抗氧化系统会建立起防御体系，即抗氧化酶（SOD、POD、CAT 等）活性的增强，进而清除活性氧，起到防护剂的作用，保护膜结构（Kranner and Birtic，2005）。许多种子脱水耐性变化都与其膜透性和抗氧化酶活性的变化有关，表现为随着脱水过程进行，种子相对电导率、MDA 含量增加，抗氧化酶活性降低（李文君和沈永宝，2009；李朋等，2011；伍贤进等，2002）。本研究发现，低温（5℃）干燥脱水后种子相对电导率和 MDA 含量较常温（20℃）脱水显著提高，而胚中 POD 和 CAT 活性显著下降，从而导致种子活力下降，种子萌发能力降低。快速脱水后种子相对电导率和 MDA 含量较慢速脱水显著提高，而胚中 SOD 活性显著下降，从而导致种子活力下降，种子萌发能力降低。可见，水曲柳种子在低温或快速脱水条件下都会引起种子相对电导率、MDA 含量增加，但两种脱水条件下胚中的抗氧化酶活性表现不同，胚中的 POD 和 CAT 似乎对低温脱水更敏感，而胚中的 SOD 则对快速脱水更敏感。脱水耐性与 SOD 活性有关这一现象也曾在马拉巴栗种子研究中被发现（李永红等，2009）。SOD 的作用是催化 O_2 单电子还原产生的第一个自由基发生歧化反应，其终反应的 H_2O_2 为活性氧之一，对植物仍然有伤害作用，因此必须由 POD 和 CAT 将其清除。本研究中，低温脱水过程中，虽然 SOD 活性没有受到影响，但 POD 和 CAT 活性下降，导致 H_2O_2 清除能力下降，从而导致种子细胞仍受自由基攻击，产生伤害；快速脱水过程中，SOD 活性下降，导致对自由基清除的第一阶段即受到影响，从而导致种子细胞受自由基攻击，产生伤害。可见，SOD 与 POD 和 CAT 间必须协同作用，才可以使活性氧自由基维持在一个低而对细胞无害的水平。

种子脱水过程中，贮藏物质会发生一系列反应，能迅速诱导并积累一些脱水保护性物质（糖类、LEA 蛋白、亲水脂分子和油素蛋白）（杨晓泉等，1998；宋松泉等，1999；李永红等，2009；李煦和汪晓峰，2011）。本研究结果表明，低温或快速脱水对水曲柳种子中的可溶性糖与淀粉含量都没有明显影响，但低温或快速脱水都会导致种子中可溶性蛋白含量下降。这表明水曲柳种子低温或快速脱水过程中脱水保护功能下降主要与蛋白质的变化有关。

7.3　预处理措施对解除休眠水曲柳种子低温脱水萌发的影响

种子的脱水过程是一个复杂的综合过程，在脱水过程中受到一些保护性物质的影响，进而减少脱水伤害。脱水伤害的保护物质主要有 LEA 蛋白、亲水脂分子、油素蛋白及糖（Kranner and Birtic，2005）；糖类随着植物种子的发育而不断积累，一些种子从发育到成熟脱落的过程中积累某些特定的糖（蔗糖、寡糖和半乳糖苷环多醇），这些糖被认为在种子脱水过程中起着重要的保护作用。但是从其他研究可以看出，Ca^{2+}（Song et al.，2002）、ABA（Ingram and Bartels，1996）等物质在种子脱水过程中也起到了一定的保护作用。钙是植物生长所必需的四大元素之一：①在植物生长过程中有四大生理功能（关军锋，1991；曹恭和梁鸣早，2003），是细胞壁结构的重要组分，在维持细胞壁结构和功能稳定中起着重要的作用；②在活细胞内膜系统中游离的钙离子浓度非常高，连接磷脂中的磷酸和蛋白质的羧基，可以稳定细胞膜结构；③依赖多种钙的功能蛋白和调节蛋白在植物细胞信号转导中起第二信使的重要作用；④在植物受到病原菌侵染时，能调节生理反应，抵御生理病变。现在许多研究证明，Ca^{2+} 在植物组织脱水过程中能起到有效的保护作用（钱春梅等，2004；袁小丽等，1990）。在许多逆境条件（低温、干旱、盐碱胁迫）下，会诱导植物组织内 ABA 含量升高，同时诱导相关的特异蛋白，往往在经外源 ABA 处理后，植物组织内相应的逆境蛋白 mRNA 会增加。植物种子在发育后期（成熟阶段），ABA 会诱导一些基因的表达与积累。到目前为止的研究发现，在种子脱水过程中 ABA 能诱导 *lea* 的基因表达；板栗种子内的 ABA 的质量分数与脱水耐性呈高度正相关（宗梅等，2011），已经发现经 ABA 预处理后，在高原球茎（Wang et al.，2003）、蝴蝶兰类原球茎（刘福平，2011）及花生（杨晓泉等，1998）等植物中，可以提高植物组织的脱水耐性，进而保护植物组织在脱水过程中避免受到伤害。

我们前期的研究发现，解除休眠的水曲柳种子在室温条件下进行再干燥后贮藏是可行的，但在较低温度（5℃）条件下再干燥后种子发芽率、发芽指数显著下降，平均发芽时间明显延长，低温脱水过程中种子脱水耐性发生变化，导致种子萌发能力下降（吴灵东等，2012）。但是，以往关于水曲柳种子休眠与萌发的研究中，并没有涉及氯化钙、ABA 和蔗糖处理提高种子萌发能力的报道，尤其是对这些预处理措施在提高种子低温脱水后的萌发能力上是否有作用也没有研究。综上所述，结合水曲柳种子低温脱水干燥后萌发能力下降的现象，我们提出假设：适宜浓度的糖、Ca^{2+} 和 ABA 等脱水保护物质处理能够提高水曲柳种子低温脱水后的萌发能力。为验证这一假设并探究其内在的生理机制，本节以水曲柳解除休眠种子为材料，研究不同浓度 Ca^{2+}、ABA、蔗糖溶液预处理对种子在低温（5℃）下脱水后萌发的影响，并研究在此过程中种子浸出液相对电导率、抗氧化酶系统活性及贮藏物质的变化，为揭示种子脱水耐性调控的生理机制提供依据。

7.3.1 试验材料

试验用水曲柳种子采自黑龙江省带岭林科所种子园，种子千粒重为 58.52g，相对含水量为 8.03%。种子经过裸（无基质）层积处理，裸层积条件为：先暖温（18℃）3 个月，再低温（5℃）3 个月（张鹏，2008）。以层积处理结束后解除休眠的水曲柳种子为材料。

7.3.2 研究方法

7.3.2.1 低温脱水前的预处理对种子脱水后萌发的影响

层积处理结束后，利用不同浓度（10^{-2}mol/L、10^{-3}mol/L、10^{-4}mol/L、10^{-5}mol/L）的氯化钙溶液、不同浓度（10^{-3}mol/L、10^{-4}mol/L、10^{-5}mol/L、10^{-6}mol/L）的 ABA 溶液和不同质量浓度（1g/L、10g/L、50g/L、100g/L）的蔗糖溶液浸泡种子，种子于室温（20~23℃）下浸种24h，以使用蒸馏水浸种24h的种子作为对照。种子经过不同预处理后在 5℃条件下自然阴干脱水至种子相对含水量为 10%以下（采用称重法确定，约需90h）时结束。脱水后立即进行种子发芽试验。

7.3.2.2 不同预处理对种子细胞膜透性、抗氧化系统和贮藏物质代谢的影响

根据上述不同预处理对水曲柳种子萌发影响的试验结果，分别选择出提高种子萌发能力最有效的处理浓度，即氯化钙（10^{-3}mol/L）、ABA（10^{-6}mol/L）、蔗糖（100g/L），以经过上述溶液预处理24h后低温脱水的种子为材料，以蒸馏水浸泡24h后低温脱水种子为对照，进行种子浸出液相对电导率、种子抗氧化酶活性、丙二醛含量、可溶性糖、可溶性蛋白和淀粉含量测定，以考查不同预处理措施对种子细胞膜透性、抗氧化系统酶活性和贮藏物质代谢的影响。

7.3.2.3 种子发芽能力及生理指标测定

脱水后立即进行种子发芽试验。取不同处理的种子，在室温（20~23℃）下用冷水浸泡24h后，将种子置于塑料培养皿（直径为9cm）中，培养皿底部垫上两

层滤纸。培养皿放入培养箱中，于黑暗条件下进行培养，萌发条件采用日变温，白天 15℃（8h），夜间 10℃（16h），每种处理 4 次重复（4 个培养皿），每皿 50 粒种子，每天观察记录各处理种子发芽情况，以胚根突破种子并超过 2mm 作为种子萌发的标志。各发芽指标按 7.1.2.4 的公式计算。

细胞膜透性测定采用相对电导率法（宋松泉等，2005），略有改动，取经过不同处理脱水后的大小一致且无损伤的种子，剥去果翅后用双蒸水多次冲洗，再用滤纸吸干种子表面水分。将各处理种子放于具塞玻璃试管中（每种处理 3 次重复，每个重复 20 粒种子），加 5ml 去离子水浸泡（25℃下），加水后立即测定浸泡液的电导率（初始值，R_1），加水浸泡 12h 后再次测定浸泡液的电导率（种子外渗电导率，R_2）。将连同种子在内的浸泡液于 100℃水浴中煮沸 30min，取出后冷却至室温，立即测定浸泡液的电导率（R_3）。电解质渗漏率以相对电导率表示。相对电导率（%）=（R_2-R_1）×100/（R_3-R_2）。

采用氮蓝四唑（NBT）法测定超氧化物歧化酶（SOD）活性，采用愈创木酚法（高俊凤，2006）测定过氧化物酶（POD）活性，采用紫外吸收法测定过氧化氢酶（CAT）活性，采用硫代巴比妥酸（TBA）法测定丙二醛（MDA）含量，采用蒽酮试剂法（李合生，2000）测定可溶性糖及淀粉含量，采用考马斯亮蓝 G-250 染色法（张志良，1990）测定可溶性蛋白含量。取不同条件下干燥的种子，每种处理取种 3 份（即 3 次重复），用解剖刀将种胚和胚乳（带种皮）分开，分别测定胚和胚乳（各取 0.2g）的超氧化物歧化酶、过氧化物酶、过氧化氢酶活性及丙二醛、可溶性糖和可溶性蛋白含量。

7.3.2.4　数据统计分析

试验数据采用 SPSS 18.0 软件进行单因素或双因素方差分析，使用邓肯法进行多重比较。发芽率和电导率数据为百分数，对其进行反正弦平方根转换后再进行统计分析。

7.3.3　结果与分析

7.3.3.1　不同预处理对水曲柳种子低温脱水后萌发的影响

（1）Ca^{2+}溶液预处理对种子脱水后萌发的影响

Ca^{2+}溶液预处理对水曲柳种子经低温脱水后的发芽率影响不显著（$P > 0.05$），经浓度为 10^{-3}mol/L Ca^{2+}处理后的种子发芽率最高（表 7-7）。Ca^{2+}溶液预处理对水曲柳种子经低温脱水后的发芽指数影响显著（$P < 0.05$），除 10^{-4}mol/L Ca^{2+}处理与对照差异不显著外，其他处理与对照差异均显著，其中经 10^{-5}mol/L Ca^{2+}处理的种子发芽指数最高（表 7-7）。Ca^{2+}溶液预处理对水曲柳种子经低温脱水后的发

芽时间影响极显著（$P<0.01$），浓度为 10^{-5}mol/L 或 10^{-3}mol/L Ca^{2+} 处理的种子平均发芽时间明显较对照短（表 7-7）。

表 7-7　不同浓度 Ca^{2+} 溶液预处理的水曲柳种子经低温脱水后的萌发能力

Ca^{2+} 浓度/（mol/L）	发芽率/%	发芽指数	发芽时间/天
10^{-2}	90±2.58ab	4.08±0.33a	7.27±0.60ab
10^{-3}	94±3.46a	4.03±0.23a	7.06±0.20b
10^{-4}	88±5.89ab	2.99±0.21b	8.60±0.37a
10^{-5}	86±1.15ab	4.31±0.30a	6.38±0.42b
对照	80±1.63b	2.70±0.15b	8.57±0.54a

（2）ABA 溶液预处理对种子脱水后萌发的影响

ABA 溶液预处理对水曲柳种子经低温脱水后的发芽率影响显著（$P<0.05$），10^{-4}mol/L ABA 处理与对照差异显著（$P<0.05$），可以显著提高种子在 5℃ 条件下脱水干燥后的发芽率（表 7-8）。ABA 溶液预处理对水曲柳种子经低温脱水后的发芽指数影响显著（$P<0.05$），浓度为 10^{-3}mol/L 和 10^{-5}mol/L ABA 处理与对照差异不显著，10^{-4}mol/L 和 10^{-6}mol/L ABA 溶液处理种子的发芽指数显著高于对照（$P<0.05$）。ABA 溶液预处理对水曲柳种子经低温脱水后的发芽时间影响极显著（$P<0.01$），浓度为 10^{-6}mol/L ABA 溶液预处理的平均发芽时间显著短于对照，比对照缩短 2 天（表 7-8）。

表 7-8　不同浓度 ABA 溶液预处理的水曲柳种子经低温脱水后的萌发能力

ABA 浓度/（mol/L）	发芽率/%	发芽指数	发芽时间/天
10^{-3}	84±4.32b	2.89±0.05b	8.55±0.32a
10^{-4}	93±3.00a	4.41±0.45a	7.81±0.49ab
10^{-5}	89±1.00ab	3.14±0.46b	9.61±0.85a
10^{-6}	90±2.58ab	4.55±0.54a	6.14±0.50b
对照	80±1.63b	2.70±0.15b	8.57±0.54a

（3）蔗糖溶液预处理对种子脱水后萌发的影响

蔗糖溶液预处理对水曲柳种子经低温脱水后的发芽率影响显著（$P<0.05$），质量浓度为 100g/L 的蔗糖溶液预处理后种子在 5℃ 条件下脱水后种子发芽率显著高于对照（表 7-9）。蔗糖溶液预处理对水曲柳种子经低温脱水后的发芽指数和发芽时间影响均不显著（$P>0.05$）（表 7-9）。

表 7-9　不同浓度蔗糖溶液预处理的水曲柳种子经低温脱水后的萌发能力

蔗糖质量浓度/（g/L）	发芽率/%	发芽指数	发芽时间/天
1	85±4.43b	3.55±0.42a	7.66±0.50a
10	90±1.15ab	3.62±0.15a	7.75±0.17a
50	79±2.52b	3.41±0.30a	7.41±0.32a
100	94±3.46a	3.60±0.28a	8.14±0.29a
对照	80±1.63b	2.70±0.15a	8.57±0.54a

7.3.3.2　不同预处理对水曲柳种子低温脱水后细胞膜透性的影响

用浓度为 10^{-3}mol/L Ca^{2+}、10^{-6}mol/L ABA 或 100g/L 的蔗糖溶液预处理种子 24h，5℃下脱水后的相对电导率分别为 8.17%、6.14% 和 5.39%，而对照种子的相对电导率为 10.49%（图 7-10），不同处理间差异极显著（$P<0.01$）。多重比较结果（图 7-10）显示，10^{-6}mol/L ABA、10^{-3}mol/L Ca^{2+} 或 100g/L 的蔗糖溶液预处理均显著降低了种子低温脱水后的电导率，且 10^{-6}mol/L ABA 或 100g/L 的蔗糖预处理降低种子电导率的作用显著强于 10^{-3}mol/L Ca^{2+} 预处理。

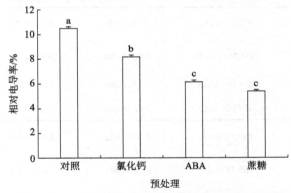

图 7-10　氯化钙、ABA 和蔗糖预处理的水曲柳种子经低温脱水后的电导率

氯化钙浓度为 10^{-3}mol/L，ABA 浓度为 10^{-6}mol/L，蔗糖的质量浓度为 100g/L

7.3.3.3　不同预处理对水曲柳种子低温脱水后抗氧化系统和贮藏物质代谢的影响

（1）脱水预处理对种子抗氧化酶活性和丙二醛含量的影响

脱水前不同预处理对胚和胚乳中 SOD 活性的影响差异均极显著（$P<0.01$），但脱水前不同预处理对胚和胚乳中 SOD 活性的影响趋势不同（表 7-10）。蔗糖预处理的种子，胚中 SOD 活性最高，显著高于对照，而在胚乳中却最低，显著低

于对照；ABA 预处理的种子，SOD 活性在胚中极低，显著低于对照，但在胚乳中却最高，显著高于对照；Ca^{2+}处理的种子则是胚中与胚乳中 SOD 活性都显著高于对照（表 7-10）。

脱水前不同预处理对胚中 POD 活性的影响差异极显著（$P<0.01$），但对胚乳中 POD 活性的影响差异不显著（$P>0.05$）（表 7-10）。ABA 与蔗糖预处理的种子，胚中 POD 活性明显高于 Ca^{2+}处理和对照，Ca^{2+}处理与对照差异不显著（表 7-10）。

脱水前不同预处理对胚和胚乳中 CAT 活性的影响差异均不显著（$P>0.05$）（表 7-10）。

脱水前不同预处理对胚和胚乳中 MDA 含量的影响差异均极显著（$P<0.01$），但脱水前不同预处理方式对胚和胚乳中 MDA 含量的影响规律不同（表 7-10）。经 Ca^{2+}、ABA 或蔗糖预处理的种子与对照相比，显著降低了胚中 MDA 含量，但在胚乳中的规律正好相反，经 Ca^{2+}、ABA 或蔗糖预处理的种子，胚乳中 MDA 含量有所提高（表 7-10）。

表 7-10　不同预处理再低温脱水后水曲柳种子胚和胚乳中抗氧化酶活性和丙二醛含量

种子部位	脱水预处理	超氧化物歧化酶 /[U/（min·mg Pro）]	过氧化物酶 /[U/（min·mg Pro）]	过氧化氢酶 /[U/（min·mg Pro）]	丙二醛 /（µmol/g DW）
种胚	10^{-6}mol/L ABA	97.34±3.71d	0.33±0.08a	30.09±5.76a	38.28±1.76b
	10^{-3}mol/L Ca^{2+}	535.26±10.73b	0.06±0.01b	29.66±4.35a	27.82±2.27c
	100g/L 蔗糖	541.01±3.08a	0.34±0.06a	9.60±2.85a	28.96±2.84c
	对照	477.08±2.06c	0.03±0.03b	11.86±5.35a	60.13±0.08a
胚乳	10^{-6}mol/L ABA	207.55±0.94a	0.57±0.05a	4.10±0.50a	2.64±0.49a
	10^{-3}mol/L Ca^{2+}	189.78±0.20b	0.36±0.06a	4.46±1.60a	2.40±0.39a
	100g/L 蔗糖	116.69±2.97d	0.63±0.11a	2.41±1.12a	2.69±0.25a
	对照	145.71±2.08c	0.18±0.06a	6.32±1.06a	1.19±0.09b

（2）脱水预处理对种子可溶性蛋白、可溶性糖和淀粉含量的影响

脱水前不同预处理对胚和胚乳中可溶性蛋白含量的影响差异均极显著（$P<0.01$），经 Ca^{2+}、ABA 或蔗糖预处理的种子与对照相比，显著降低了胚和胚乳中可溶性蛋白的含量（表 7-11）。

脱水前不同预处理对胚中可溶性糖含量的影响差异极显著（$P<0.01$），但对胚乳中可溶性糖含量的影响差异不显著（$P>0.05$）（表 7-11）。经 Ca^{2+}、ABA

或蔗糖预处理的种子与对照相比，提高了胚和胚乳中可溶性糖的含量（表 7-11）。

　　脱水前不同预处理对胚和胚乳中淀粉含量的影响差异均显著（$P<0.05$）。经蔗糖预处理后种子胚中淀粉含量最高，显著高于 Ca^{2+} 或 ABA 预处理种子，但经 Ca^{2+}、ABA 或蔗糖预处理的种子，与对照相比胚中淀粉含量差异均不显著（表 7-11）。经 Ca^{2+} 或蔗糖预处理的种子与对照相比，显著提高了胚乳中淀粉含量，经 ABA 预处理的种子与对照相比，胚乳中淀粉含量有所提高，但差异不显著（表 7-11）。

表 7-11　不同预处理再低温脱水后水曲柳种子胚和胚乳中可溶性蛋白、可溶性糖和淀粉含量

种子部位	脱水预处理	可溶性蛋白/（mg/g DW）	可溶性糖/（mg/g DW）	淀粉/（mg/g DW）
种胚	10^{-6} mol/L ABA	6.09±0.09c	12.22±0.63ab	6.06±0.38b
	10^{-3} mol/L Ca^{2+}	7.54±0.25b	11.74±0.81bc	5.95±0.40b
	100g/L 蔗糖	6.90±0.32b	14.33±0.67a	8.25±0.58a
	对照	10.07±0.04a	9.78±0.57c	7.25±0.63ab
胚乳	10^{-6} mol/L ABA	3.23±0.04c	8.31±0.86a	10.50±0.59bc
	10^{-3} mol/L Ca^{2+}	3.45±0.04b	8.30±0.46a	13.39±1.08a
	100g/L 蔗糖	3.27±0.01c	8.80±0.36a	12.60±0.80ab
	对照	5.27±0.07a	8.00±0.92a	9.55±0.71c

7.3.4　结论与讨论

　　钙能够调节植物体的许多生理代谢过程，尤其在环境胁迫下，钙和钙调素参与胁迫信号的感受、传递、响应与表达，提高植物的抗逆性（宗会和李明启，2001；刘小龙等，2014）。许多研究也证实氯化钙处理种子可提高其耐脱水性（Song et al.，2002；钱春梅等，2004；向旭和傅家瑞，1997）。在种子脱水过程中 ABA 能诱导 *lea* 基因的表达，种子内的 ABA 含量与脱水耐性呈高度正相关（宗梅等，2011），已经发现 ABA 预处理后，可以提高植物组织的脱水耐性（刘福平，2011；杨晓泉等，1998）。糖类被报道在种子脱水过程中能起到保护作用（杨期和等，2003c；Stanis et al.，2009；Blaek et al.，1996；Blackman et al.，1992），可以提高植物组织或种子的脱水耐性。本研究发现，经过 10^{-3} mol/L 氯化钙和 10^{-6} mol/L ABA 预处理后，显著提高了种子低温（5℃）下再脱水后的发芽率和发芽指数，缩短了发芽时间；经过 100g/L 的蔗糖预处理后，显著提高了种子低温（5℃）下再脱水后的发芽率，但在提高发芽指数和缩短发芽时间上并没有明显效果。这些结果验证了我们的假设：适宜浓度的糖、氯化钙和 ABA 预处理能够提高水曲柳种子低温脱水后的萌发能力。

种子的脱水过程是一个综合的生理生化过程，在干燥脱水过程中，细胞不断失水，引起细胞膜结构和抗氧化系统发生变化。干旱、高温、低温和盐碱胁迫等都会导致在一定程度上损伤细胞膜，致使大量的离子渗漏，细胞内的自由基增加或其清除能力减弱，自由基的积累会使脂质过氧化反应产生过多的 MDA，直接毒害细胞。同时，细胞内的抗氧化酶（SOD、POD、CAT 等）活性增强，进而清除活性氧，保护膜结构（Kranner and Birtic，2005）。许多种子脱水耐性变化都与其膜透性和抗氧化酶活性的变化有关（李文君和沈永宝，2009；李朋等，2011；伍贤进等，2002）。本研究发现，10^{-3}mol/L 氯化钙预处理的种子，低温脱水后胚中 SOD 活性显著提高，种子相对电导率和 MDA 含量显著降低；10^{-6}mol/L ABA 预处理的种子，低温脱水后胚中 POD 活性明显提高，种子相对电导率和 MDA 含量显著降低；100g/L 的蔗糖预处理的种子，低温脱水后胚中 SOD 和 POD 活性均显著提高，种子相对电导率和 MDA 含量显著降低。可见，经氯化钙、ABA 或蔗糖预处理，会显著提高低温脱水条件下种子胚中的抗氧化系统酶活性，更好地维持细胞膜结构的完整性，降低细胞的离子泄漏和 MDA 含量。但不同预处理种子胚中的抗氧化酶活性表现不同，氯化钙预处理更有利于提高胚中的 SOD 活性，ABA 预处理更有利于提高胚中的 POD 活性，而蔗糖预处理则同时提高胚中的 SOD 和 POD 活性。SOD 的作用是催化 O_2 单电子还原产生的第一个自由基发生歧化反应，其终反应的 H_2O_2 为活性氧之一，对植物仍然有伤害作用，因此必须由 POD 和 CAT 将其清除。本研究中，氯化钙预处理显著提高了胚细胞中 SOD 的活性，提高了将有害的超氧自由基转化为 H_2O_2 这一过程的效率，减少了对生物体的毒害作用，转化生成的 H_2O_2 再被 CAT 和 POD 分解为完全无害的水。ABA 预处理显著提高了胚细胞中 POD 的活性，提高了将 H_2O_2 分解为水这一过程的效率，减少了对生物体的毒害作用。蔗糖预处理显著提高了胚细胞中 SOD 和 POD 的活性，同时提高了将有害的超氧自由基转化为 H_2O_2 和将 H_2O_2 分解为水这两个过程的效率，减少了对生物体的毒害作用。可见，SOD 与 POD 和 CAT 必须协同发挥作用，才可以使活性氧自由基维持在一个低而对细胞无害的水平。

种子脱水过程中，贮藏物质会发生一系列反应，迅速诱导并积累糖类、LEA蛋白、亲水脂分子和油素蛋白等脱水保护性物质（杨晓泉等，1998；宋松泉等，1999；李永红等，2009；李煦和汪晓峰，2011）。本研究结果表明，氯化钙、ABA或蔗糖预处理，显著提高了胚中可溶性糖的含量。据报道，禾谷类、大豆、花生等种子发育和萌发过程中脱水耐性的变化都和蔗糖、棉子糖、水苏糖等可溶性糖有关（Blaek et al.，1996；Blackman et al.，1992；杨晓泉等，1998），还有研究利用转基因烟草材料直接证明了可溶性糖与脱水耐性的关系（Holmström et al.，1996）。有研究表明，当干燥对脱水敏感的组织时，自由基的破坏特别严重，蔗糖和其他还原糖可以作为自由基的清除剂（Leprince and Hendry，1990）。糖类在种子脱水过程中的保护作用还可以通过以下方式来实现：①棉子糖和水苏糖可以防止脱水时蔗糖结晶使蔗糖形成玻璃化状态，阻止膜的融合，防止渗漏（Koster，1991）；②糖中的羟基可以代替膜、酶、蛋白质和其他大分子中的水分，当脱水时提高膜、蛋白质结构和酶的稳定性（Crowe et al.，1988）。综上所述，水曲柳种子经氯化钙、ABA 或蔗糖预处理后低温脱水过程中脱水保护功能的提高可能与可溶性糖的增加有关，通过可溶性糖的累积提高了膜和蛋白质的稳定性，保持了它们在脱水干燥状态下的功能，增强了清除自由基的能力，从而使种子能够抵御脱水的伤害，保持高活力水平。

7.4　解除休眠的不同阶段进行再干燥贮藏
对水曲柳种子萌发的影响

在生产实践中我们发现在层积后期或已打破休眠而没能及时播种的水曲柳种子会出现提前发芽问题，这一现象的出现会造成种子的浪费及不同程度的经济损失。如果能够对已打破休眠的种子进行再干燥贮藏或在层积过程中进行再干燥贮藏便可避免这一情况的发生。有研究将通过裸层积打破休眠的水曲柳种子在室温条件下进行脱水干燥并贮藏，发现打破休眠的水曲柳种子在适宜条件下干燥贮藏是可行的，且在低温（3℃）贮藏 16 个月内种子发芽率无明显下降，但发芽指数下降明显，发芽速度变慢（吴灵东等，2012），但前期的研究并没有对已打破休眠的水曲柳种子在再干燥贮藏过程中的生理变化进行研究，要探寻最优的再干燥贮藏方法，不仅需要测定种子的萌发能力，还需结合其生理变化，这就需要更进一步的研究。这种将经过催芽解除休眠的水曲柳种子进行再干燥贮藏的方法，可以随时获得非休眠种子进行播种育苗，尤其是对于温室容器育苗条件下播种育苗将非常方便，不再受解除种子休眠的时间限制。

本节将以水曲柳种子为材料，目的是研究解除休眠的不同阶段进行干燥贮藏对水曲柳种子萌发能力的影响，探讨种子再干燥贮藏过程中种子的生理变化，优化水曲柳种子再干燥贮藏的方法。

7.4.1　试验材料

试验用水曲柳种子于 2013 年 9 月采自黑龙江省哈尔滨市东北林业大学校园内水曲柳人工林中，在室内阴干后于 5℃下贮藏备用。

7.4.2 研究方法

7.4.2.1 种子裸层积与干燥贮藏处理

取水曲柳休眠种子用冷水浸泡 3 天，每日换水一次，然后用 0.5% 的高锰酸钾溶液消毒 30min，用清水冲洗干净后进行以下处理。

处理 1：种子在暖温（15℃）条件下裸层积 12 周，然后将种子在室温（20~23℃）条件下干燥至种子含水量 10% 以下时（约 48h）停止干燥，干燥后的种子置于 5℃条件下贮藏 16 周，分别于贮藏的 4 周、8 周、12 周和 16 周取出部分种子，经复水（室温条件下用冷水浸种 24h 后），转入低温（5℃）条件下再裸层积 8 周。以下用暖 12+干燥+低 8 表示。

处理 2：种子在暖温（15℃）条件下裸层积 12 周，直接转入低温（5℃）条件下再裸层积 8 周，处理后的种子于室温（20~23℃）条件下干燥至种子含水量 10% 以下时（约 48h）停止干燥，干燥后的种子置于 5℃条件下贮藏 4 周、8 周、12 周和 16 周；以下用暖 12+低 8+干燥表示。

7.4.2.2 种子发芽能力测定

处理 1 中的种子于低温层积处理结束后立即进行发芽试验。处理 2 中 5℃条件下贮藏的种子于干燥后的 4 周、8 周、12 周和 16 周分别取出，于室温条件下用冷水浸种 24h 后，进行发芽试验；每种处理 50 粒种子，4 次重复，共 200 粒种子，种子置于垫有 2 层滤纸的 12cm 塑料培养皿中，在 10℃的恒温条件下暗培养。每天记录种子发芽情况，以胚根伸长大于 2mm 为萌发标志。各发芽指标按 7.1.2.4 的公式计算。

7.4.2.3 种子生理指标测定

（1）细胞膜透性测定

细胞膜透性的测定采用相对电导率法，处理 1 中的种子于低温层积处理结束后立即进行试验，处理 2 中 5℃条件下贮藏的种子于干燥后的 8 周、16 周分别取出，于室温条件下用冷水浸种 10h，每种处理取大小一致且无机械损伤的种子三份（剥去果翅），用去离子水冲洗数次并用滤纸吸干表面水分，再用解剖刀将种胚和胚乳（带种皮）分开。待测种胚或胚乳（每个处理为 0.3g，3 次重复）放于具塞玻璃试管中，加 5ml 去离子水浸泡（25℃），室温下浸泡 12h 后用电导仪测定溶液电导率（R_1）。再把浸泡液连同胚、胚乳在 100℃水浴中煮沸 30min，取出后待冷却至室温，测定煮沸后的电导率（R_2）。电解质渗漏率以相对电导率表示[相对电导率（%）=$R_1/R_2 \times 100$]。

（2）抗氧化酶活性与丙二醛含量测定

处理 1 中的种子于低温层积处理结束后立即进行试验，处理 2 中 5℃条件下贮藏的种子于干燥后的 8 周、16 周分别取出，于室温条件下用冷水浸种 10h，每种处理取种子三份，用解剖刀将种胚和胚乳（带种皮）分开，分别测定胚和胚乳的超氧化物歧化酶（SOD）、过氧化物酶（POD）、过氧化氢酶（CAT）的活性和丙二醛（MDA）含量，重复三次，超氧化物歧化酶活性参照氮蓝四唑（NBT）法测定，过氧化物酶活性采用愈创木酚法测定，过氧化氢酶（CAT）活性采用紫外吸收法测定，丙二醛含量采用硫代巴比妥酸（TBA）法测定。

7.4.2.4 数据统计及分析方法

试验数据利用 SPSS 13.0 进行数据统计分析，并利用 Microsoft Excel 2013 绘图。

7.4.3 结果与分析

7.4.3.1 解除休眠的不同阶段干燥贮藏对水曲柳种子发芽能力的影响

（1）解除休眠的不同阶段干燥贮藏对水曲柳种子发芽率的影响

对不同阶段干燥贮藏处理后水曲柳种子的发芽率进行方差分析，结果表明（图 7-11）在 16 周的贮藏时间内，处理 1（暖 12+干燥+低 8）和处理 2（暖 12+低 8+干燥）的种子随贮藏时间的延长发芽率变化均不显著（$P>0.05$），但两种处理之间种子在贮藏 4 周、8 周、12 周和 16 周后的发芽率差异均极显著（$P<0.01$），

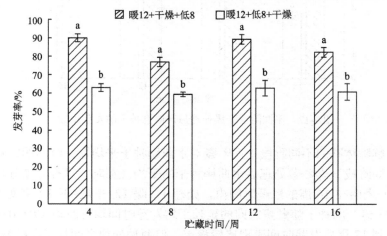

图 7-11 不同阶段干燥处理后水曲柳种子的发芽率

图中小写字母不同表示处理 1（暖 12+干燥+低 8）与处理 2（暖 12+低 8+干燥）种子发芽率差异显著（$P<0.05$），竖直线表示标准误，下同

各贮藏时间内处理 1 水曲柳种子的发芽率都显著高于处理 2。处理 1 经 16 周的贮藏后种子平均发芽率可达 85%，而处理 2 经 16 周贮藏后的种子平均发芽率只有约 62%，比处理 1 的种子发芽率下降了近 30%。可见，暖温层积后干燥贮藏再经过低温层积处理（处理 1）比连续经过暖温和低温层积后再干燥贮藏处理（处理 2）更有利于保持较高的种子发芽率。

（2）解除休眠的不同阶段干燥贮藏对水曲柳种子发芽指数的影响

对不同阶段干燥贮藏处理后水曲柳种子的发芽指数进行方差分析，结果表明（图7-12）在16周的贮藏时间内，处理1（暖12+干燥+低8）和处理2（暖12+低8+干燥）的种子随贮藏时间的延长发芽指数均有波动（$P<0.05$），贮藏时间达到12周后发芽指数表现比较稳定。两种处理之间，除在贮藏8周时种子发芽指数差异不显著（$P>0.05$）外，在贮藏4周、12周和16周后的种子发芽指数差异均极显著（$P<0.01$），各贮藏时间内处理1水曲柳种子的发芽指数都显著高于处理2。处理1经16周的贮藏后种子平均发芽指数可达6.78，而处理2经16周贮藏后的种子平均发芽指数只有约3.73，比处理1的种子发芽指数下降了45%。可见，暖温层积后干燥贮藏再经过低温层积处理（处理1）比连续经过暖温和低温层积后再干燥贮藏处理（处理2）更有利于保持较高的种子发芽指数。

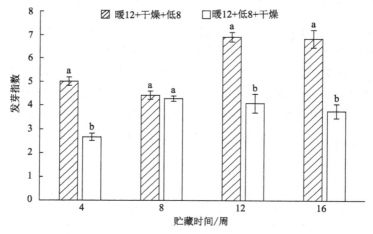

图 7-12　不同阶段干燥处理后水曲柳种子的发芽指数

（3）解除休眠的不同阶段干燥贮藏对水曲柳种子平均发芽时间的影响

对不同阶段干燥贮藏处理后水曲柳种子的平均发芽时间进行方差分析，结果（图 7-13）表明在 16 周的贮藏时间内，处理 1（暖 12+干燥+低 8）和处理 2（暖 12+低 8+干燥）的种子随贮藏时间的延长平均发芽时间均有波动（$P<0.05$），贮藏时间达到 12 周后发芽时间表现比较稳定。但两种处理之间种子在贮藏 4 周、8 周、12 周和 16 周后的发芽时间差异均极显著（$P<0.01$），各贮藏时间内处理 1 水曲柳种子的发芽时间都显著低于处理 2。处理 1 经 16 周的贮藏后种子平均发芽

时间为 8 天，而处理 2 经 16 周贮藏后的种子平均发芽时间超过 12 天，比处理 1 的种子发芽时间延长 4 天以上。可见，暖温层积后干燥贮藏再经过低温层积处理（处理 1）比连续经过暖温和低温层积后再干燥贮藏处理（处理 2）更有利于保持较短的种子发芽时间。

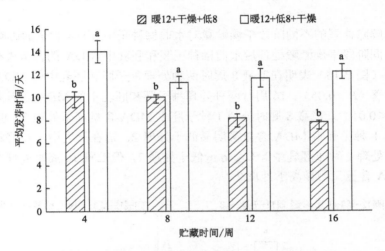

图 7-13　不同阶段干燥处理后水曲柳种子的平均发芽时间

7.4.3.2　解除休眠的不同阶段干燥贮藏对水曲柳种子生理状态的影响

（1）解除休眠的不同阶段干燥贮藏对水曲柳种子电导率的影响

对不同阶段干燥贮藏处理后水曲柳种子胚和胚乳的相对电导率进行方差分析，结果（图 7-14）表明两种处理之间，在贮藏 8 周时种子胚和胚乳中电导率差

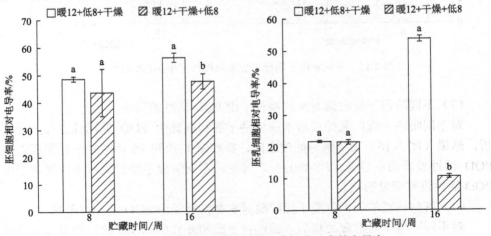

图 7-14　不同阶段干燥处理后水曲柳种子中的电导率

异均不显著（$P>0.05$），在贮藏 16 周时的种子胚和胚乳中电导率差异均极显著（$P<0.01$），处理 1 水曲柳种子胚和胚乳中电导率均显著低于处理 2。可见，暖温层积后干燥贮藏再经过低温层积处理（处理 1）比连续经过暖温和低温层积后再干燥贮藏处理（处理 2）更有利于保持种子胚和胚乳细胞膜的完整性。

（2）解除休眠的不同阶段干燥贮藏对水曲柳种子中 MDA 含量的影响

对不同阶段干燥贮藏处理后水曲柳种子胚和胚乳中 MDA 的含量进行方差分析，结果（图 7-15）表明在贮藏 8 周时两种处理种子胚和胚乳中的 MDA 含量差异均不显著（$P>0.05$），16 周时两种处理种子胚和胚乳中的 MDA 含量差异均极显著（$P<0.01$）。贮藏 8 周时处理 1 种子胚中 MDA 含量高于处理 2，但贮藏 16 周时处理 1 种子胚中 MDA 含量又明显低于处理 2。而在胚乳中，正好相反，贮藏 8 周时处理 1 种子胚乳中 MDA 含量低于处理 2，但贮藏 16 周时处理 1 种子胚乳中 MDA 含量又明显高于处理 2。

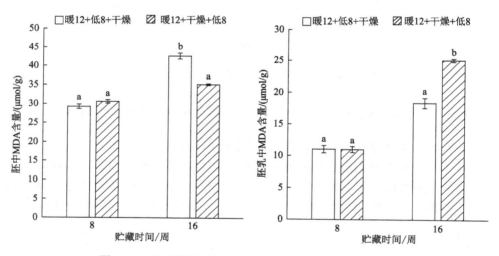

图 7-15　不同阶段干燥处理后水曲柳种子中 MDA 的含量

（3）不同阶段干燥贮藏对水曲柳种子中 POD 活性的影响

对不同阶段干燥贮藏处理后水曲柳种子胚和胚乳中 POD 的活性进行方差分析，结果（图 7-16）表明两种处理之间，在贮藏 8 周和 16 周时种子胚和胚乳中 POD 活性差异均不显著（$P>0.05$）。可见，不同阶段干燥贮藏对水曲柳种子中 POD 活性没有明显影响。

（4）解除休眠的不同阶段干燥贮藏对水曲柳种子中 SOD 活性的影响

对不同阶段干燥贮藏处理后水曲柳种子胚和胚乳中 SOD 的活性进行方差分析，结果（图 7-17）表明在贮藏 8 周时两种处理种子胚中的 SOD 活性差异极显著（$P<0.01$），贮藏 16 周时两种处理种子胚中的 SOD 活性差异不显著（$P>0.05$），而两种处理胚乳中 SOD 活性在 8 周和 16 周时差异均不显著（$P>0.05$）。可见，不同阶段干燥贮藏对水曲柳种子中 SOD 活性影响不大。

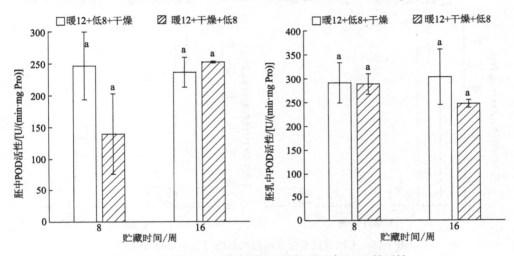

图 7-16　不同阶段干燥处理后水曲柳种子中 POD 的活性

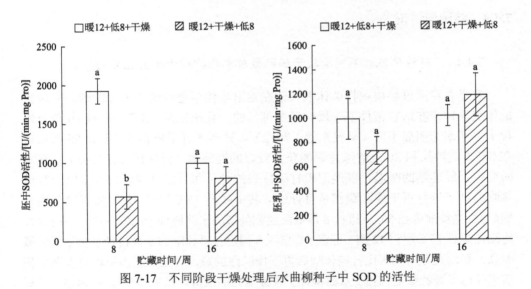

图 7-17　不同阶段干燥处理后水曲柳种子中 SOD 的活性

（5）解除休眠不同阶段干燥贮藏对水曲柳种子中 CAT 含量的影响

对不同阶段干燥贮藏处理后水曲柳种子胚和胚乳中 CAT 的活性进行方差分析，结果（图 7-18）表明，在贮藏 8 周时两种处理种子胚中的 CAT 活性差异极显著（$P<0.01$），贮藏 16 周时两种处理种子胚中的 CAT 活性差异不显著（$P>$

0.05），而两种处理胚乳中 CAT 活性在 8 周和 16 周时差异均极显著（$P<0.01$），且胚和胚乳中处理 1 中水曲柳种子中 CAT 的活性在 8 周和 16 周时均低于处理 2。

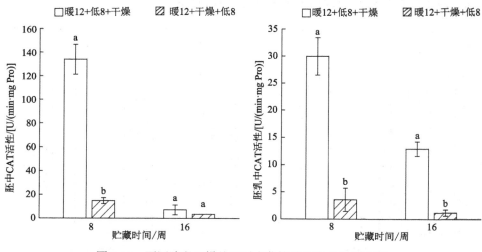

图 7-18　不同阶段干燥处理后水曲柳种子中 CAT 的活性

7.4.4　结论与讨论

7.4.4.1　解除休眠的不同阶段干燥贮藏对水曲柳种子萌发能力的影响

有学者将通过裸层积打破休眠种子在室温条件下进行脱水干燥贮藏，发现打破休眠的种子在适宜条件下干燥贮藏是可行的，且在低温（3℃）贮藏 16 个月内种子发芽率无明显下降（吴灵东等，2012）。钟萼木种子低温 5℃干藏 85 天后再在 0℃下混沙层积 20 天解除休眠能获得较好的发芽率（傅瑞树等，2005）。在本研究中，经连续的暖温、低温层积打破休眠的种子和只经过暖温层积未完全打破休眠的种子进行再干燥贮藏都是可行的，其中暖温 15℃层积 12 周后直接开始干燥贮藏，播种前再在 5℃下进行 8 周低温层积处理的水曲柳种子的发芽率、发芽指数，均比经暖温 15℃层积 12 周、低温 5℃层积 8 周已打破休眠的水曲柳种子再干燥贮藏的高，平均发芽时间也比打破休眠后再干燥贮藏的短，可见在暖温层积后低温层积前进行再干燥贮藏更有利于水曲柳种子发芽能力的保持。在 16 周内，在暖温层积后低温层积前或是在打破休眠后再干燥贮藏其各自的发芽指标变化均不是很显著，可见在干燥 16 周内水曲柳种子的发芽能力变化不大，这与以往的研究相符合。

7.4.4.2　解除休眠的不同阶段干燥贮藏对水曲柳种子细胞膜的影响

水曲柳种子在干燥脱水的过程中，细胞收缩失水，同时会带出一些溶质，质外体的浓度增加导致其浸泡液浓度增大，电导率变大（吴灵东，2012）。在本研究中随贮藏时间的延长两种处理的种子胚和胚乳中的电导率都变大。两种干燥贮藏方法处理后水曲柳种子胚和胚乳相对电导率在贮藏 8 周时种子胚和胚乳中电导率差异均不显著，这可能是由于贮藏时间太短还看不出差异性；在贮藏 16 周时的种子胚和胚乳中电导率差异均极显著，暖温层积后干燥贮藏再经过低温层积处理（处理 1）水曲柳种子胚和胚乳中电导率均显著低于低温层积后再干燥贮藏处理（处理 2）。可以认为，暖温层积后干燥贮藏再经过低温层积处理（处理 1）比连续经过暖温和低温层积后再干燥贮藏处理（处理 2）更有利于保持种子胚和胚乳细胞膜的完整性。

丙二醛（MDA）是膜脂过氧化的最终产物，它会严重损害细胞膜，增大细胞膜透性，导致电导率的快速增大，脱氢酶活性大幅下降，种子生活力降低。栓皮栎种子在贮藏过程随着种子贮藏时间的延长，栓皮栎种子中 MDA 含量逐步升高（温祺，2010）。在种子贮藏过程中自由基、过氧化物、膜脂过氧化代谢产物的产生破坏了细胞膜的完整性，随着种子贮藏时间的延长，这一损害加剧（梁丽松，2002）。本研究中所有处理贮藏 8 周时胚乳中的 MDA 含量均低于胚中的；随着贮藏时间的延长，与栓皮栎种子贮藏过程中的变化类似，两种贮藏方法处理的水曲柳种子胚和胚乳中 MDA 的含量增加。在贮藏 8 周时两种处理种子胚和胚乳中的 MDA 含量差异均不显著，这可能也是由于贮藏时间太短而造成的；16 周时两种处理种子胚和胚乳中的 MDA 含量差异均极显著。贮藏 16 周时暖温层积后干燥贮藏再经过低温层积处理（处理 1）种子胚中 MDA 含量明显低于连续经过暖温和低温层积后再干燥贮藏处理（处理 2）。但在胚乳中，正好相反，贮藏 16 周时暖温层积后干燥贮藏再经过低温层积处理（处理 1）种子胚乳中 MDA 含量又明显高于连续经过暖温和低温层积后再干燥贮藏处理（处理 2）的。

7.4.4.3 解除休眠的不同阶段干燥贮藏对水曲柳种子抗氧化酶活性的影响

种子在脱水干燥贮藏的过程中会产生一些自由基，植物会建立一系列抗氧化防御机制，在栓皮栎的贮藏研究中 SOD 的含量随贮藏时间的延长呈下降趋势，POD 活性则是呈现先降低后升高的趋势（温祺，2010）。对花生、大豆、绿豆的超干贮藏的研究发现超干贮藏过程中抗氧化系统酶 POD、SOD、CAT 的活性变化都不大，超干贮藏并没有引起抗氧化系统的破坏（朱成，2003）。在我们的研究中，在干燥贮藏的过程中两种不同阶段干燥贮藏方法对水曲柳种胚中的 POD、SOD、CAT 的活性的变化影响均不明显，和花生、大豆、绿豆的超干贮藏研究相似，但可能也是由于干燥贮藏的时间太短，还不足以造成抗氧化系统酶活性的显著差异。但在暖温层积后直接干燥贮藏（处理 1）的种子随干燥贮藏的时间延长胚中 POD 活性增加，胚乳中则变化不大；经连续层积打破休眠（处理 2）的种子随干燥贮藏时间的增加，胚和胚乳中POD活性均变化不大。随贮藏时间的增加，在暖温层积后直接干燥贮藏（处理1）的种子胚和胚乳中SOD的活性增加，这和栓皮栎种子干燥贮藏的研究不同；经连续层积打破休眠（处理2）的种子胚中SOD的活性随干燥贮藏时间的增加而降低，而胚乳中则变化不明显。两种干燥贮藏方法的种子胚和胚乳中CAT的活性随贮藏时间的增加而降低，暖温层积后直接开始干燥贮藏（处理1）的种子胚和胚乳中CAT的活性在不同贮藏时间均低于经连续层积已打破休眠再干燥贮藏的（处理2）。

8 水曲柳种子次生休眠诱导与解除过程中的生理变化及其调控技术

解除休眠的种子需要在适宜的条件下萌发，不同树种其种子所需要的萌发条件不同，有些树种其种子破除休眠的条件也是种子萌发的适宜条件，种子在破除休眠的条件下便可以完成萌发过程，但有些树种其破除休眠的条件与种子萌发条件不同。解除休眠的种子在不适宜的条件下萌发会诱导产生次生休眠。这些不适宜的条件包括不适宜的温度、光周期、水势和氧气条件（Baskin and Baskin，1998）。低温可诱导非休眠种子进入二次休眠。高温环境下萌发会诱导产生常见的二次休眠——热休眠。Ozga 和 Dennis（1991）认为赤霉素含量与诱导产生次生休眠没有明显的相关性。Hilhorst（1998）认为与温度变化相关联的膜系统的改变与种子休眠的解除有关，尤其是和二次休眠种子的休眠解除有关。目前已知高温、低氧、低水势等因素可诱导产生次生休眠，但这些因素诱导产生次生休眠的外在表现及其内在的生理机制并没有搞清楚；对诱导产生的次生休眠与初生休眠之间有何区别，其解除休眠的方法及生理机制是否相同也没有明确的回答。

以往对水曲柳种子休眠的机制及其破除方法研究较多，但对已解除休眠水曲柳种子的适宜萌发条件没有报道。这对于准确了解一批经层积处理解除休眠的水曲柳种子的发芽率从而确定其适宜播种量是不利的，也会影响水曲柳播种育苗的产量和质量。另外，在生产和科研过程中经常会采用大田裸根育苗或温室容器育苗方式培育水曲柳苗木。如果环境温度控制不当，就会诱导种子产生次生休眠，导致播种出苗率低、出苗极不整齐等现象发生，严重影响育苗的质量和效益。因此，我们有必要对水曲柳种子次生休眠的产生条件、预防及解除方法及其内在的生理机制进行细致的研究。

本章以经层积处理解除休眠的水曲柳种子为材料，探讨其在萌发过程中的生理变化，目的是确定已解除休眠水曲柳种子适宜的萌发条件，确定水曲柳种子次生休眠产生的条件及其解除方法，探讨水曲柳种子次生休眠产生和解除过程中的一些生理变化。

8.1　试验材料和方法

8.1.1　试验材料

种子萌发试验所用种子取自吉林省露水河林业局宏伟苗圃，是经过隔年埋藏处理并已解除休眠的水曲柳种子。

次生休眠研究所用种子是将解除初生休眠的种子置于 25℃（种子产生二次休眠）条件下进行暗培养 15 天，将培养结束后未萌发的种子作为试验材料。

8.1.2　研究方法

8.1.2.1　温度对已解除休眠水曲柳种子萌发的影响

（1）已解除休眠水曲柳种子适宜萌发温度的确定

经层积处理解除休眠的种子用 0.5% 的 $KMnO_4$ 消毒 30min，并用自来水冲洗干净，以温水浸种 24h 后置于垫有一层脱脂棉和一层滤纸的发芽盒中，保持发芽床湿润，发芽盒留有空隙，以保持通气。将装有种子的发芽盒置于不同温度的培养箱中，在黑暗条件下进行萌发试验。共设置 10 种萌发温度，恒温设有 5℃、10℃、15℃、20℃、25℃、30℃，变温有 15℃/12h+5℃/12h（15/5）、25℃/12h+5℃/12h（25/5）、15℃/12h+10℃/12h（15/10）、20℃/12h+10℃/12h（20/10）。每种处理 30 粒种子，重复 3 次。

萌发试验开始后每 2 天观察记录一次种子萌发情况，以胚根伸出种皮达到 2mm 作为种子萌发的标志。种子发芽率为发芽种子数占供试种子总数的百分比。发芽指数按 Djavanshir 和 Pourbeik（1976）的公式：

$$发芽指数（GV）= \frac{\sum DGS}{N} \times GP \times 10$$

式中，DGS 为日平均发芽速度，指统计之日的累积发芽率除以从置床之日起到统计之日的天数，N 指在统计之日日平均发芽速度统计的次数，GP 指发芽试验结束时总的发芽率，10 是常数。

（2）相对较高温度下处理时间对已解除休眠水曲柳种子萌发的影响

将装有种子的发芽盒置于 20℃、25℃、30℃ 的培养箱中，分别于培养的第 1 天、3 天、7 天、14 天、21 天取出种子并置于 15℃/12h+10℃/12h（15/10）的变温条件下继续培养，用一直在 15℃/10℃ 下培养的种子为对照。每种处理 25 粒种子，重复 4 次。按上面的方法计算种子发芽率和发芽指数。

8.1.2.2 不同温度下水曲柳种子萌发过程中的物质转化

将装有种子的发芽盒置于不同温度的培养箱中，在黑暗条件下进行萌发。萌发温度设 15℃/10℃（种子萌发最适温度）和 25℃（种子产生二次休眠）两种处理，分别于种子萌发的第 0 天、3 天、6 天、9 天、14 天进行取样。每个取样日随机取部分种子，将两处理下的种子各分成为两份，一份去除果皮后，将全种子作为试验材料放入 −80℃冰箱内保存，以供各项生理指标的测定。主要测定指标有可溶性糖含量、淀粉含量、淀粉酶活性、脂肪酸含量、脂肪酶活性和可溶性蛋白含量。另一份去除果皮后，将种胚与胚乳分离后，放入 −80℃冰箱内保存，以供对胚乳和种胚内各种内源激素（GA_3、IAA、ABA、ZT）的测定。

8.1.2.3 水曲柳种子次生休眠发生的原因

分别以初生休眠种子、解除休眠种子、次生休眠种子为材料。

（1）次生休眠水曲柳种子离体胚的萌发能力

将 3 种种子的离体胚置于含有 5ml 以下溶液的培养皿中进行萌发：①GA_3 10^{-6}mol/L；②GA_3 10^{-5}mol/L；③GA_3 10^{-4}mol/L；④ABA 10^{-6}mol/L；⑤ABA 10^{-5}mol/L；⑥ABA 10^{-4}mol/L；⑦水。

每种处理 10 个胚，3 次重复，用封口膜封口于 9cm 培养皿中，于 25℃/23℃光照条件下培养 2 周。每天观察记录离体胚的萌发情况。

（2）次生休眠水曲柳种子胚乳中抑制物质的活性

取初生休眠种子、解除休眠种子和次生休眠种子的胚乳各 3g，用 80%甲醇在冰浴（0℃）下浸提 24h 后过滤，将滤液于低温（2~5℃）下贮存，过滤后的胚乳再在相同条件下浸提 24h 后过滤，将两次滤液混合。滤液在 45℃下减压浓缩，浓缩液即为胚乳的粗提液，粗提液定容至 15ml（即原液浓度为 0.2g DW/ml 溶液），贮存于低温（2~5℃）下备用。

进行抑制物的生物测定时将胚乳浸提液设置为 3 种浓度梯度：①0.2g DW/ml 溶液（粗提液原液）；②0.04g DW/ml 溶液（原液稀释 5 倍）；③0.02g DW/ml 溶液（原液稀释 10 倍）。以蒸馏水为对照进行白菜种子萌发测定。每种处理 3 次重复（3 个培养皿），每个培养皿内部垫一层滤纸，然后加入不同溶液 3ml，滤纸上放 50 粒白菜种子。培养皿置于培养箱中（温度 25℃，8h 光照）进行发芽，24h 测定发芽率。

8.1.2.4 水曲柳种子次生休眠的预防和解除

（1）植物生长调节物质对经层积处理解除休眠水曲柳种子萌发的影响

植物生长调节物质设置 2 种处理：①GA_3 10^{-3}mol/L；②乙烯利 10^{-3}mol/L。

以水浸种子作为对照。将各处理种子置于发芽盒中，放置在 15℃/10℃ 和 25℃ 两种温度的培养箱中进行暗培养。每种处理 25 粒种子，重复 4 次。计算种子发芽率。

（2）水曲柳种子次生休眠解除的方法

采用以下 3 种方法：①干燥；②低温；③植物生长调节物质浸种。

干燥处理于室温条件下进行，次生休眠种子自然干燥后于低温下贮藏备用，于萌发试验开始前 24h 取出进行浸种处理。

低温处理时将次生休眠种子转入低温（5℃）下再培养：①7 天；②14 天；③21 天。

植物生长调节物质浸种共设置 6 种处理：①GA_3 10^{-6}mol/L；②GA_3 10^{-3}mol/L；③GA_{4+7} 10^{-6}mol/L；④GA_{4+7} 10^{-3}mol/L；⑤乙烯利 10^{-6}mol/L；⑥乙烯利 10^{-3}mol/L。以未经处理的次生休眠种子作为对照。

将各处理种子置于发芽盒中，放置在 15℃/10℃ 培养箱中进行暗培养。每种处理 25 粒种子，重复 4 次。按上面的方法计算种子发芽率。

8.1.2.5　水曲柳种子次生休眠解除过程中的物质转化

将水曲柳次生休眠种子经乙烯利 10^{-3}mol/L 浸种 24h 作为破除次生休眠处理，以未经处理的次生休眠种子作为对照。将两种处理种子置于 15℃/10℃ 培养箱中进行暗培养。分别于萌发 0 天、5 天、10 天、15 天进行取样，取样方法同 8.1.2.2。将种子去除果皮后，把全种子作为试验材料放入−80℃冰箱内保存，以供各项生理指标的测定。主要测定指标有可溶性糖含量、淀粉含量、淀粉酶活性、脂肪酸含量、脂肪酶活性、可溶性蛋白含量，以及各种内源激素（GA_3、IAA、ABA、ZT）。

8.1.3　生理指标测定方法

8.1.3.1　脂肪酸含量的测定

脂肪酸含量测定参考张志良（1990）的方法。

采用未浸泡的 2g 种子为对照，将萌发的种子研细。用 30ml 的 95% 乙醇洗涤、引入三角瓶（100ml）中，用橡皮塞紧，70℃ 水浴中提取 30min，保温结束后，每瓶加入 0.2g 活性炭、摇动，用漏斗过滤，取各自滤液 12ml，加入另外 3 个 100ml 锥形瓶中（每处理 3 次重复），各加入 2 滴酚酞指示剂，用 0.1mol/L 标准 NaOH 溶液滴定至微弱红色为终点，记录 NaOH 溶液的体积，即为脂肪酸的量。

8.1.3.2　脂肪酶活性的测定

脂肪酶活性的测定采用碱式滴定法。具体操作如下。

称取 2 份种子，每份 1g，放入研钵中，加入 5ml 的 0.1mol/L 的磷酸-柠檬酸缓冲液（pH 5.0），于冰浴中磨成匀浆，各转入三角瓶中，再加入 5ml 水、1ml 三油酸甘油酯，将 2 个三角瓶置于振荡器上混合 1min，使三油酸甘油酯乳化、均匀地分散在匀浆中。取一瓶在沸水中煮 5min 作为对照，然后向 2 个三角瓶中各加入 5 滴甲苯，在 37℃保温 24h，保温结束后向每个瓶中加入 50ml 乙醇-丙酮（$V : V$=4∶1）以终止反应，然后向各瓶中加入 4 滴酚酞指示剂，用 0.1mol/L 的 NaOH 滴定溶液，变成微红色为止，记下 NaOH 的用量。以保温时间内每小时消耗 0.1mol/L 的 NaOH 为一个活力单位（U）计算每克种子内脂肪酶的活力。

$$脂肪酶活性[U/（g·h）] = \frac{(V_1 - V_2) \times 10}{W \times t}$$

式中，V_1 为测定瓶用 0.1mol/L 的 NaOH 的毫升数；V_2 为对照瓶用 0.1mol/L 的 NaOH 的毫升数；W 为种子的重量，单位 g；t 为反应时间，单位 h；10 为扩大的倍数。

8.1.3.3 可溶性蛋白质含量的测定

可溶性蛋白质含量的测定采用考马斯亮蓝法，具体操作如下。

称取种子0.5g，放入研钵中，用2ml蒸馏水研磨成匀浆，转移到离心管中，再用6ml蒸馏水洗涤研钵，一并转入离心管中，然后在10 000r/min下离心30min，取上清液1ml，用蒸馏水稀释至25ml。再取1.0ml稀释液，放入具塞试管中，加入5ml考马斯亮蓝G-250溶液，充分混合，放置2min后在595nm下比色，测定吸光度，并通过标准曲线查得蛋白质含量。

$$样品中蛋白质含量（mg/g） = \frac{C \times V_T}{V_S \times W_F}$$

式中，C 为查得的标准曲线值，单位 mg；V_T 为提取液总体积，单位 ml；W_F 为样品的鲜重，单位 g；V_S 为测定时加入的提取液的量，单位 ml。

8.1.3.4 淀粉酶活性的测定

淀粉酶活性采用李合生的方法，具体操作如下。

称取 1g 种子放入研钵中，加入 4ml 蒸馏水，再加少许石英砂，冰浴中磨成匀浆后，转移到 15ml 离心管中，再用 6ml 蒸馏水，分 3 次洗涤研钵，洗液收集于同一离心管中，混匀后在室温下（25℃）放置，每隔数分钟振荡一次，放置 15~20min 后，在 0~4℃、10 000r/min 下离心 30min，取上清液（酶提取液）备用。

（1）α-淀粉酶活性的测定

取 3 支试管，注明 1 支为对照管，2 支为测定管，在每管中加酶提取液 1ml，在 70℃恒温水浴（水浴温度变化不应超过±0.5℃）中准确加热 15min，在此期间β-淀粉酶因受热而钝化，取出后迅速在自来水中冷却，向各试管中分别加入 1ml 柠檬酸缓冲液（pH 5.6），再向对照管中加入 2ml 的 3,5-二硝基水杨酸试剂，以钝化酶的活性。然后将测定管和对照管都置于 40℃（±0.5℃）恒温水浴中预保温 10min，再向各管中分别加入 40℃下预热的 1%淀粉溶液 1ml，摇匀后，立即放入 40℃（±0.5℃）水浴中准确保温 5min 后取出，向各测定管迅速加入 2ml 的 3,5-二硝基水杨酸试剂，以终止酶的反应。摇匀，各试管置于沸水浴中 5min，取出后冷却，加 10ml 蒸馏水。摇匀，在 540nm 波长下比色，测定吸光度。

（2）（α+β）-淀粉酶活性的测定

取 3 支试管，注明 1 支为对照管，2 支为测定管，向每管中加酶提取液各 1ml，再向对照管中加入 2ml 的 3,5-二硝基水杨酸试剂，以钝化酶的活性。然后将测定管和对照管置于 40℃（±0.5℃）恒温水浴中保温 10min，再向各管中分别加入 40℃下预热的淀粉溶液 1ml，摇匀后，立即放入 40℃（±0.5℃）水浴中准确保温 5min 后取出，向各测定管迅速加入 2ml 的 3,5-二硝基水杨酸试剂，以终止酶的反应。摇匀，各试管置沸水浴中煮沸 5min，取出后冷却，加 10ml 蒸馏水。摇匀，在 540nm 波长下进行比色，测定吸光度。从麦芽糖标准曲线中查出麦芽糖含量，然后按下列公式进行计算。

$$\alpha\text{-淀粉酶活性[mg/（g·min）]} = \frac{C \times V_{\mathrm{T}}}{W \times V_{\mathrm{S}} \times t}$$

式中，W 为样品的重量，单位 g；C 为 α-淀粉酶水解淀粉生成的麦芽糖（在标准曲线上查得值），单位 mg；V_{T} 为淀粉酶原液的总体积，单位 ml；V_{S} 为反应所用淀粉酶原液体积，单位 ml；t 为反应时间，单位 min。

$$（\alpha+\beta）\text{-淀粉酶活性[mg/（g·min）]} = \frac{C^{1} \times V_{\mathrm{T}}}{W \times V_{\mathrm{S}} \times t}$$

式中，C^{1} 为（α+β）-淀粉酶共同水解淀粉生成的麦芽糖量（在标准曲线上查得值），单位 mg。

8.1.3.5 可溶性糖及淀粉含量的测定

可溶性糖含量、淀粉含量参考基础生物化学实验的蒽酮比色法方法。

仪器设备：分光光度计、电子天平、恒温水浴锅。

操作方法：准确称取水曲柳种子 1g，放入 50ml 的三角瓶中，加沸水 25ml，在水浴锅中加盖煮沸 30min，冷却后过滤，滤液收集在 50ml 的容量瓶中，水洗后定容，作为可溶性糖提取液，再用移液管吸取该提取液 1ml，置于另一个 50ml

容量瓶中，以蒸馏水稀释、定容、摇匀，吸取 2ml 已稀释的提取液于大试管中，加入 0.5ml 浓度为 2% 的蒽酮试剂，再加入 5ml 浓硫酸，摇匀，10min 后在 620nm 波长下比色，记录消光值，在标准曲线上查出对应的葡萄糖的含量。再按下列公式进行计算，得出样品中可溶性糖的含量。

$$植物样品含糖量（mg/g）= \frac{查表所得的葡萄糖(mg) \times 样品稀释倍数}{样品重(g)}$$

将提取可溶性糖后剩余的干燥残渣移入 50ml 容量瓶，加 20ml 蒸馏水，放入沸水浴中煮沸 15min，再加入 9.2mol/L 高氯酸溶液 2ml，提取 15min，冷却后用蒸馏水稀释定容、摇匀，用滤纸过滤，吸取滤液 0.5ml 于小试管中，加 1.5ml 蒸馏水，再加入 0.5ml 的 2% 蒽酮试剂，再沿管壁缓慢加入 5ml 浓硫酸，微微摇动，促使乙酸乙酯分解，当管内出现蒽酮絮状物时，再剧烈摇动促进蒽酮溶解，然后立即放入沸水浴中加热 10min，冷却后在 620nm 波长下比色，记录消光值，在标准曲线上查出对应的淀粉含量，再按下列公式进行计算。

$$样品淀粉含量（mg/g）= \frac{查表所得的淀粉含量(mg) \times 样品稀释倍数}{样品重(g)}$$

8.1.3.6 内源激素含量的测定

种子萌发时胚乳和种胚内源激素含量的测定，是按照高效液相色谱法（HPLC 法）测定激素 IAA、GA_3、ABA、ZT 含量的变化。

8.2 结果与分析

8.2.1 温度对已解除休眠水曲柳种子萌发的影响

8.2.1.1 不同萌发温度下水曲柳种子的发芽率和发芽指数

从图 8-1a 可见，经层积处理解除休眠的水曲柳种子在 10 种温度下培养 38 天时，变温条件下种子的发芽率普遍较高，尤其以中等温度的变温条件（15℃/10℃）种子发芽率最高，而高温相对较高的变温条件（25℃/5℃）则种子发芽率显著降低（$P<0.05$）；20℃/10℃、10℃ 和 15℃/5℃ 下种子的发芽率也较高，与 15℃/10℃ 下种子的发芽率差异不显著（$P>0.05$），其他温度与 15℃/10℃ 相比种子的发芽率显著降低（$P<0.05$）。在恒温条件下，以 10℃ 种子的发芽率最高，较高的温度（20℃、25℃ 和 30℃）下种子的发芽率显著降低（$P<0.05$）。

一般说来，发芽指数越高，显示种子发芽越快，发芽越完全。从图 8-1b 可见，经层积处理解除休眠的水曲柳种子在 10 种温度下的发芽指数以 15℃/10℃ 下最高，而高温相对较高的变温条件（25℃/5℃）下种子的发芽指数显著降低（P＜0.05）；在恒温条件下，以 10℃ 下种子发芽指数最高，较高的温度（20℃、25℃ 和 30℃）下种子的发芽指数显著降低（P＜0.05）。

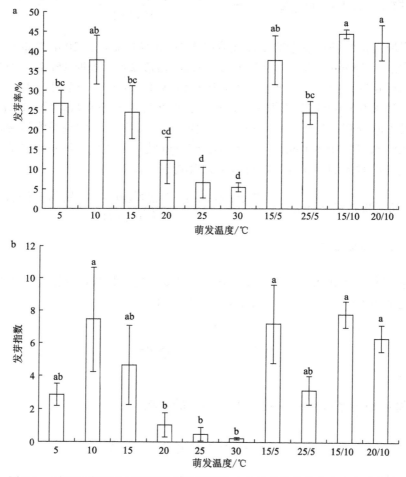

图 8-1 不同温度下经层积处理解除休眠的水曲柳种子的发芽率和发芽指数

8.2.1.2 相对较高温度下处理时间对解除休眠的水曲柳种子萌发的影响

经层积处理解除休眠的水曲柳种子在 20℃、25℃、30℃ 三种相对较高的温度下培养不同时间后转入 15℃/10℃ 条件下培养。从培养 47 天时各处理水曲柳种子的发芽率（图 8-2a，b，c）来看，种子的发芽率均随着 3 种较高温度下培养时间的延长而逐渐降低。在 20℃ 下持续培养 1 天、3 天、7 天后转入 15℃/10℃

下培养比一直在 15℃/10℃ 下培养（对照）的种子发芽率显著降低（$P<0.05$），而持续培养 14 天以后的种子发芽率下降幅度更大（图 8-2a）。在 25℃ 和 30℃ 下培养 1 天后转入 15℃/10℃ 下培养与一直在 15℃/10℃ 下培养的种子发芽率差异不显著（$P>0.05$），而持续培养 3 天后的种子发芽率显著降低（$P<0.05$）（图 8-2b，c）。

从培养 47 天时各处理水曲柳种子的发芽指数（图 8-2d，e，f）来看，种子的发芽指数均随着 3 种温度下培养时间的延长而降低。在 3 种温度下，持续培养 1 天后转入 15℃/10℃ 下培养与一直在 15℃/10℃ 下培养的种子发芽指数差异不显著（$P>0.05$），而持续培养 3 天以后的种子发芽指数显著降低（$P<0.05$）。

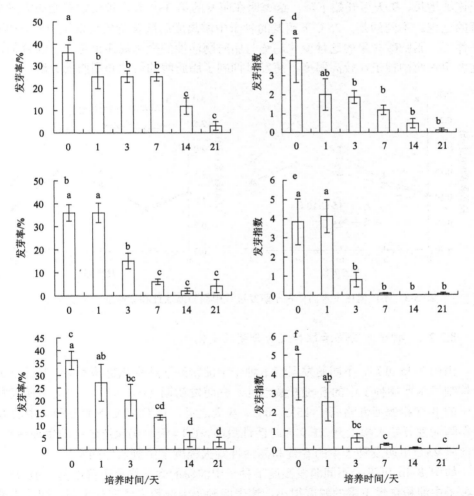

图 8-2 种子在 20℃、25℃、30℃ 下培养不同时间后转入 15℃/10℃ 下培养的发芽率和发芽指数

a、b、c 分别为种子在 20℃、25℃、30℃ 下培养不同时间后转入 15℃/10℃ 下培养的发芽率；
d、e、f 分别为种子在 20℃、25℃、30℃ 下培养不同时间后转入 15℃/10℃ 下培养的发芽指数

8.2.2 不同温度下水曲柳种子萌发过程中的物质转化

8.2.2.1 种子脂肪酶活性和脂肪酸含量的变化

由图 8-3a 可以看出,不同萌发温度下种子中脂肪酶活性变化趋势基本一致,均是在萌发第 9 天达到高峰,而后逐渐下降。但 25℃下萌发的种子中脂肪酶活性始终低于 15℃/10℃变温条件下的,这表明在较低温度下萌发时种子脂肪酶活性较高。

由图 8-3b 可以看出,不同萌发温度下,种子中脂肪酸含量变化的趋势也基本一致,种子开始萌发至 3 天时游离脂肪酸含量出现了暂时的下降,从萌发第 3~9 天连续增长,9 天后开始下降。这表明在萌发的第 3~9 天是种子贮藏脂肪大量分解的过程。不同的是,25℃下萌发的种子中游离脂肪酸含量始终低于 15℃/10℃条件下。脂肪酸含量的这种变化趋势与脂肪酶活性的变化规律也是十分吻合的,这表明水曲柳种子在较高温度下萌发时抑制了脂肪酶的活性和脂肪的分解。

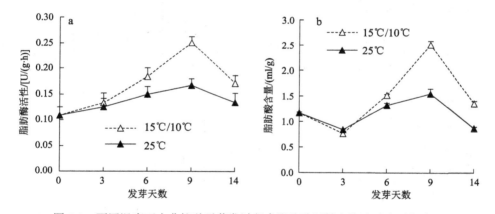

图 8-3 不同温度下水曲柳种子萌发过程中脂肪酶活性和脂肪酸含量的变化

8.2.2.2 种子淀粉酶活性和淀粉含量的变化

由图 8-4a 可知,不同萌发温度下种子中淀粉酶活性变化趋势不同。25℃下大大抑制了水曲柳种子中的 β-淀粉酶活性。在萌发初期(0~6 天),25℃下萌发种子中的 β-淀粉酶活性略高于 15℃/10℃。6 天之后,15℃/10℃下萌发种子中的 β-淀粉酶活性开始大幅上升,在 9 天时活性最高,在 14 天时仍保持较高的生理活性,而此时 25℃下萌发种子中的 β-淀粉酶活性则大幅度下降到较低的水平。

如图 8-4b 可见,不同萌发温度下种子中淀粉的含量均呈下降趋势。但 25℃下种子中淀粉含量下降的幅度很小,这表明种子中淀粉未能充分水解,因此不能为胚(或幼苗)的生长提供充足的营养。而 15℃/10℃下种子中淀粉含量则大幅度下降,淀粉被大量水解,为胚(或幼苗)的生长提供营养。

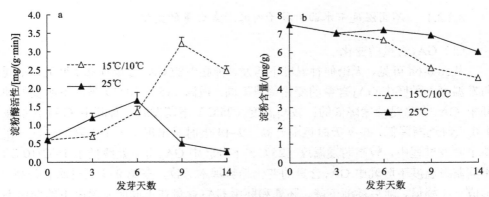

图 8-4   不同温度下水曲柳种子萌发过程中淀粉酶活性和淀粉含量的变化

8.2.2.3   种子可溶性蛋白和可溶性糖含量的变化

由图 8-5a 可知,不同萌发温度下种子中可溶性糖含量变化趋势不同。25℃下,萌发最初 6 天种子中的可溶性糖含量并无明显变化,6 天后略有下降,但整体变化趋势不明显。15℃/10℃下,萌发最初的 1~3 天种子中可溶性糖含量略有降低,3~9 天时又逐渐升高,9 天后又开始大幅下降。这可能是由于在萌发初期淀粉和脂肪等尚未分解时种子利用贮藏的部分糖合成一些新的物质,从而使种子中可溶性糖含量有所下降,而后随着脂肪酶和淀粉酶活性的升高,脂肪和淀粉被大量分解形成可溶性糖,导致可溶性糖含量有一个上升的过程,而后可溶性糖又被胚大量利用、合成新的物质,造成其含量大幅下降。

从图 8-5b 可见,不同萌发温度下种子中可溶性蛋白含量变化的趋势不同。15℃/10℃下萌发时,种子中可溶性蛋白含量一直呈下降趋势;25℃下萌发时,种子中可溶性蛋白含量在 0~6 天时逐渐降低,而后又逐渐升高。在整个萌发过程中,25℃下萌发的水曲柳种子中可溶性蛋白含量始终高于 15℃/10℃。这表明在15℃/10℃萌发温度下,种子内可溶性蛋白被胚(或幼苗)充分利用,胚(或幼苗)代谢旺盛,生长迅速。

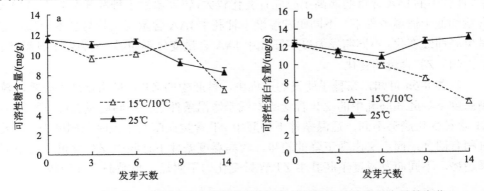

图 8-5   不同温度下水曲柳种子萌发过程中可溶性糖和可溶性蛋白含量的变化

8.2.2.4　不同温度下水曲柳种子内源激素含量的变化

（1）GA$_3$ 含量的变化

从图 8-6a 可见，无论何种温度下萌发，种胚中的 GA$_3$ 含量都低于胚乳。不同萌发温度下种胚中 GA$_3$ 含量的变化趋势不同。适温（15℃/10℃）条件下萌发时种胚中 GA$_3$ 含量是持续降低的；较高温度（25℃）下萌发时，种胚中 GA$_3$ 含量在 0~6 天时逐渐降低，6~9 天时逐渐升高，9~14 天时又出现了一个下降的过程。在整个萌发过程中，较高萌发温度（25℃）下种胚中 GA$_3$ 含量始终低于 15℃/10℃。不同萌发温度下胚乳中 GA$_3$ 含量的变化趋势基本一致，在第 0~3 天时略有升高，形成一小峰值，随后逐渐下降。胚乳和胚中 GA$_3$ 含量在不同萌发温度下的变化不同。较高温度（25℃）下萌发时胚乳中 GA$_3$ 含量高于适温（15℃/10℃）下，而种胚中 GA$_3$ 含量则低于适温下。

（2）ABA 含量的变化

图 8-6b 表明，无论是种胚还是胚乳，适温（15℃/10℃）条件下的 ABA 含量都比较高温度（25℃）下的低。不同萌发温度下，ABA 在种胚和胚乳中的变化都是先下降，而后又有所上升，但种胚和胚乳中 ABA 含量的变化量却明显不同。在适温条件下，萌发至 14 天时，种胚中 ABA 含量比 0 天时降低了 37%，而胚乳中 ABA 含量则比 0 天时增加了 13%；在较高温度条件下，萌发至 14 天时，种胚中 ABA 含量比 0 天时降低了 15%，而胚乳中 ABA 含量则比 0 天时增加了 31%。虽然在不同萌发温度下都表现为种胚中 ABA 含量下降，而胚乳中 ABA 含量增加，但相比较而言，在适温条件下种胚中 ABA 含量下降较多，而在较高温度下胚乳中 ABA 含量增加较多。另外，适温条件下，胚乳中 ABA 含量在 0~6 天下降，在 6 天以后才有所增加且增加趋势较缓，较高温度条件下，胚乳中 ABA 含量则在 3 天以后就开始直线增加。

（3）IAA 含量的变化

从图 8-6c 可知，种胚和胚乳中 IAA 含量初始值接近相同，在整个萌发过程中，种胚中的 IAA 含量明显高于胚乳且变化较大，较高温度下种胚和胚乳中的 IAA 含量均低于适温条件下。不同萌发温度下种胚中 IAA 含量变化趋势基本一致，均呈单峰曲线变化。不同萌发温度下胚乳中 IAA 含量变化不明显，呈微弱上升趋势。

（4）ZT 含量的变化

从图 8-6d 可知，在种子萌发的过程中，种胚中的 ZT 含量明显高于胚乳，较高温度下种胚和胚乳中的 ZT 含量基本低于适温条件下。不同萌发温度下种胚中 ZT 含量变化趋势不同，适温条件下种胚中 ZT 含量在萌发 3 天时急剧减少，6 天时稍有回升，而后又出现下降的趋势，较高温度条件下种胚中 ZT 含量一直呈下降趋势。不同萌发温度下胚乳中 ZT 含量变化均不明显，呈微弱下降趋势。

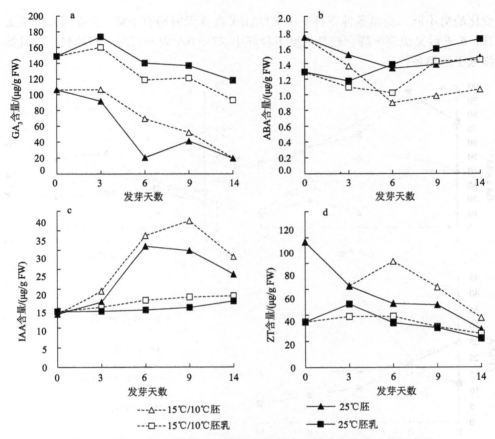

图 8-6　不同温度下水曲柳种子萌发过程中胚和胚乳中激素含量的变化

（5）内源激素间比值的变化

从图 8-7a 可知，适温条件下和较高温度条件下胚乳中 GA$_3$/ABA 的变化趋势基本一致，都是经历先上升后下降的过程，两种温度条件下 GA$_3$/ABA 的变化基本接近，没有明显的差异。不同萌发温度下种胚中 GA$_3$/ABA 的变化不同，适温条件下 GA$_3$/ABA 先升高后下降，整个过程变化平缓，较高温度下则是先略有增加，而后迅速下降至较低水平，至萌发结束时两者的比值相近。在种子萌发过程中较高温度下种胚中 GA$_3$/ABA 始终低于适温条件下。

从图 8-7b 可知，种子萌发时，不同萌发温度下种胚中 IAA/ABA 的变化趋势相近，都是经历先上升后下降的过程。不同萌发温度下胚乳中 IAA/ABA 在整个萌发过程中无明显变化。在种子萌发过程中，较高温度下种胚和胚乳中 IAA/ABA 均低于适温条件下。

从图 8-7c 可知，不同萌发温度下胚乳中 ZT/ABA 变化趋势基本一致，随着种子的萌发，ZT/ABA 先略有增加，之后下降。不同萌发温度下种胚中 ZT/ABA 的变化趋势不同，适温条件下种胚中 ZT/ABA 在 3 天时略有下降，3~6 天时急剧上升，6 天后又快速下降。较高温度下种胚中 ZT/ABA 则一直呈下降趋势，并且始终低于适温条件下。

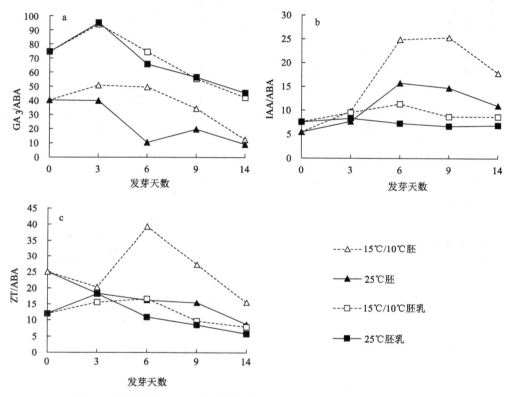

图 8-7   不同温度下水曲柳种子萌发过程中胚和胚乳中激素比值的变化

8.2.2.5   较高温度下萌发过程中水曲柳种子内各项生理指标之间的相关关系

从表 8-1 可知，对 25℃下萌发过程中水曲柳种子内部各项生理指标间的相关分析结果表明，ZT/ABA 与可溶性蛋白含量和淀粉含量分别呈极显著和显著正相关。IAA/ABA 与脂肪酶活性呈显著正相关。

表 8-1   较高温度（25℃）下萌发过程中水曲柳种子各项生理指标间的相关关系

项目	可溶性糖	可溶性蛋白	淀粉含量	β-淀粉酶活性	脂肪酸含量	脂肪酶活性	GA₃/ABA	IAA/ABA	ZT/ABA
可溶性糖	1								
可溶性蛋白	0.937*	1							
淀粉含量	0.906*	0.937	1						

续表

项目	可溶性糖	可溶性蛋白	淀粉含量	β-淀粉酶活性	脂肪酸含量	脂肪酶活性	GA₃/ABA	IAA/ABA	ZT/ABA
β-淀粉酶活性	0.705	0.463	0.517	1					
脂肪酸含量	0.064	0.085	0.413	0.080	1				
脂肪酶活性	−0.429	−0.498	−0.218	0.105	0.671	1			
GA₃/ABA	0.592	0.811	−0.611	0.013	−0.238	0.656	1		
IAA/ABA	−0.329	−0.515	−0.214	0.282	0.605	0.931*	−0.822	1	
ZT/ABA	0.844	0.963**	0.924*	0.245	0.185	−0.516	0.814	−0.561	1

*和**分别代表相关关系在 0.05 和 0.01 水平显著，下同

8.2.3 水曲柳种子次生休眠发生的原因

8.2.3.1 次生休眠水曲柳种子离体胚的萌发能力

从图 8-8a 可见，休眠种子胚离体培养时发芽率较低，在前 9 天内各处理的胚发芽率都不超过 35%，在 12 天的时间内发芽率也没有超过 50%。ABA 对胚的萌发有明显的抑制作用，ABA 浓度越高离体胚的发芽率就越低，当 ABA 浓度为 10^{-4}mg/L 时离体胚根本不能萌发，当 ABA 浓度为 10^{-6}mg/L 时离体胚发芽率只有 27%，只为对照（40%）的一半左右。GA₃ 浓度较低时对离体胚的萌发有明显的促进作用，但当浓度过高时反而使胚的发芽率降低。

从图 8-8b 可见，非休眠种子胚离体培养时发芽率较高。对照在 3 天时的胚发芽率就达到了 100%（完全萌发）。各浓度 GA₃ 对离体胚的萌发促进作用不明显，只在第 1 天时比对照高。ABA 对胚的萌发的抑制作用仍然明显，ABA 浓度越高离体胚的发芽率就越低，当 ABA 浓度为 10^{-4}mg/L 时离体胚在前 6 天不能萌发，在 12 天内发芽率达到了 70%以上，当 ABA 浓度为 10^{-6}mg/L 时离体胚发芽率在前 4 天明显低于对照，但在 5 天后达到了 97%，与对照相差不大。

从图 8-8c 可见，二次休眠种子胚离体培养时发芽率也较高，与非休眠种子相似。对照在 2 天时的胚发芽率就达到了 100%（完全萌发）。GA₃ 各浓度对离体胚的萌发促进作用不明显。ABA 对胚的萌发的抑制作用仍然明显。

从图 8-9 可见，休眠种子、非休眠种子和二次休眠种子胚在不同溶液中的发芽率差异均极显著（$P < 0.01$）。其中休眠种子胚的发芽率较低，与非休眠种子和二次休眠种子胚的发芽率差异显著，而非休眠种子与二次休眠种子胚的发芽

率差异不显著。这表明二次休眠种子的胚与非休眠种子胚相似，具有较强的萌发能力。

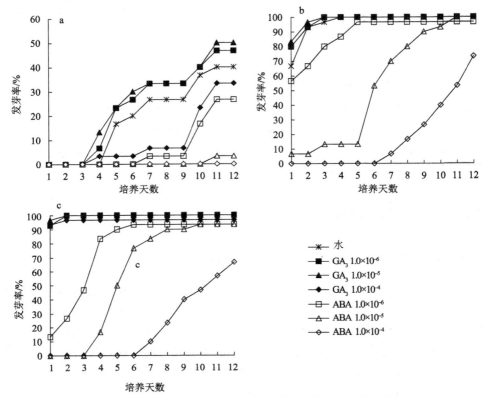

图 8-8　不同休眠状态水曲柳种子胚在不同溶液中的离体萌发过程

a 为休眠种子；b 为非休眠种子；c 为二次休眠种子

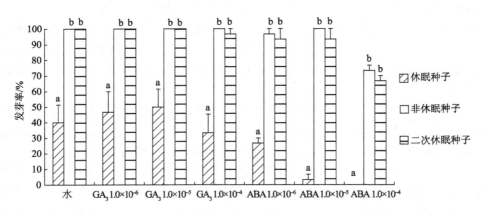

图 8-9　不同休眠状态水曲柳种子胚在不同溶液中的离体发芽率

8.2.3.2　次生休眠水曲柳种子胚乳中抑制物质的活性

从图 8-10 可见，当胚乳浸提液浓度为 0.2g/ml 时，方差分析结果表明，白菜种子在不同浸提液中的发芽率差异极显著（$P<0.01$），多重比较结果显示，白菜种子在休眠种子、非休眠种子和二次休眠种子胚乳浸提液中的发芽率极低（不超过 22%），均与对照（93%）差异显著，白菜种子在休眠种子和二次休眠种子胚乳浸提液中的发芽率为 0（即完全不能萌发），显著低于白菜种子在非休眠种子胚乳浸提液中的发芽率。这表明水曲柳休眠种子、非休眠种子和二次休眠种子的胚乳中均含有抑制物质，在此浓度下具有较强的抑制活性，尤其是水曲柳休眠种子和二次休眠种子胚乳中抑制物质的抑制作用较非休眠种子更强。

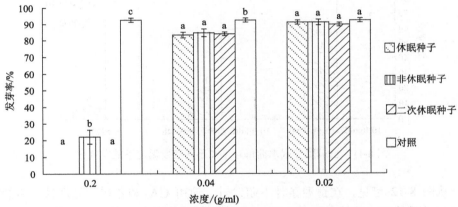

图 8-10　白菜种子在不同休眠状态水曲柳种子胚乳提取液中的发芽率

a、b 和 c 分别表示提取液浓度为每毫升水中含有 0.2g、0.04g 和 0.02g 干重的胚乳

当胚乳浸提液浓度为 0.04g/ml 时，方差分析结果表明，白菜种子在不同浸提液中的发芽率差异显著（$P<0.05$），多重比较结果显示，白菜种子在休眠种子、非休眠种子和二次休眠种子胚乳浸提液中的发芽率较高（大于 80%），均与对照差异显著，但三者之间的差异不显著。这表明水曲柳休眠种子、非休眠种子和二次休眠种子的胚乳在此浸提浓度下仍具有一定的抑制活性，但三者之间并没有明显的差异。

当胚乳浸提液浓度为 0.02g/ml 时，方差分析结果表明，白菜种子在不同浸提液中的发芽率差异不显著（$P>0.05$），白菜种子在休眠种子、非休眠种子和二次休眠种子胚乳浸提液中的发芽率均较高（大于 90%）。这表明水曲柳休眠种子、非休眠种子和二次休眠种子的胚乳在此浸提浓度下已没有明显的抑制活性。

8.2.4　水曲柳种子次生休眠的预防和解除

8.2.4.1　植物生长调节物质对解除休眠水曲柳种子萌发的影响

从图 8-11 可见,已解除休眠水曲柳种子无论萌发前经植物生长调节物质处理与否,在不同温度下的发芽率差异均显著($P<0.05$),在适温(15℃/10℃)条件下的发芽率(80%左右)均高于较高温度(25℃)下。这表明使用植物生长调节物质处理并不能使已解除休眠水曲柳种子在较高温度下的发芽率达到在适温条件下的水平。

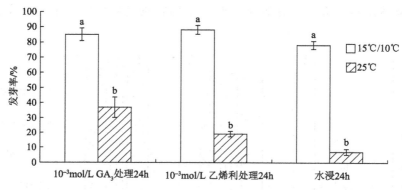

图 8-11　已解除休眠水曲柳种子在不同萌发温度下的发芽率

从图 8-12 可见,在适温条件下萌发时,使用 GA_3 和乙烯利处理种子后的发芽率与对照差异不显著($P>0.05$),但在较高温度条件下萌发时,使用 GA_3 处理种子后的发芽率较高(37%),与乙烯利处理(19%)和对照(7%)差异显著($P<0.05$)。这表明在适温条件下植物生长调节物质对已解除休眠水曲柳种子的萌发并没有明显的促进作用,但在较高温度条件下,植物生长调节物质尤其是 GA_3 处理能够提高已解除休眠水曲柳种子的发芽率。

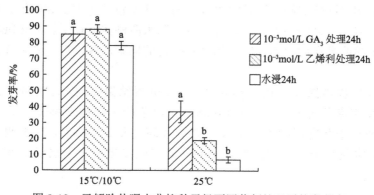

图 8-12　已解除休眠水曲柳种子经不同药剂处理后的发芽率

8.2.4.2　水曲柳种子解除次生休眠的方法

从图 8-13 可见,水曲柳次生休眠种子经不同干燥和低温处理后的发芽率差异显著(P<0.05),多重比较显示,干燥和低温 7 天处理后的种子发芽率(分别为 8%和 3%)与对照(4.25%)差异不显著,但低温 14 天和低温 21 天处理后的种子发芽率(分别为 15%和 22%)与对照差异显著。这表明干燥处理和短时间的低温处理对于解除水曲柳种子的次生休眠效果不明显,而较长时间的低温处理对于解除水曲柳种子的次生休眠有一定的效果,但也并不理想。

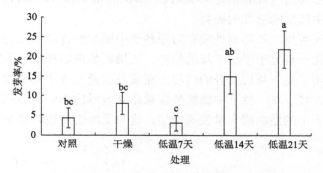

图 8-13　次生休眠水曲柳种子经干燥和低温处理后的发芽率

从图 8-14 可见,水曲柳次生休眠种子经不同药剂处理后的发芽率差异显著(P<0.05),多重比较结果显示,除 GA$_3$ 1.0×10^{-6}mol/L 处理与对照之间的发芽率差异不显著外,其余处理的发芽率均显著高于对照。各药剂均是较高浓度(1.0mmol/L)处理下种子的发芽率较高,尤其以乙烯利 1.0mmol/L 处理和 GA$_{4+7}$ 1.0mmol/L 处理的种子发芽率较高,分别达到了 46%和 43%。这表明乙烯利和 GA$_{4+7}$ 1.0mmol/L 处理对于水曲柳种子次生休眠的解除效果较好。

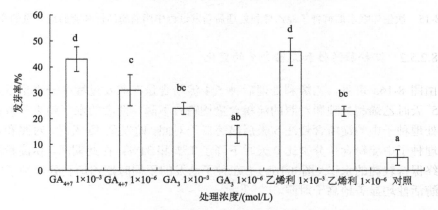

图 8-14　次生休眠水曲柳种子经不同药剂处理后的发芽率

8.2.5 水曲柳种子次生休眠解除过程中的物质转化

8.2.5.1 脂肪酶活性和脂肪酸含量的变化

由图 8-15a 可见，在整个萌发过程中，乙烯利处理和对照种子中的脂肪酶活性变化趋势基本一致，呈现直线上升的趋势。但乙烯利处理种子中脂肪酶活性随着种子的萌发急剧上升，其增加速度远大于对照组。萌发至 15 天时，对照和乙烯利处理种子的脂肪酶活性分别是 0 天时的 1.78 倍和 3.09 倍。这表明，乙烯利处理促进了种子中脂肪酶活性的提高。

由图 8-15b 可见，乙烯利处理和对照种子中脂肪酸含量变化趋势不同。对照脂肪酸含量变化一直处于平缓下降的趋势。乙烯利处理后种子中脂肪酸含量在萌发的过程中经历了先下降后上升的过程。在萌发的最初 5 天略有降低，5 天后急剧上升，萌发至 15 天时，种子中脂肪酸含量是 0 天时的 1.8 倍。随着种子的萌发，乙烯利处理种子中的脂肪酸含量快速增加，这与脂肪酶活性的增加是相对应的。

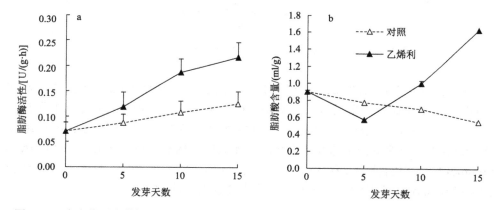

图 8-15 次生休眠水曲柳种子经乙烯利处理后萌发过程中脂肪酶活性和脂肪酸含量的变化

8.2.5.2 淀粉酶活性和淀粉含量的变化

由图 8-16a 可见，乙烯利处理后种子中淀粉含量在萌发过程中一直呈下降趋势，5 天时乙烯利处理和对照的淀粉含量均略有下降，两者的水平趋于一致；乙烯利处理种子中的淀粉含量在 5 天后显著低于对照，萌发至 15 天时，对照和乙烯利处理种子中淀粉含量分别比 0 天时下降了 15% 和 31%。在此期间，β-淀粉酶活性始终保持较高的水平（图 8-16b）。在种子萌发的不同时期乙烯利处理种子中 β-淀粉酶活性均显著地高于对照。

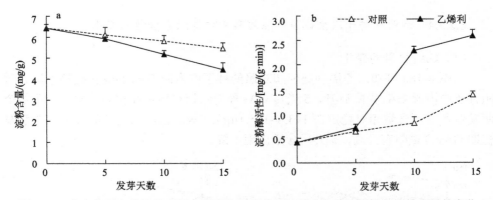

图 8-16 次生休眠水曲柳种子经乙烯利处理后萌发过程中淀粉酶活性和淀粉含量的变化

8.2.5.3 可溶性糖和可溶性蛋白的变化

由图 8-17a 可见，乙烯利处理和对照种子中可溶性糖的含量均呈下降趋势。对照种子中可溶性糖含量下降的幅度很小。乙烯利处理萌发最初 5 天种子中的可溶性糖含量并无明显变化，5 天后开始大幅下降，显著地低于对照。这表明次生休眠种子经乙烯利处理后，其可溶性糖利用加快。

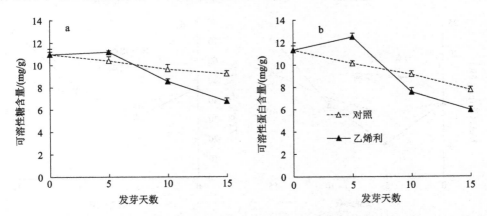

图 8-17 次生休眠水曲柳种子经乙烯利处理后萌发过程中可溶性糖和可溶性蛋白含量的变化

由图 8-17b 可见，乙烯利处理和对照种子中可溶性蛋白含量变化趋势不同。对照种子中可溶性蛋白含量只有微弱的下降，乙烯利处理后种子中的可溶性蛋白含量在萌发最初 5 天高于对照，在 5~15 天开始大幅下降，在 10 天后显著地低于对照。这表明已经产生次生休眠的种子内，蛋白酶催化可溶性蛋白分解的过程受到了抑制，而乙烯利处理可以加快种子中可溶性蛋白的分解和利用。

8.2.5.4　水曲柳种子次生休眠解除过程中内源激素含量的变化

（1）GA₃含量的变化

从图 8-18a 可知，乙烯利处理和对照的种子中内源 GA₃ 的变化趋势不同。对照种子中内源 GA₃ 先降后升，5 天后 GA₃ 含量则相对稳定在较高的水平，在整个萌发过程中，含量相对稳定在 113.8~145.1μg/g FW。乙烯利处理的种子，在萌发初期 GA₃ 含量略有升高，5 天后含量出现下降。

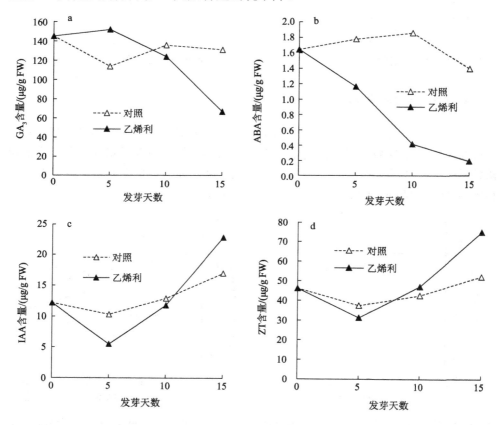

图 8-18　水曲柳次生休眠种子经乙烯利处理后萌发过程中内源激素含量的变化

（2）ABA 含量的变化

从图 8-18b 可知，乙烯利处理和对照种子内源 ABA 都呈下降趋势。对照种子 ABA 的含量先是升高，而后有所下降，在整个萌发过程中，对照 ABA 含量一直保持较高的水平。乙烯利处理的种子内源 ABA 始终是下降的，且含量远远低于对照，萌发 15 天时 ABA 含量仅是初始状态的 12.5%。这表明乙烯利处理有利于降低种子中 ABA 的含量。

（3）IAA 含量的变化

从图 8-18c 可知，乙烯利处理和对照种子中内源 IAA 的变化趋势基本一致。
5 天时处理和对照种子中 IAA 含量都有所下降，乙烯利处理 5 天时明显低于对照，
到 10 天时两者的水平趋于一致，15 天时两者都明显上升，乙烯利处理种子的 IAA
含量比对照的还要高。

（4）ZT 含量的变化

从图 8-18d 可知，乙烯利处理和对照内源 ZT 的变化与 IAA 的变化趋势相似。
5 天时乙烯利处理和对照内源 ZT 都略有回落，且乙烯利处理 ZT 水平略微低于对
照，10 天时两者的水平都恢复到萌发初始时的含量。15 天时乙烯利处理 ZT 含量
迅速上升，且含量明显高于对照。乙烯利处理种子 15 天时的 ZT 含量是 0 天时的
1.83 倍。

（5）内源激素间比值的变化

从图 8-19 可知，对照种子在萌发时 GA_3/ABA、IAA/ABA 和 ZT/ABA 均无明
显变化。乙烯利处理后，GA_3/ABA、IAA/ABA 和 ZT/ABA 均显著升高，萌发至
15 天时，GA_3/ABA、IAA/ABA 和 ZT/ABA 分别是 0 天时的 3.12 倍、11.16 倍和
12.12 倍。

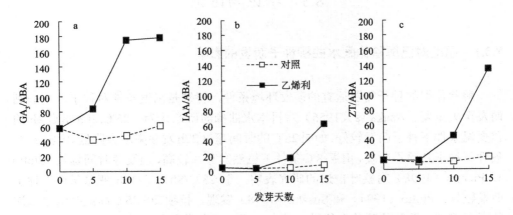

图 8-19　水曲柳次生休眠种子经乙烯利处理后萌发过程中激素间比值的变化

8.2.5.5　水曲柳种子次生休眠解除过程中各项生理指标之间的相关

从表 8-2 可知，乙烯利处理下次生休眠水曲柳种子萌发过程中各项生理指
标的相关分析结果表明，种子内 GA_3/ABA 与 β-淀粉酶活性呈极显著正相关，
与脂肪酶活性呈显著正相关。脂肪酸含量与 IAA/ABA 和 ZT/ABA 均呈显著正
相关。

表 8-2 水曲柳次生休眠种子经乙烯利处理后萌发过程中各项生理指标间的相关关系

项目	可溶性糖	可溶性蛋白	淀粉含量	β-淀粉酶活性	脂肪酶活性	脂肪酸含量	GA₃/ABA	IAA/ABA	ZT/ABA
可溶性糖	1								
可溶性蛋白	0.985*	1							
淀粉含量	0.960*	0.914	1						
β-淀粉酶活性	−0.961*	−0.961*	−0.962*	1					
脂肪酶活性	−0.929	−0.898	−0.984*	0.979*	1				
脂肪酸含量	−0.922	−0.899	−0.816	0.780	0.724	1			
GA₃/ABA	−0.923	−0.929	−0.942	0.994**	0.979*	0.704	1		
IAA/ABA	−0.931	−0.867	−0.903	0.812	0.814	0.959*	−0.747	1	
ZT/ABA	−0.945	−0.884	−0.922	0.838	0.840*	0.954*	0.777	0.999**	1

8.3 结论与讨论

8.3.1 温度对已解除休眠水曲柳种子萌发的影响

解除休眠的种子需要适宜的萌发环境条件，特别是温度条件对种子能否顺利萌发至关重要。Asakawa（1956）对日本水曲柳的研究认为，25℃/20h+8℃/4h 的日变温条件下种子萌发较好，如果 25℃ 的时间超过 22h 发芽率就会降低。恒温 25℃ 条件下种子几乎不萌发，恒温 8℃ 条件下虽然发芽率较高，但发芽时间延长。Piotto 和 Piccini（1998）对狭叶白蜡的研究表明，于 25℃/8h+5℃/16h 变温条件下种子萌发较好。Piotto（1994）和 Suszka（1978）发现，持续 20~25℃ 高温会诱导二次休眠而抑制已解除休眠的白蜡种子萌发；适宜的萌发条件应该在日变温（20℃ 或 25℃/8h，3℃ 或 5℃/16h）的情况下。近年来，Finch-Savage 的研究（私人通信）表明，欧洲白蜡种子萌发的适宜恒温条件是 5~10℃。目前，对解除休眠的水曲柳种子萌发的适宜温度条件没有报道。我们的研究结果显示：变温条件下的种子萌发比恒温条件的好，这与其他研究观点相同。但我们发现水曲柳种子萌发的适宜变温条件为 15℃/10℃，这与白蜡树属其他树种的适宜变温条件略有不同。目前，在我国国家标准 GB 2772—1999《林木种子检验规程》和黑龙江省地方标准 DB 23/042—2001《林木种子检验规程》中发芽测定技术条件表内都没有关于水曲柳种子发芽测定相关温度条件的数据，这对于准确了解一批已解除休眠水曲柳种子的发芽率从而确定其适宜播种量是不利的，建议生产单位在确定水曲柳种子发芽率时可以在 15℃/10℃ 的变温条件下进行。我们发现水曲柳种子萌发的适宜恒温条件是 10℃，这与 Finch-Savage 在欧洲白蜡上的研究结果基本一致。20℃ 以上的恒温会诱导种子产生二次休眠，这与 Piotto（1994）和 Suszka（1978）的研究结果相一致。建议经层积处理解除休眠的水曲柳种子应在早春日温差较大时进行播种，在晚春或初夏播种会由于诱导产生二次休眠而可能降低发芽率。我们的研究还发现，经层积处理解除休眠的水曲柳种子在超过 20℃ 的较高温度下持续较短时间（1 天）后再恢复到适宜的萌发温度（15℃/10℃）下种子发芽受到的影响不大；但在较高温度条件下，如果超过 3 天再恢复到适宜的萌发温度下则大部分种子会产生二次休眠，以致发芽率下降。因此，在实验室或温室内进行育苗时，应特别注意室温的控制，以免种子产生二次休眠而造成不必要的损失。

我们还发现，在适温萌发条件下植物生长调节物质对已解除休眠水曲柳种子的萌发并没有明显的促进作用，但在较高温度条件下，植物生长调节物质尤其是 GA₃ 处理能够提高已解除休眠水曲柳种子的发芽率，降低种子产生二次休眠的比例。

8.3.2 较高温度下水曲柳种子萌发过程中的物质转化

较高萌发温度会诱导解除休眠的水曲柳种子产生次生休眠，在这种条件下种子萌发过程中必定会在物质代谢方面产生变化。我们的研究结果表明：水曲柳种子在较高温度下萌发时抑制了脂肪酶的活性和脂肪的分解，抑制了种子中 β-淀粉酶活性和淀粉的水解，对可溶性糖和可溶性蛋白的吸收利用减少。由于促进贮藏物质分解的各种酶活性下降，导致贮藏物质的水解受到阻碍，无法提供充足的养分供胚吸收利用。相关分析结果显示，25℃ 下萌发过程中水曲柳种子 ZT/ABA 与可溶性蛋白含量和淀粉含量分别呈极显著和显著正相关，IAA/ABA 与脂肪酶活性呈显著正相关。可见，种子中贮藏物质转化的某些过程是受内源激素调控的。我们对较高温度下种子萌发过程中几种内源激素的测定研究结果显示：与适宜温度下萌发相比，较高温度（25℃）下萌发时，种胚中 GA₃ 和 ZT 含量降低，种胚和胚乳中 ABA 含量升高，种胚中 GA₃/ABA、IAA/ABA、ZT/ABA 降低。现有的研究已证实，ABA 具有诱导、维持种子休眠和抑制种子萌发的作用，GA 具有解除种子休眠、促进种子萌发和拮抗 ABA 的作用（Kucera et al.，2005；Finch-Savage and Leubner-Metzger，2006），CTK 可能通过促进乙烯的合成来促进种子休眠的解除和萌发（Matilla，2000；Saini et al.，1989；Babiker et al.，2000）。本研究中的结果也符合上述观点，看来在较高温度下萌发时，种子中的各种内源激素会向利于种子休眠的方向发展，从而使正常萌发的一些代谢过程受到抑制，导致种子不能正常萌发。

8.3.3 水曲柳种子次生休眠的原因和解除方法

不适宜的温度、光周期、水势和氧气条件都可以诱导非休眠种子进入二次休眠（Baskin and Baskin，1998）。Hilhorst（1998）认为与温度变化相关联的膜系统的改变与种子休眠的解除有关，尤其是和二次休眠种子的休眠解除有关。初生休眠的种子具有各种休眠原因和类型（Baskin and Baskin，1998），但对二次休眠的研究还远远不如初生休眠细致，对二次休眠发生的初步原因尚不清楚。我们的研究发现，二次休眠种子的胚与非休眠种子胚相似，具有较强的萌发能力，因此确定二次休眠种子的胚本身并不存在休眠。我们对水曲柳种子胚乳中抑制物质活性的研究结果表明，休眠种子、非休眠种子和二次休眠种子的胚乳中均含有抑制物质，二次休眠种子与休眠种子一样，胚乳中抑制物质的抑制作用极强。因此确定导致种子不能萌发的原因是胚乳环境的存在。Kepczynski 和 Bihun（2002）也认为胚以外的覆被物（种皮）对于二次休眠的产生起重要作用，他们还认为 ABA 的代谢或敏感性变化可能与休眠有关。

解除种子初生休眠的方法很多，这些方法也都可以应用在解除种子的二次休眠上。一般是采用外源 GA、乙烯等处理种子，具有较好的破除休眠效果（Kepczynski and Bihun，2002；Kepczynski et al.，2003）。我们的研究结果表明，干燥处理和短时间的低温处理对于解除水曲柳种子的次生休眠效果不明显，而较长时间的低温处理对于解除水曲柳种子的次生休眠有一定的效果，但也并不理想。乙烯利和 GA_{4+7} 1.0mmol/L 处理对于水曲柳种子次生休眠的解除效果较好。我们进一步的研究显示，次生休眠种子经乙烯利处理后 GA_3 含量在萌发初期有所上升，而 ABA 含量下降，促进了水曲柳种子中脂肪酶、β-淀粉酶活性的提高，促进了脂肪酸含量的增加，加快了对可溶性糖和可溶性蛋白的吸收利用，从而促进了种子的萌发。

参 考 文 献

北京师范大学生物系生化教研室. 1982. 基础生物化学实验. 北京: 高等教育出版社: 91, 142-162

比尤利 J D, 布莱克 M. 1990. 种子萌发的生理生化, 生活力、休眠与环境控制. 何泽瑛, 袁以苇, 金传嘉, 等译. 南京: 东南大学出版社

毕会涛, 黄付强, 邱林, 等. 2007. 干旱胁迫对灰枣保护性酶活性及膜脂过氧化的影响. 中国农学通报, 23(2): 151-155

曹帮华, 耿蕴书, 牟洪香. 2002. 刺槐种子硬实破除方法探讨. 种子, 4: 22-24

曹恭, 梁鸣早. 2003. 钙-平衡栽培体系中植物必需的中量元素. 土壤肥料, 2: 48-49

陈发菊, 梁宏伟, 王旭, 等. 2007. 濒危植物巴东木莲种子休眠与萌发特性的研究. 生物多样性, 15(5): 492-499

陈伟, 杨奕, 马绍宾, 等. 2015. 滇重楼种子休眠类型的研究. 西南农业学报, 28 (2): 783-786

陈志欣, 包云秀, 郑丽, 等. 2012. 不同脱水速率对"勐海大叶茶"种子脱水敏感性与抗氧化酶活性的影响. 云南农业大学学报, 27(2): 241-247

程广有, 唐晓杰, 高红兵, 等. 2004. 东北红豆杉种子休眠机理与解除技术探讨. 北京林业大学学报, 26(1): 5-9

代玉荣, 吴灵东, 张鹏. 2011. 水曲柳种子次生休眠解除过程中的物质转化与内源激素变化. 东北林业大学学报, 39(5): 17-19

冯毓琴, 曹致中. 2003. 天蓝苜蓿种子休眠特性的研究. 草业科学, 20(1): 20-23

狄香香, 周晓东, 刘红娜. 2013. 山茱萸种子休眠机理与解除方法初探. 中南林业科技大学学报, 33(4): 7-12

符近, 奇文清, 顾增辉, 等. 1998. 南川升麻种子休眠与萌发的研究. 生态学报, 40(4): 303-308

傅家瑞. 1984. 种子生理. 北京: 科学出版社: 204

傅家瑞. 1985. 种子生理学. 北京: 科学出版社

傅强, 杨期和, 叶万辉. 2003. 种子休眠的解除方法. 广西农业生物科学, 22(3): 230-234

傅瑞树, 潘景聪, 房丹. 2005. 钟萼木种子贮藏与休眠解除技术的研究. 武夷科学, 12(1): 27-31

高俊凤. 2006. 植物生理学实验指导. 北京: 高等教育出版社

关军锋. 1991. 钙与果实生理生化的研究进展. 河北农业大学学报, 14(4): 105-109

郭海林, 刘建秀. 2003. 结缕草种子的休眠机理及其打破休眠的方法. 种子, 3: 46-48

郭礼坤. 1998. 钙与赤霉素合剂(Ca+GA)处理种子的抗旱增产效果及原理. 水土保持研究, 5(1): 79-87

郭廷翘, 李玮, 郭维明, 等. 1991. 水曲柳种子主要天然发芽抑制物的鉴定及生物化学研究. 东北林业大学学报, 19(水胡黄椴专刊): 358-365

郭维明, 李玮, 郭廷翘, 等. 1991. 水曲柳种子后熟期间内源抑制物的特点及其与更新的关系. 东北林业大学学报, 19(6): 44-53

郭秀林, 李广敏, 王睿文, 等. 2001. Ca^{2+}/CaM 对渗透胁迫下小麦幼苗根和叶中 ABA 含量的影响(简报). 植物生理学通讯, 37(2): 124-125

郭永清, 沈永宝, 喻方圆, 等. 2006. 北美鹅掌楸种子破眠技术研究. 浙江林业科技, 26(6): 38-40

韩建国. 1997. 实用牧草种子学. 北京: 中国农业大学出版社

韩建国, 倪小琴, 毛培胜, 等. 1996. 结缕草种子打破休眠方法的研究. 草地学报, 4: 246-250

黄先晖, 杨远柱, 姜孝成. 2010. 水稻种子脱水耐性的形成及其与贮藏特性的关系. 种子, 29(7): 25-29

黄玉国. 1986. 刺楸种子胚休眠的研究. 东北林业大学学报, 14(1): 39-43

黄振英, Yitzchak G E, 胡正海, 等. 2001. 白沙蒿种子萌发特性的研究 II. 环境因素的影响. 植物生态学报, 25(2): 240-246

姜孝成, 杨晓泉, 傅家瑞, 等. 1996. 正常性种子和顽拗性种子中水分状态的差异. 湖南师范大学自然科学学报, 19(3): 54-58

姜勇, 李艳红, 王文杰, 等. 2013. 光和不同打破种子休眠方法对紫茎泽兰种子萌发及幼苗状态的影响. 生态学报, 33(1): 302-309

金波, 东惠茹, 杨孝汉. 1993. 现代月季种子休眠原因的探讨. 园艺学报, 20(1): 86-90

荆涛, 马万里, Kujansuu J, 等. 2002. 水曲柳萌芽更新的研究. 北京林业大学学报, 24(4): 12-15

李兵兵, 魏小红, 徐严. 2013. 麻花秦艽种子休眠机理及其破除方法. 生态学报, 33(15): 4631-4638

李德颖. 1995. 野牛草种子休眠机理初探. 园艺学报, 22(4): 377-380

李丰, 刘廷俊, 冯运明, 等. 2002. 白蜡嫁接水曲柳系列技术研究. 宁夏农林科技, 2: 26-33

李合生. 2000. 植物生理生化实验原理和技术. 北京: 高等教育出版社

李朋, 罗秀媚, 周春宏, 等. 2011. 脱水方法对棕榈种子萌发及膜脂过氧化的影响. 西北植物学报, 31(10): 2021-2026

李朋, 唐安军, 柳建平, 等. 2011. 蒲葵种子脱水耐性及脱水对其膜脂过氧化的影响. 园艺学报, 38(8): 1572-1578

李望. 1997. 种子休眠的机理及其破除方法. 中国农学通报, 13(3): 49-50

李文君, 沈永宝. 2009. '紫柄籽银桂'桂花种子脱水耐性与抗氧化系统的关系. 园艺学报, 36(2): 279-284

李文良, 张小平, 郝朝运, 等. 2008. 珍稀植物连香树(*Cercidiphyllum japonicum*)的种子萌发特性. 生态学报, 28(11): 5445-5453

李雄彪, 吴钧. 1993. 植物细胞壁. 北京: 北京大学出版社: 1-11

李煦, 汪晓峰. 2011. 油菜(*Brassica napus* L.)种子脱水耐性获得过程中肌醇半乳糖苷合成酶活性与可溶性糖含量的变化. 植物生理学报, 47(12): 1173-1180

李永红, 马颖敏, 韩蕾. 2009. 超氧化物歧化酶与马拉巴栗种子脱水耐性之间的关联. 林业科学, 45(5): 74-79

李永红, 马颖敏, 许柏球, 等. 2009. 马拉巴栗种子发育中可溶性糖变化与种子脱水耐性的关系. 中国农业科学, 42(8): 2882-2891

梁丽松. 2002. 贮藏板栗及其病原菌对逆境气体的适应性研究. 北京: 中国农业大学硕士学位论文

林少敏. 2002. 西藏沙生槐种子萌发特性研究. 草业科学, 19(5): 30-32

蔺经, 杨青松, 李小刚, 等. 2006. 砂梨种子休眠原因与解除休眠方法的研究. 江西农业大学学报, 28(4): 525-528

凌世瑜. 1986. 赤霉素对水曲柳种子解除休眠的作用. 林业科学, 22(1): 78-85

凌世瑜, 董愚得. 1983. 水曲柳种子休眠生理的研究. 林业科学, 19(4): 349-358

刘福平. 2011. ABA 预处理对蝴蝶兰类原球茎耐脱水性及生理基础的影响. 热带作物学报, 32(9): 1715-1719

刘福霞, 赵祥强, 张丽华, 等. 2014. 油菜次生休眠种子转录组的 RNA-seq 分析. 科学通报, 59: 2687-2697

刘桂霞, 苗玉华. 2008. 回干处理对 2 种野生禾草种子萌发的影响. 安徽农业科学, 36(30): 13087-13089

刘继生, 张鹏, 沈海龙, 等. 2005. 东北刺人参种子萌发影响因子的研究. 植物学通报, 22(2): 183-189

刘建新. 2003. 多裂骆驼蓬提取物对燕麦种子萌发和幼苗生长及生理特性的影响. 麦类作物学报, 23(4): 117-119

刘杰, 刘公社, 齐冬梅, 等. 2002. 聚乙二醇处理对羊草种子萌发及活性氧代谢的影响. 草业学报, 11(1): 59-64

刘小龙, 李霞, 钱宝云, 等. 2014. 植物体内钙信号及其在调节干旱胁迫中的作用. 西北植物学报, 34(9):1927-1936

路信, 罗银玲, 王一帆, 等. 2010. 不同脱水速率对木奶果种子脱水敏感性及抗氧化酶活性的影响. 云南植物研究, 32(4): 361-366

罗银玲, 宋松泉, 何惠英, 等. 2005. 玉米胚发育过程中脱水耐性的变化. 云南植物研究, 27(3): 301-309

马玺, 单安山. 2003. 发芽、温度及 pH 对小麦类籽实中植酸酶活性的影响. 动物营养学报, 15(2): 54-57

牟新待, 龙瑞军, 任云宇, 等. 1987. 几种牧草苗期耐盐性的研究. 中国草业科学, 4(1): 31-35

彭幼芬. 1994. 种子生理学. 长沙: 中南工业大学出版社

朴楚炳, 刘伟州, 王银河, 等. 1995. 水曲柳硬枝扦插试验初报. 林业科技, 20(5): 5, 22

钱春梅, 伍贤进, 陈玲, 等. 2002. 高温胁迫对番茄种子萌发的影响. 种子, 5: 88-89

钱春梅, 伍贤进, 宋松泉, 等. 2004. 钙对吸胀的绿豆种子脱水耐性的影响. 西北植物学报, 24(9): 1599-1603

钱永强, 孙振元, 李云, 等. 2004. 中华结缕草种子解除休眠方法的研究. 林业科学研究, 17(1): 54-59

邵玉涛, 殷寿华, 兰芹英, 等. 2006. 假槟榔种子脱水耐性的发育变化. 云南植物研究, 28(5): 515-522

沈海龙. 2009. 苗木培育学. 北京: 中国林业出版社

沈海龙, 杨玲, 张建瑛, 等. 2006. 花楸树种子休眠影响因素与萌发特性研究. 林业科学, 42(10): 132-138

沈静, 杨青川, 曹致中, 等. 2010. 低温胁迫对野牛草细胞膜和保护酶活性的影响. 中国草地学, 32 (2): 98-101

沈庆宁, 刘文武, 王金成, 等. 2002. 水曲柳嫁接繁育及造林技术研究. 陕西林业科技, 2: 85-87

盛海燕, 葛滢, 常杰, 等. 2004. 环境因素对伞形科两种植物种子萌发的影响. 生态学报, 24(2): 221-226

施和平, 陶少飚. 2001. 三裂叶野葛种子的休眠及萌发. 植物生理学通讯, 37(1): 29-30

史晓华, 黎念林, 金铃, 等. 1999. 秤锤树种子休眠与萌发的初步研究. 浙江林学院学报, 16(3): 228-233

史晓华, 徐本美, 黎念林, 等. 2002. 长柄双花木种子休眠与萌发的初步研究. 种子, 6: 4-7

斯琴巴特尔, 满良. 2002. 蒙古扁桃种子萌发生理研究. 广西植物, 22(4): 564-566

宋松泉, 陈玲, 傅家瑞. 1999. 种子脱水耐性与 LEA 蛋白. 植物生理学通讯, 35(5): 424-432

宋松泉, 程红焱, 姜孝成, 等. 2008. 种子生物学. 北京: 科学出版社

宋松泉, 程红焱, 龙春林, 等. 2005. 种子生物学研究指南. 北京: 科学出版社

宋松泉, 傅家瑞. 1993. 木波萝种子的脱水敏感性和膜脂过氧化. 武汉植物学研究, 11: 345-348

宋松泉, Fredlund K M, Moller I M. 2002. 温度对甜菜种子萌发速率和线粒体活性的影响. 中山
   大学学报(自然科学版), 41(1): 59-63

宋松泉, 傅家瑞. 1997. 黄皮种子的脱水敏感性和脂质过氧化作用. 植物生理学报, 23: 163-168

苏珮, 山仑. 1996. 水分胁迫条件下高粱种子的吸水机制及其可溶性糖代谢的变化. 西北植物学
   报, 16(3): 203-207

孙杰, 熊军波, 刘永志, 等. 2009. 野牛草种子休眠原因分析. 草地学报, 17(5): 665-669

孙群, 刘文婷, 梁宗锁, 等. 2003. 丹参种子的吸水特性及发芽条件研究. 西北植物学报, 23(9):
   1518-1521

孙秀琴, 安蒲瑗, 李庆梅. 1998. 紫荆种子休眠解除及促进萌发的研究. 林业科学研究, 11(4):
   407-411

孙秀琴, 田树霞. 1991. 元宝槭种子休眠生理的研究. 林业科学研究, 4(2): 185-191

谭燕双, 沈海龙. 2003. 水曲柳下胚轴的组织培养和植株再生. 植物生理学通讯, 39(6): 623

汤涛, 周青平, 李玉玲. 2007. 黄花棘豆种子发芽试验条件研究. 种子, 26(9): 33-35

藤伊正. 1980. 植物的休眠与发芽. 北京: 科学出版社: 95

田晓艳, 刘延吉. 2008. 辽东楤木种子休眠原因及休眠破除研究. 种子, 27(12): 77-79

王炳举, 王冬良, 杨玲, 等. 2002. 小叶白蜡种子发芽试验研究. 石河子大学学报(自然科学版),
   6(1): 31-33

王彩云, 白吉刚, 杨玉萍, 等. 1999. 对节白蜡的组织培养及植株再生. 植物生理学通讯, 35(4):
   299

王继朋, 王贺, 张福锁, 等. 2004. 打破结缕草种子休眠的方法研究. 草业科学, 21(2): 25-29

王文田, 王乐祥, 王业隆. 2001. 再论水曲柳种子处理催芽方法. 吉林林业科技, 30(1): 52-54

王学敏, 易津. 2003. 驼绒藜属植物种子萌发条件及其生理特性的研究. 草地学报, 11(2): 96-102

王彦荣, 曾彦军. 1997. 浸种对提高兰引Ⅲ号结缕草种子发芽的影响. 草业学报, 6(2): 41-46

王永春, 罗铮, 曲超, 等. 2007. 肥皂草种子的休眠和萌发特性初探. 植物生理学通讯, 43(3):
   491-493

王永飞, 王鸣, 王得元, 等. 1995. 种子休眠机制的研究进展. 种子, 6: 33-35

王正生, 冯晓光, 孙兆先. 1993. 水曲柳种子处理技术的研究. 吉林林业科技, 4: 125

王直军, 陈进, 邓小保. 2000. 西双版纳地区南酸枣与野生动物的关系. 东北林业大学学报,
   28(6): 55-57

温祺. 2010. 栓皮栎种子贮藏机理及育苗技术研究. 北京: 北京林业大学硕士学位论文

文彬, 兰芹英, 何惠英. 2002. 光、温度和土壤水分对坡垒种子萌发的影响. 热带亚热带植物学
   报, 10(3): 258-262

文亦芾, 周显垠, 毛华明. 2007. 打破多花木兰种子硬实特性的效果研究. 种子, 26(6): 34-37

吴灵东. 2012. 解除休眠水曲柳种子在不同脱水条件下的萌发生理研究. 哈尔滨: 东北林业大学
   硕士学位论文

吴灵东, 张鹏, 郭敏, 等. 2012. 解除休眠水曲柳种子的再干燥. 林业科技开发, 26(2): 86-88

伍贤进, 宋松泉, 钱春梅, 等. 2002. 吸胀玉米种子脱水耐性变化与活性氧清除酶活性的关系. 中山大学学报(自然科学版), 41(4): 63-66

武维华. 2004. 植物生理学. 2 版. 北京: 科学出版社

武之新, 纪剑勇, 陈志德. 1989. 几种牧草耐盐性的研究初报. 草业科学, 6(5): 43-47

夏巧凤, 欧立军, 周丽华, 等. 2007. 不同脱水方式和不同储藏条件对杂交水稻株两优02种子发芽率的影响. 湖南师范大学自然科学学报, 30(3): 104-107

向旭, 傅家瑞. 1997. 提高黄皮种子活力的途径. 热带亚热带植物学报, 5(4): 39-44

邢福, 郭继勋, 王彦红. 2003. 狼毒种子萌发特性与种群更新机制的研究. 应用生态学报, 4(11): 1851-1854

徐本美. 1995. 论木本植物种子休眠与萌发的研究方法. 种子, 4: 56-58, 64

徐本美, 史晓华, 孙运涛, 等. 2002. 棱角山矾种子的休眠与萌发初探. 种子, 2: 1-3

徐万疆, 陈芳. 1999. 白蜡药剂浸种催芽试验. 辽宁林业科技, 4: 12-13

徐兴友, 刘永军, 孟宪东, 等. 2004. 阴山胡枝子种子硬实与萌发特性研究. 种子, 23(9): 3-5

徐秀梅, 陈广宏. 2003. 破除马蔺种子休眠试验. 种子, 5: 78-79

许慧男, 王文杰, 于兴洋, 等. 2010. 菊科几种入侵和非入侵植物种子需光发芽特性差异. 生态学报, 30(13): 3433-3440

许绍惠, 韩忠环, 刘财富. 1991. 东北地区刺楸种子休眠原因及解除休眠的研究. 林业科技通迅, 2: 1-4

薛鹏, 文彬. 2015. 脱水速率对非洲柚种子脱水耐性的影响. 植物分类与资源学报, 37(3): 293-300

颜启传. 2001. 种子学. 北京: 中国农业出版社

颜世超, 高荣岐, 尹燕枰. 2005. 银杏含水量变化与活性氧清除酶活性的关系. 中国农学通报, 21(3): 207-210

杨科, 张保军, 胡银岗, 等. 2009. 混合盐碱胁迫对燕麦种子萌发及幼苗生理生化特性的影响. 干旱地区农业研究, 27(3): 187-192

杨利平, 孙满珍, 张晶. 2000. 光照和温度对百合属 6 种植物种子萌发的影响. 植物资源与环境学报, 9(4): 14-18

杨期和, 宋松泉, 叶万辉, 等. 2003b. 种子感光的机理及影响种子感光性的因素. 植物学通报, 20(2): 238-247

杨期和, 宋松泉, 叶万辉, 等. 2003c. 种子脱水耐性与糖的关系. 植物研究, 23(2): 204-210

杨期和, 叶万辉, 宋松泉, 等. 2003a. 植物种子休眠的原因及休眠的多形性. 西北植物学报, 23(5): 837-843

杨晓泉, 姜孝成, 傅家瑞. 1998. 花生种子耐脱水力的形成与可溶性糖积累的关系. 植物生理学报, 24(2): 165-170

叶常丰, 戴心维. 1994. 种子学. 北京: 中国农业出版社

叶要妹, 王彩云, 史银莲. 1999. 对节白蜡种子休眠原因的初步探讨. 湖北农业科学, 4: 45-47

尹华军, 刘庆. 2004. 种子休眠与萌发的分子生物学的研究进展. 植物学通报, 21(2): 156-163

余玲, 王彦荣, 孙建华. 1999. 野大麦种子萌发条件及抗逆性研究. 草业学报, 8(1): 50-57

鱼小军, 徐长林, 王芳, 等. 2014. 草玉梅种子休眠原因及解除休眠方法. 生态学杂志, 33(1): 65-70

袁小丽, 傅家瑞, 李卓越. 1990. CaCl$_2$和多胺对萌发花生种子乙烯释放和提高种子活力的影响. 中山大学学报(自然科学版), 29(4): 92-99

曾广文. 1991. 热激和光对阻止皱叶酸模种子二次休眠诱发的效应. 植物生理学报, 17(2): 113-117

曾广文, 朱诚. 1989. 特勒迈 AC94377 阻止诱发莴苣种子二次休眠的效应. 园艺学报, 16(8): 119-204

曾彦军, 王彦荣, 萨仁, 等. 2002. 几种旱生灌木种子萌发对干旱胁迫的响应. 应用生态学报, 13(8): 953-956

曾彦军, 王彦荣, 张宝林, 等. 2000. 红砂和猫头刺种子萌发生态适应性的研究. 草业学报, 9(3): 36-42

张川红, 郑勇奇, 吴见, 等. 2012. 血皮槭种子休眠机制研究. 植物研究, 32(5): 573-577

张凤娟, 徐兴友, 孟宪东, 等. 2004. 皂荚种子休眠解除及促进萌发. 福建林学院学报, 24(2): 175-178

张惠君, 罗凤霞. 2003. 水曲柳未成熟胚的离体培养研究. 林业科学, 39(3): 63-69

张建东, 陈怡平, 王勋陵. 2004. CO_2 激光处理对大豆种子萌发及生理的影响. 西北植物学报, 24(2): 221-225

张鹏. 2008. 不同发育阶段水曲柳种子的休眠与萌发生理. 哈尔滨: 东北林业大学博士学位论文

张鹏, 沈海龙. 2008. 水曲柳种子次生休眠的预防和解除. 植物生理学通讯, 44(6): 1149-1151

张鹏, 孙红阳, 沈海龙. 2007. 温度对经层积处理解除休眠的水曲柳种子萌发的影响. 植物生理学通讯, 43(1): 21-24

张鹏, 孙红阳, 沈海龙, 等. 2009. 温度对水曲柳种子萌发过程中物质转化和内源激素含量的影响. 东北林业大学学报, 37(7): 5-7, 15

张跃进, 张玉翠, 李勇刚, 等. 2010. 药用植物黄精种子休眠特性研究. 植物研究, 30(6): 753-757

张志良. 1990. 植物生理学实验指导. 2 版. 北京: 高等教育出版社

赵笃乐. 1995. 光对种子休眠与萌发的影响(上). 生物学通报, 30(7): 24-25

赵海珍. 1983. 激素对水曲柳种子休眠萌发的影响. 东北林业大学学报, 11(2): 7-12

赵雨云, 马志军, 李博, 等. 2003. 鸭类摄食对海三棱藨草种子萌发的影响. 生态学杂志, 22(4): 82-85

赵玉慧, 李森. 1989. 解除水曲柳种子休眠方法的研究. 林业科技, 2: 3-4

郑彩霞, 高荣孚. 1991. 脱落酸和内源抑制物对洋白蜡种子休眠的影响. 北京林业大学学报, 13(4): 39-45

郑光华. 2004. 种子生理研究. 北京: 科学出版社

郑光华, 史忠礼, 赵同芳, 等. 1990. 实用种子生理学. 北京: 农业出版社

郑郁善. 2001. ABA 对红锥、苦槠种子发育和萌发的效应研究. 西北植物学报, 21(1): 81-88

朱成. 2003. 种子种质超干保存及其耐干性的生理生化基础. 杭州: 浙江大学博士学位论文

宗梅, 蔡丽琼, 吕素芳, 等. 2006. 不同脱水方法对板栗胚轴脱水敏感性和生理生化的影响. 园艺学报, 33(2): 233-238

宗梅, 蔡永萍, 范志强. 2011. 板栗种子发育期间 ABA 等生理指标与脱水耐性的相关性研究. 广西植物, 31(6): 818-822

宗会, 李明启. 2001. 钙信使在植物适应非生物逆境中的作用. 植物生理学通讯, 37(4): 330-335

邢朝斌, 沈海龍, 井出雄二. 2002. ヤチダモ(Fraxinus mandschurica L.)の無菌発芽法. 東京: 東京大学演習林報告, 108: 37-45

Agrawal G K, Yamazaki M, Kobayashi M, et al. 2001. Screening of the rice viviparous mutants generated by endogenous retrotransposon Tos17 insertion. Tagging of a zeaxanthin epoxidase gene and a novel *OsTATC* gene. Plant Physiology, 125: 1248-1257

Ali-Rachedi S, Bouinot D, Wagner M H, et al. 2004. Changes in endogenous abscisic acid levels during dormancy release and maintenance of mature seeds: studies with the Cape Verde Islands ecotype, the dormant model of *Arabidopsis thaliana*. Planta, 219: 479-488

Amen R D. 1968. A model of seed dormancy. Botanical Review, 34(1): 1-31

Asakawa S. 1956. Studies on the delayed germination of *Fraxinus mandschurica* var. *japonica* seeds. Bulletin of the Government Forest Experiment Station, Tokyo, 83(1): 19-28

Association of Official Seed Analysts. 1993. Rules for testing seeds. Journal of Seed Technology, 16: 1-193

Atwater B R. 1980. Germination, dormancy and morphology of the seeds of herbaceous ornamental plants. Seed Science and Technology, 8: 523-573

Babiker A G T, Ma Y Q, Sugimoto Y, et al. 2000. Conditioning period, CO_2 and GR24 influence ethylene biosynthesis and germination of *Striga hermonthica*. Physiologia Plantarum, 109: 75-80

Banovetz S J, Scheiner S M. 1994. Secondary seed dormancy in *Coreopsis lanceolata*. American Midland Naturalist, 131: 75-83

Barton L V. 1944. Some seeds showing special dormancy. Contributions of the Boyce Thompson Institute, 13: 259-271

Barton L V, Chandler C. 1957. Physiological and morphological effects of gibberellic acid on epicotyl dormancy of tree peony. Contributions of the Boyce Thompson Institute, 19: 201-214

Baskin C C, Baskin J M. 1998. Seeds: Ecology, Biogeography, and Evolution of Dormancy and Germination. San Diego: Academic Press

Baskin C C, Thompson K, Baskin J M. 2006. Mistakes in germination ecology and how to avoid them. Seed Science Research, 16(3): 165-168

Baskin J M, Baskin C C. 1979. Promotion of germination of *Stellaria media* seeds by light from a green safe lamp. New Phytologist, 82(2): 381-383

Baskin J M, Baskin C C. 2004. A classification system for seed dormancy. Seed Science Research, 14(1): 1-16

Baskin J M, Baskin C C. 2005. Classification, biogeography and phylogenetic relationships of seed dormancy // Smith R D, Dickie J B, Linington S H, et al. Seed Conservation: Turning Science into Practice. London: The Royal Botanic Gardens: 522

Baskin J M, Baskin C C. 1975. Do seeds of *Helenium amarum* have a light requirement for germination? Bulletin of the Torrey Botanical Club, 102(2): 73-75

Baskin J M, Baskin C C. 1972. Physiological ecology of germination of *Viola rafinesquii*. American Journal of Botany, 59(10): 981-988

Baskin J M, Baskin C C, Li X. 2000. Taxonomy, ecology, and evolution of physical dormancy in seeds. Plant Species Biology, 15(2): 139-152

Bates S, Preece J E, Navarrete N E, et al. 1992. Thidiazuron stimulates shoot organogenesis and somatic embryogenesis in white ash (*Fraxinus americana* L.). Plant Cell Tissue and Organ Culture, 31: 21-29

Batge S L, Ross J J, Reid J B. 1999. Abscisic acid levels in seeds of the gibberellin-deficient mutant *lh*-2 of pea (*Pisum sativum*). Physiologia Plantarum, 105: 485-490

Beaudoin N, Serizet C, Gosti F, et al. 2000. Interactions between abscisic acid and ethylene signaling cascades. Plant Cell, 12: 1103-1115

Bede J C, Tobe S S. 2002. Activity of insect juvenile hormone Ⅲ: seed germination and seedling growth studies. Chemoecology, 10: 89-97

Berjak P, Bradford K J, Kovach D A, et al. 1994. Differential effects of temperature on ultrastructural responses to dehydration in seeds of *Zizania palustris*. Seed Science Research, 4: 111-121

Berrie A M M, Robertson J. 1976. Abscisic-acid as an endogenous component in lettuce fruits, *Lactuca sativa* L. cv. *Grand Rapids* - Does it control thermodormancy? Planta, 131: 211-215

Bewley J D. 1997. Seed germination and dormancy. Plant Cell, 9: 1055-1066

Bewley J D. 1979. Dormancy breaking by hormones and other chemicals-action at the molecular level // Rubenstein I(ed.). The Plant Seed. San Diego: Academic Press: 219-239

Bewley J D, Black M. 1994. Seeds. Physiology, development and germination. 2nd ed. New York: Plenum Press: 208

Black M, Bewley J D, Halmer P. 2006. The encyclopedia of seeds: science, technology and uses. Wallingford, UK: CABI Publishing: 382-383

Black M, Côme D. 1996. Carbohydrate metabolism in the developing and maturing wheat embryo in relation to its desiccation tolerance. Journal of Experimental Botany, 47(2): 161-169

Blackman S A, Obendorf R L, Leopold A C. 1992. Maturation proteins and sugars in desiccation tolerance of developing soybean seeds. Plant Physiology, 100(1): 225-230

Blaek M, Corbineau F, Grzesik M, et al. 1996. Carbohydrate metabolism in the developing and maturing wheat embryo in relation to its desieeation toleranee. Journal of Experimental Botany, 47: 161-169

Blake P S, Taylor J M, Finch-Savage W E. 2002. Identification of abscisic acid, indole-3-acetic acid, jasmonic acid, indole-3-acetonitrile, methyl jasmonate and gibberellins in developing, dormant and stratified seeds of ash (*Fraxinus excelsior*). Plant Growth Regulation, 37(2): 119-125

Blom C W P M. 1978. Germination, seedling emergence and establishment of some *Plantago* species under laboratory and field conditions. Acta Botanica Neerlandica, 27(5-6): 257-271

Bonner F T. 1996. Responses to drying of recalcitrant seeds of *Quercus nigra* L. Annals of Botany, 78: 181-187

Borthwick H A, Hendricks S B, Parker M W, et al. 1952. A reversible photoreaction controlling seed germination. Proceedings of the National Academy of Sciences of the United States of America, 38: 662-666

Bradbeer J W. 1968. Studies in seed dormancy: IV. The role of endogenous inhibitors and gibberellin in the dormancy and germination of *Corylus avellana* L. seeds. Planta, 78(3): 266-276

Bray E A. 1993. Molecular responses to water deficit. Plant Physiology, 103(4): 1035-1040

Busk P K, Pages M. 1998. Regulation of abscisic acid-induced transcription. Plant Molecular Biology, 37: 425-435

Chen S S C. 1968. Germination of light-inhibited seed of *Nemophila insignis*. American Journal of Botany, 55: 1177-1183

Cohn M A, Butera D L. 1982. Seed dormancy in red rice (*Oryza sativa*). 2. Response to cytokinins. Weed Science, 30: 200-205

Corbineau F, Bagniol S, Come D. 1990. Sunflower (*Helianthus annuus* L.) seed dormancy and its regulation by ethylene. Israel Journal of Botany, 39: 313-325

Corbineau F, Mayber A P, Come D. 1991. Responsiveness to abscisicacid of embryos of dormant oat (*Avena sativa*) seeds. Involvement of ABA-inducible proteins. Physiologia Plantarum, 83: 1-6

Crocker W. 1948. Growth of plants. New York: Reinhold

Crocker W. 1916. Mechanics of dormancy in seeds. American Journal of Botany, 3(3): 99-120

Crocker W, Barton L. 1955. Physiology of Seeds. Moscow: Inostrannaya literatura Press

Crowe J H, Crowe L M, Carpenter J F, et al. 1988. Interactions of sugars with membranes. Biochimica et Biophysica Acta, 947(2): 367-384

Debeaujon I, Kornneef M. 2000. Gibberellin requirement for *Arabidopsis* seed germination is determined both by testa characteristics and embryonic abscisic acid. Plant Physiology, 122(2): 415-424

Dewar J, Taylor J R N, Berjak P. 1998. Changes in selected plant growth regulators during germination in sorghum. Seed Science Research, 8: 1-8

Dias E F, Moura M, Schaefer H, et al. 2015. Interactions between temperature, light and chemical promoters trigger seed germination of the rare Azorean lettuce, *Lactuca watsoniana* (Asteraceae). Seed Science and Technology, 43: 133-144

Djavanshir K, Pourbeik H. 1976. Germination value: a new formula. Silvae Genet, 25 (2): 79-83

Duclos D V, Ray D T, Johnson D J, et al. 2013. Investigating seed dormancy in switchgrass (*Panicum virgatum* L.): understanding the physiology and mechanisms of coat-imposed seed dormancy. Industrial Crops and Products, 45(1): 377-387

Dutt M, Kester S, Geneve R. 2002. Elevated levels of ethylene during germination reduces the time to emergence in Impatiens. XXVI International Horticultural Congress Issues & Advances in Transplant Production & Stand Establishment Research

Ecker R, Barzilay A, Osherenko E. 1994. The genetic relations between length of time to germination and seed dormancy in lisianthus (*Eustoma grandiflorum*). Euphytica, 80: 125-128

Egley G H. 1989. Water-impermeable seed coverings as barriers to germination // Taylorso R B(ed.). Recent advances in the development and germination of seeds. New York: Plenum Press: 207-224

Ellison A M. 2001. Interspecific and intraspecific variation in seed size and germination requirements of *Sarracenia*. American Journal of Botany, 88: 429-437

Emery R J N, Ma Q, Atkins C A. 2000. The forms and sources of cytokinins in developing white lupine seeds and fruits. Plant Physiology, 123: 1593-1604

Esashi Y. 1991. Ethylene and seed germination // Mattoo A K, Suttle J C (eds). The plant hormone ethylene. Boca Raton: CRC Press: 133-157

Esashi Y. 1977. Mechanism of inhibition of dormancy and germination in seeds. Kagaku to Seibutsu, 15(10): 623-634

Evenari M. 1949. Germination inhibitors. Botanical Review, 15: 153-194

Farrant J M, Berjak P, Pammenter N W. 1985. The effect of drying rate on viability retention of recalcitrant propagules of *Avicennia marina*. South African Journal of Botany, 51(6): 432-438

Ferenczy L. 1955. The dormancy and germination of seeds of the *Fraxinus excelsior* L. Acta Biology, 12: 17-24

Finch-Savage W E, Clay H A. 1997. The influence of embryo restraint during dormancy loss and germination of *Fraxinus excelsior* seeds // Ellis R H, Black M, Murdoch A J, et al. Basic and Applied Aspects of Seed Biology. Kordrecht: Kluwer Academic Publishers: 245-253

Finch-Savage W E, Clay H A. 1994. Water relations of germination in the recalcitrant seeds of *Quercus robur* L. Seed Science Research, 4(3): 315-322

Finch-Savage W E, Footitt S. 2012. To germinate or not to germinate: a question of dormancy relief not germination stimulation. Seed Science Research, 22(4): 243-248

Finch-Savage W E, Leubner-Metzger G. 2006. Tansley review: Seed dormancy and the control of germination. New Phytologist, 171: 501-523

Finkelstein R R, Gampala S S L, Rock C D. 2002. Abscisic acid signaling in seeds and seedlings. Plant Cell, 14: S15-S45

Finneseth C H, Layne D R, Geneve R L. 1998. Requirements for seed germination in North American pawpaw [*Asimina triloba* (L.) Dunal.]. Seed Science and Technology, 26: 471-480

Fischer-Iglesias C, Neuhaus G. 2001. Zygotic embryogenesis–Hormonal control of embryo development // Bhojwani S S, Soh W Y (eds.). Current trends in the embryology of angiosperms. Dordrecht: Kluwer Academic: 223-247

Fleet B, Gill G. 2012. Seed dormancy and seedling recruitment in smooth barley (*Hordeum murinum* ssp. *glaucum*) populations in Southern Australia. Weed Science, 60(3): 394-400

Flores J, Jurado E, Arredondo A. 2006. Effect of light on germination of seeds of Cactaceae from the Chihuahuan Desert, Mexico. Seed Science Research, 16: 149-155

Frey A, Godin B, Bonnet M, et al. 2004. Maternal synthesis of abscisic acid controls seed development and yield in *Nicotiana plumbaginifolia*. Planta, 218: 958-964

Gallar M, Verdu A M C, Mas M T. 2008. Dormancy breaking in *Digitaria sanguinalis* seeds: the role of the caryopsis covering structures. Seed Science and Technology, 36(2): 259-270

Gao Y P, Young L, Bonhamsmith P, et al. 1999. Characterization and expression of plasma and tonoplast membrane aquaporins in primed seed of *Brassica napus* during germination under stress conditions. Plant Molecular Biology, 40: 635-644

García-Martinez J L, Gil J. 2001. Light regulation of gibberellin biosynthesis and mode of action. Journal of Plant Growth Regulation, 20(4):354-368

Garnczarska M, Bednarski W, Jancelewicz M. 2009. Ability of lupine seeds to germinate and to tolerate desiccation as related to changes in free radical level and antioxidants in freshly harvested seeds. Plant Physiology & biochemistry, 47(1): 56-62

Gendreau E, Cayla T, Corbineau F. 2012. S phase of the cell cycle: a key phase for the regulation of thermodormancy in barley grain. Journal of Experimental Botany, 63: 5535-5543

Geneve R L. 2003. Impact of temperature on seed dormancy. Hortscience, 38(3): 336-340

Geneve R L. 1998. Seed dormancy in commercial vegetable and flower seeds. Seed Technology, 20: 236-250

Geneve R L. 2005. Some common misconceptions about seed dormancy. Combined Proceedings International Plant Propagators' Society, 55: 327-330

Ghassemian M, Nambara E, Cutler S, et al. 2000. Regulation of abscisic acid signaling by the ethylene response pathway in Arabidopsis. Plant Cell, 12: 1117-1126

Gonzalez-Garcia M P, Rodriguez D, Nicolas C, et al. 2003. Negative regulation of abscisic acid signaling by the *Fagus sylvatica* FsPP2C1 plays a role in seed dormancy regulation and promotion of seed germination. Plant physiology, 133: 135-144

Grappin P, Bouinot D, Sotta B, et al. 2000. Control of seed dormancy in *Nicotiana plumbaginifolia*: post-imbibition abscisic acid synthesis imposes dormancy maintenance. Planta, 210: 279-285

Groot S P C, Karssen C M. 1987. Gibberellins regulate seed germination in tomato by endosperm weakening: a study with gibberellin-deficient mutants. Planta, 171: 525-531

Gulden R H, Chiwocha S D, Abrams S, et al. 2004. Response to abscisic acid application and hormone profiles in spring *Brassica napus* seed in relation to secondary dormancy. Canadian Journal of Botany, 82(11): 1618-1624

Hadnagy A. 1972. Lettuce seed dormancy. Proceedings of the International Seed Testing Association, 37: 865-880

Hai H H, Leymarie J. 2013. Induction of secondary dormancy by hypoxia in barley grains and its hormonal regulation. Journal of Experimental Botany, 64(7): 2017-2025

Harper J L. 1957. The ecological significance of dormancy and its importance in weed control. Proceedings of the international congress on crop protection (Hamburg), 4: 415-420

Harsh G D, Vyas O P, Bohra S P, et al. 1973. Lettuce seed germination prevention of thermodormancy by 2-chloroethanephosphonic acid (ethrel). Experientia, 29: 731-732

Hays D B, Yeung E C, Pharis R P. 2002. The role of gibberellins in embryo axis development. Journal of Experimental Botany, 53: 1747-1751

Hendricks S B, Taylorson R B. 1975. Breaking of seed dormancy by catalase inhibition. Proceedings of the National Academy of Sciences of the United States of America, 72(1): 306-309

Hilhorst H W M. 1998. The regulation of secondary dormancy. The membrane hypothesis revisited. Seed Science Research, 8: 77-90

Hilhorst H W M. 1995. A critical update on seed dormancy. I. Primary dormancy. Seed Science Research, 5: 61-73

Hilhorst H W M. 1993. New aspects of seed dormancy // Come D, Corbineau F (eds). Fourth International Workshop on Seeds, Basic and Applied Aspects of Seed Biology. Paris: ASFIS: 571-579

Hilhorst H W M, Karssen C M. 1992. Seed dormancy and germination: The role of abscisic acid and gibberellins and the importance of hormone mutants. Plant Growth Regulation, 11: 225-238

Hoang H H, Bailly C, Corbineau F, et al. 2013. Induction of secondary dormancy by hypoxia in barley grains and its hormonal regulation. Journal of Experimental Botany, 64(7): 2017-2025

Holmström K O, Mäntylä E, Welin B, et al. 1996. Drought tolerance in tobacco. Nature, 379(6567): 683-684

Homrichhausen T M, Hewitt J R, Nonogaki H. 2003. Endo-b-mannanase activity is associated with the completion of embryogenesis in imbibed carrot (*Daucus carota* L.) seeds. Seed Science Research, 13: 219-227

Honěk A, Martinková Z. 1992. The induction of secondary seed dormancy by oxygen deficiency in a barnyard grass *Echinochloa crus-galli*. Cellular Molecular Life Sciences Cmls, 48(9): 904-906

Horovitz A, Bullowa S, Negbi M. 1975. Germination characteristics in wild and cultivated anemone. Euphytica, 24: 213-220

Ingram J, Bartels D. 1996. The molecular basis of dehydration tolerance in plant. Annual Review of Plant Physiology and Plant Molecular Biology, 47: 377-403

Jacob F, Monod J. 1961. Genetic regulatory mechanisms in the synthesis of proteins. Journal of Molecular Biology, 3: 318-356

Jayasuriya K M G G, Baskin J M, Geneve R L, et al. 2007. Seed development in *Ipomoea lacunosa* (Convolvulaceae), with particular reference to anatomy of the water gap. Annals of Botany, 100(3): 459-470

Jones S K, Gosling P G. 1994. "Target moisture content" prechill overcomes the dormancy of temperate conifer seeds. New Forests, 8: 309-321

Jones-Held S, Vandoren M, Lockwood T. 1996. Brassinolide application to *Lepidium sativum* seeds and the effects on seedling growth. Journal of Plant Growth Regulation, 15: 63-67

Junttila O. 1973. The mechanism of low temperature dormancy in mature seeds of *Syringra* species. Physiologia Plantarum, 29: 256-263

Kamiya Y, Garcia-Martinez J L. 1999. Regulation of gibberellin biosynthesis by light. Current Opinion in Plant Biology, 2: 398-403

Karlsson L M, Hidayati S N, Walck J L, et al. 2005. Complex combination of seed dormancy and seedling development determine emergence of *Viburnum tinus* (Caprifoliaceae). Annals of Botany, 95(2): 323-330

Karssen C M, Laçka E. 1985. A revision of the hormone balance theory of seed dormancy: Studies on gibberellin and/or abscisic acid-deficient mutants of *Arabidopsis thaliana* // Bopp M(ed.). Plant growth substances. Berlin: Springer-Verlag: 315-323

Karssen C M, Veges R. 1987. Osmoconditioning of lettuce seeds and induction of secondary dormancy. Acta Horticulture, 215: 165-171

Karssen C M, Zagórsky S, Kepczynski J, et al. 1989. Key role for endogenous gibberellins in the control of seed germination. Annals of Botany, 63: 71-80

Kato K, Nakamura W, Tabili T, et al. 2001. Detection of loci controlling seed dormancy on group 4 chromosomes of wheat and comparative mapping with rice and barley genomes. Theoretical and Applied Genetics, 102: 980-985

Kentzer T. 1966a. Gibberellin-like substances and growth inhibitors in relation to the dormancy and after-ripening of ash seeds (*Fraxinus excelsior* L.). Acta Societatis Botanicorum Poloniae, 35(4): 575-585

Kentzer T. 1966b. The dynamics of gibberellin-like and growth-inhibiting substances during seed development of *Fraxinus excelsior* L. Acta Societatis Botanicorum Poloniae, 35(3): 477-484

Kepczynski J, Bihun M. 2002. Induction of secondary dormancy in *Amaranthus caudatus* seeds. Plant Growth Regulation, 38(2): 135-140

Kepczynski J, Bihun M, Kepczynska E. 2003. The release of secondary dormancy by ethylene in *Amaranthus caudatus* L. seeds. Seed Science Research, 13(1): 69-74

Kepczynski J, Kepczynska E. 1997. Ethylene in seed dormancy and germination. Physiologia Plantarum, 101: 720-726

Khan A A. 1971. Cytokinins-permissive role in seed germination. Science, 171: 853-859

Khan A A. 1975. Primary, preventive and permissive roles of hormones in plant systems. Botanical Review, 41: 391-420

Khan A A, Zeng G W. 1984. Compensatory energy processes controlling dormancy and germination. Plant Physiology, 75 (1): 68

Koornneef M, Bentsink L, Hilhorst H. 2002. Seed dormancy and germination. Current Opinion in Plant Biology, 5: 33-36

Koornneef M, Karssen C M. 1994. Seed dormancy and germination // Meyerowitz E M, Somerville C R (Eds). *Arabidopsis*. New York: Cold Spring Harbor Laboratory Press: 313-334

Kranner I, Birtic S. 2005. A modulating role for antioxidants indesiccation tolerance. Integrative and Comparative Biology, 45(5): 734-740

Kucera B, Cohn M A, Leubner-Metzger G. 2005. Plant hormone interactions during seed dormancy release and germination. Seed Science Research, 15: 281-307

Kushiro T, Okamoto M, Nakabayashi K, et al. 2004. The *Arabidopsis* cytochrome P450 CYP707A encodes ABA 8′-hydroxylases: key enzymes in ABA catabolism. EMBO Journal, 23: 1647-1656

Lang G A. 1987. Dormancy: A new universal terminology. HortScience, 22, 817-820

Lang G A, Early J D, Martin G C, et al. 1987. Endo-, para-, and ecodormancy: Physiological terminology and classification for dormancy research. HortScience, 22: 371-377

Le Page-Degivry M T, Bianco J, Barthe P, et al. 1996. Change in hormone sensitivity in relation to the onset and breaking of sunflower embryo dormancy // Lang G A(ed.). Plant dormancy: physiology, biochemistry and molecular biology. Wallingford: CAB International: 221-231

Le Page-Degivry M T, Garello G. 1992. In situ abscisic acid synthesis: a requirement for induction of embryo dormancy in *Helianthus annuus*. Plant Physiology, 98: 1386-1390

Leinonen K. 1998. Effects of storage conditions on dormancy and vigor of *Picea abies* seeds. New Forests, 16(3): 231-249

Leprince O, Hendry G A F. 1990. The role of free radicals and radical processing systems in loss of desiccation tolerance in germ mating maize (*Zea mays* L.). New Phytologist, 116(4): 573-580

Leubner-Metzger G. 2001. Brassinosteroids and gibberellins promote tobacco seed germination by distinct pathways. Planta, 213: 758-763

Leubner-Metzger G. 2003. Functions and regulation of β-1, 3-glucanase during seed germination, dormancy release and after-ripening. Seed Science Research, 13: 17-34

Leubner-Metzger G, Petruzzelli L, Waldvogel R, et al. 1998. Ethylene-responsive element binding protein (EREBP) expression and the transcriptional regulation of class I β-1,3-glucanase during tobacco seed germination. Plant Molecular Biology, 38: 785-795

Lewandowska U, Szczotka Z. 1992. Effect of gibberellin, kinetin and spermine on dormancy breaking and germination of common ash (*Fraxinus excelsio*r L.) seed. Acta Physiologiae Plantarum, 14(4): 171-175

Li B L, Foley M E. 1997. Genetic and molecular control of seed dormancy. Trends in Plant Science, 2: 384-389

Lin S Y, Sasaki T, Yano M. 1998. Mapping quantitative traits loci controlling seed dormancy and heading date in rice, *Oryza sativa* L. using backcross inbred lines. Theoretical and Applied Genetics, 96: 997-1003

Lipe W N, Crane J C. 1966. Dormancy regulation in peach seeds. Science, 153: 541-542

Major W, Roberts E H. 1968. Dormancy in cereal seeds. I. The effects of oxygen and respiratory inhibitors. Journal of Experiment Botany, 19(58): 77-89

Manning J C, Van Staden J. 1987. The role of the lens in seed imbibition and seedling vigour of *Sesbnia punicea* (Cav.) Benth. (Leguminosae, Papilinoideae). Annals of Botany, 59: 705-713

Manz B, Müller K, Kucera B, et al. 2005. Water uptake and distribution in germinating tobacco seeds investigated *in vivo* by nuclear magnetic resonance imaging. Plant Physiology, 138: 1538-1551

Matilla A J. 2000. Ethylene in seed formation and germination. Seed Science Research, 10: 111-126

Michael P J, Steadman K J, Plummer J A. 2007. Seed development in *Malva parviflora*: Onset of germinability, dormancy and desiccation tolerance. Australian Journal of Experimental Agriculture, 47(6): 683-688

Mok D W S, Mok M C. 2001. Cytokinin metabolism and action. Annual Review of Plant Physiology and Plant Molecular Biology, 52: 89-118

Montero F, Herrera J, Alizaga R. 1990. Effect of gibberellic acid and prechilling on dormancy breaking in snapdragon (*Antirrhinum majus*) seeds. Agronomia Costarricense, 14: 55-60

Morrison D A, McClay D A, Porter C, et al. 1998. The role of the lens in controlling heat-induced breakdown of testa-imposed dormancy in native Australian legumes. Annals of Botany, 82: 35-40

Muller C, Bonnet-Masimbert M. 1989. Storage of non-dormant hardwood seeds: new trends. Ann Sci For, 46 suppl: 92-94

Müller K, Tintelnot S, Leubner-Metzger G. 2006. Endosperm-limited Brassicaceae seed germination: Abscisic acid inhibits embryo-induced endosperm weakening of *Lepidium sativum* (cress) and endosperm rupture of cress and *Arabidopsis thaliana*. Plant and Cell Physiology, 47: 864-877

Mullet D B. 1984. Seed generation of *Eucalyptus pauciflora* Sieb. ex Spreng. from low and high altitude populations in Victoria. Australian Journal of Botany, 32(5): 475-480

Nagao M A, Kanegawa K, Sakai W S. 1980. Accelerating palm seed germination with gibberellic acid, scarification, and bottom heat. HortScience, 15: 200-201

Nambara E, Marion-Poll A. 2003. ABA action and interactions in seeds. Trends in Plant Science, 8: 213-217

Narbona E, Arista M, Ortiz P L. 2007. High temperature and burial inhibit seed germination of two perennial Mediterranean *Euphorbia* species. Botanica Helvetica, 117(2): 169-180

Negm F B, Smith O E, Kumamoto J. 1972. Interaction of carbon-dioxide and ethylene in overcoming thermodormancy of lettuce seeds. Plant Physiology, 49: 869-872

Nikolaeva M G. 1969. Physiology of deep dormancy in seeds. Translated from Russian by Shapiro Z. Washington, DC: National Science Foundation: 33

Nikolaeva M G. 2001. Ecological and physiological aspects of seed dormancy and germination (review of investigations for the last century). Botanicheskii Zhurnal, 86: 1-14

Nikolaeva M G. 1977. Factors controlling the seed dormancy pattern // Khan A A (ed.). The physiology and biochemistry of seed dormancy and germination. Amsterdam: Biomedical Press: 51-74

Nikolaeva M G, Vorob'Eva N S. 1978. The biology of seeds of *Fraxinus excelsior* L. of different geographical origin. Botanicheskii Zhurnal, 63: 1155-1167

Nikolaeva M G, Vorob'Eva N S. 1979. The role of abscisic acid and indolic compounds in dormancy of the seeds of ash species. Soviet Plant Physiology, 26(1): 105-113

Ogawa M, Hanada A, Yamauchi Y, et al. 2003. Gibberellin biosynthesis and response during *Arabidopsis* seed germination. Plant Cell, 15: 1591-1604

Ozga A, Dennis F G. 1991. The role of abscisic acid in heat stress-induced secondary dormancy in apple seeds. HortScience, 26: 175-177

Palevitch D, Thomas T H. 1974. Thermodormancy release of celery seed by gibberellins, 6-benzylaminopurine, and ethephon applied in organic-solvent to dry seeds. Journal Experimental Botany, 25: 981-986

Pekrun C, Lutman P J W, Baeumer K. 1997. Induction of secondary dormancy in rape seeds (*Brassica napus* L.) by prolonged imbibition under conditions of water stress or oxygen deficiency in darkness. European Journal of Agronomy, 6: 245-255

Pelah D, Wang W, Altman A, et al. 1997. Differential accumulation of water stress-related proteins sucrose synthase and soluble sugars in populus species that differ in their water stress response. Plant Physiology, 99: 153-159

Phartyal S S, Kondo T, Baskin J M, et al. 2009. Temperature requirements differ for the two stages of seed dormancy break in *Aegopodium podagraria* (Apiaceae), a species with deep complex morphophysiological dormancy. American Journal of Botany, 96(6): 1086-1095

Piotto B, Piccini C. 1998. Influence of pretreatment and temperature on the germination of *Fraxinus angustifolia* seeds. Seed Science and Technology, 26: 799-812

Piotto B. 1994. Effects of temperature on germination of stratified seeds of three ash species. Seed Science and Technology, 22: 519-529

Piotto B. 1997. Storage of non-dormant seeds of *Fraxinus angustifolia* Vahl. New Forests, 14(2): 157-166

Preece J E, Bates S A, Sambeek J W. 1995. Germination of cut seeds and seedling growth of ash (*Fraxinus* spp.) *in vitro*. Canadian Journal of Forest Research, 25: 1368-1374

Quinlivan B J. 1968. The softening of hard seeds of sand-plain lupin (*Lupinus varius* L.). Australian Journal of Agricultural Research, 19: 507-515

Raquin C, Jung-Muller B, Dufour J, et al. 2002. Rapid seedling obtaining from European ash species *Fraxinus excelsior* (L.) and *Fraxinus angustifolia* (Vahl.). Annals of Forest Science, 59: 219-224

Ren J, Tao L, Liu X M. 2002. Effect of water supply on seed germination of soil seed-bank indesert vegetation. Acta Botanica Sinica, 44(1): 124-126

Roach T, Ivanova M, Beckett R P, et al. 2008. An oxidative burst of superoxide in embryonic axes of recalcitrant sweet chestnut seeds as induced by excision and desiccation. Physiologia Plantarum, 133(2): 131-139

Roberts E H, Murdoch A J, Ellis R H. 1987. The interaction of environmental factors on seed dormancy. Proceedings of the British Crop Protection Conference-Weeds: 687-694

Roberts E H. 1965. Dormancy in rice seed. IV. Varietal responses to storage and germination temperatures. Journal of Experiment Botany, 19: 507-515

Roberts E H. 1969. Seed dormancy and oxidation processes. Symposium of the Society for Experimental Biology, 23: 161-192

Roberts E H. 1973. Oxidative processes and the control of seed germination // Heydecker W (ed.). Seed Ecology. London: Butterworths: 189-218

Robertson A W, Trass A, Ladley J J, et al. 2006. Assessing the benefits of frugivory for seed germination: the importance of the deinhibition effect. Functional Ecology, 20(1): 58-66

Robertson J, Hillman J R, Berrie A M M. 1976. Involvement of indole acetic-acid in thermodormancy of lettuce fruits, *Lactuca sativa* cv. Grand Rapids. Planta, 131: 309-313

Rogis C, Gibson L R, Knapp A D, et al. 2004. Enhancing germination of eastern gamagrass seed with stratification and gibberellic acid. Crop science, 44: 549-552

Saini H S, Consolacion E D, Bassi P K, et al. 1989. Control processes in the induction and relief of thermoinhibition of lettuce seed germination. Actions of phytochrome and endogenous ethylene. Plant Physiology, 90: 311-315

Samarah N H. 2005. Effect of drying methods on germination and dormancy of common vetch (*Vicia sativa* L.) seed harvested at different maturity stages. Seed Science & Technology, 33(3): 733-740

Seeley S D. 1997. Quantification of endo-dormancy in seeds of woody plants. HortScience, 32: 615-617

Seeley S D, Damavandy H. 1985. Response of seed of seven deciduous fruits to stratification temperatures and implications for modeling. Journal of the American Society for Horticultural Science, 11: 726-729

Shigeo T, Yuji K, Naoto K, et al. 2012. Thermoinhibition uncovers a role for strigolactones in *Arabidopsis* seed germination. Plant & Cell Physiology, 53(1): 107-117

Shu K, Liu X D, Xie Q, et al. 2016. Two faces of one seed: Hormonal regulation of dormancy and germination. Mol Plant, 9: 34-45

Simmonds J. 1980. Increasing seedling establishment of *Impatiens wallerana* in response to low temperature or polyethylene glycot seed treatments. Canadian Journal of Plant Science, 60: 561-569

Simpson G M. 1990. Seed dormancy in grasses. Cambridge: Cambridge University Press

Singh D P, Jermakow A M, Swain S M. 2002. Gibberellins are required for seed development and pollen tube growth in Arabidopsis. Plant Cell, 14: 3133-3147

Skriver K, Mundy J. 1990. Gene expression in response to abscisic acid and osmotic stress. Plant Cell, 2: 503-512

Small J G C, Gutterman Y. 1992. A comparison of thermodormancy and skotodormancy in seeds of *Lactuca serriola* in terms of induction, alleviation, respiration, ethylene and protein synthesis. Plant Growth Regulation, 11, 301-310

Smith H. 1975. Phytochrome and Photomorphogenesis. An introduction to the Photocotrol of Plant development. London: McGraw-Hill

Sondheimer E, Galson E C, Tinelli E, et al. 1974. The metabolism of hormones during seed germination and dormancy. IV. The metabolism of (S)-2 ^{14}C abscisic acid in ash seed. Plant Physiology, 54(6): 803-808

Sondheimer E, Tzou D S, Galson E C. 1968. Abscisic acid levels and seed dormancy. Plant Physiology, 43(9): 1443-1447

Song S Q, Berjak P, Pammenter N, et al. 2003. Seed recalcitrance: a current assessment. Acta Botanica Sinica, 45(6): 638-643

Song S Q, Fu J R. 1999. Desiccation sensitivity and peroxidation of membrane lipids in lychee seeds. Tropical Science, 39: 102-106

Song S Q, Pammenter N, Berjak P, et al. 2002. Desiccation sensitivity and its calcium regulation of *Trichilia dregeana* axes. Li D J. Proceedings of 2nd International Conference on Sustainable Agriculture for Food, Energy and Industry. Beijing, China: 1151-1159

Stanis L P, Ewelina R, Ewa K. 2009. Non-reducing sugar levels in beech (*Fagus sylvatica*) seeds as related to withstanding desiccation and storage. Journal of Plant Physiology, 13: 1381-1390

Steber C M, McCourt P. 2001. A role for brassinosteroids in germination in *Arabidopsis*. Plant Physiology, 125: 763-769

Steinbauer G P. 1937. Dormancy and germination of *Fraxinus* seeds. Plant Physiology, 12(6): 813-824

Suszka B. 1978. Seed studies on bird-cherry, beech, oak, ash and maple // Nancy-Champenoux. Proceedings. Symposium on establishment and treatment of high quality hardwood forests in the temperate climatic region: 58-59

Suszka B. 1975. Cold storage of already after-ripened beech (*Fagus sylvatica* L.) seeds. Arboretum Kornickie, 20: 299-315

Suszka B, Muller C, Bonnet-MasimBert M. 1994. Graines des feuillus forestiers de la recolte au semis. Paris: Institut National de la Recherche Agronomique

Swain S M, Reid J B, Kamiya Y. 1997. Gibberellins are required for embryo growth and seed development in pea. Plant Journal, 12: 1329-1338

Takeuchi Y, Omigawa Y, Ogasawara M, et al. 1995. Effects of brassinosteroids on conditioning and germination of clover broomrape (*Orobanche minor*) seeds. Plant Growth Regulation, 16: 153-160

Takeuchi Y, Worsham A D, Awad A E. 1991. Effects of brassinolide on conditioning and germination of witchweed (*Striga asiatica*) seeds // Cuttler H G, Yokota T, Adam G (eds.). Brassinosteroids: Chemistry, bioactivity and applications. Washington, DC: American Chemical Society: 298-305

Teale W D, Paponov I A, Ditengou F, et al. 2005. Auxin and the developing root of *Arabidopsis thaliana*. Physiologia Plantarum, 123: 130-138

Teketay D. 1996. Germination ecology of twelve indigenous and eight exotic multipurpose leguminous species from Ethiopia. Forest Ecology & Management, 80(1): 209-223

Thanos C A, Georghiou K, Kadis C, et al. 1992. Cistaceae: a plant family with hard seeds. Israel Journal of Botany, 41(4): 251-263

Thompson K, Ooi M K J. 2013. Germination and dormancy breaking: two different things. Seed Science Research, 23(1): 1

Thompson K, Ooi M K J. 2010. To germinate or not: more than just a question of dormancy. Seed Science Research, 20(4): 209-211

Tinus R W. 1982. Effects of dewinging, soaking, stratification, and growth regulators on germination of green ash seed. Canadian Journal of Forest Research, 12(4): 931-935

Toyomasu T, Kawaide H, Mitsuhashi W, et al. 1998. Phytochrome regulates gibberellin biosynthesis during germination of photoblastic lettuce seeds. Plant Physiology, 118: 1517-1523

Trewavas A J. 1982. Growth substance sensitivity: The limiting factor in development. Physiologia Plantarum, 55: 60-72

Tuan D Y H, Bonner J. 1964. Dormancy associated with repression of genetic activity. Plant Physiology, 39: 768-772

Tylkowski T. 1988. Storage of stratified seeds of European ash (*Fraxinus excelsior* L.). Arboretum Kornickie, 33: 259-266

Tylkowski T. 1990. Mediumless stratification and dry storage of after-ripened seeds of *Fraxinus excelsior* L. Arboretum Kornickie, 35: 143-152

Vanhatalo V, Leinonen K, Rita H, et al. 1996. Effect of prechilling on the dormancy of *Betula pendula* seeds. Canadian Journal of Forest Research, 26: 1203-1208

Villiers T A. 1968. Effect of regulators on seed germination. Planta, 82: 342-354

Villiers T A, Wareing P F. 1964. Dormancy in Fruits of *Fraxinus excelsior* L. Journal of Experiment Botany, 15: 359-367

Villiers T A, Wareing P F. 1960. Interaction of growth inhibitor and a natural germination stimulator in the dormancy of *Fraxinus excelsior* L. Nature, 185: 112-114

Visser T. 1954. Ater-ripening and germination of apple seeds in relation to the seed coats. Proc Koninklijke Nederlandse Akademie van Wetenscappen, 57: 175-185

Vleeshouwers L M, Bouwmeester H J. 2001. A simulation model for seasonal changes in dormancy and germination of weed seeds. Seed Science Research, 11: 77-92

Vleeshouwers L M, Bouwmeester H J, Karssen C M. 1995. Redefining seed dormancy: an attempt to integrate physiology and ecology. Journal of Ecology, 83(6): 1031-1037

Wagner J. 1996. Changes in dormancy levels of *Fraxinus excelsior* L. embryos at different stages of morphological and physiological maturity. Trees, 10: 177-182

Walck J L, Hidayati S N, Okagami N. 2002. Seed germination ecophysiology of the Asian species *Osmorhiza aristata* (Apiaceae): comparison with its North American congeners and implications for evolution of types of dormancy. American Journal of Botany, 89(5): 829-835

Wang M, Heimovaara-Dijkstra S, van Duijn B. 1995. Modulation of germination of embryos isolated from dormant and nondormant barley grains by manipulation of endogenous abscisic acid. Planta, 195: 586-592

Wang X J, Loh C S, Yeoh H H, et al. 2003. Differentialmechanisms to induce dehydration tolerance by abscisicacid and sucrose in *Spathoglottis plicata* (Orchidaceae) protocorms. Plant, Cell and Environment, 26: 737-744

Wcislinska B. 1977. The role of gibberellic acid (GA_3) in the removal of dormancy in *Fraxinus excelsior* L. seeds. Biologia Plantarum, 19: 370-376

Weston L A, Geneve R L, Staub J E. 1992. Seed dormancy in *Cucumis sativus* var. *hardwickii* (Royle) Alef. Scientia Horticulture, 50: 35-46

White C N, Proebsting W M, Hedden P, et al. 2000. Gibberellins and seed development in maize. I. Evidence that gibberellin/abscisic acid balance governs germination versus maturation pathways. Plant Physiology, 122: 1081-1088

White C N, Rivin C J. 2000. Gibberellins and seed development in maize. II. Gibberellin synthesis inhibition enhances abscisic acid signaling in cultured embryos. Plant Physiology, 122: 1089-1097

Wu L, Hallgren S W, Ferris D M, et al. 2001. Effects of moist chilling and solid matrix priming on germination of loblolly pine (*Pinus taeda* L.) seeds. New Forests, 21(1): 1-16

Yagihashi T, Hayashida M, Miyamoto T. 1998. Effects of bird ingestion on seed germination of *Sorbus commixta*. Oecologia, 114: 209-212

Yamaguchi S, Kamiya Y. 2002. Gibberellin and light-stimulated seed germination. Journal of Plant Growth Regulation, 20: 369-376

Yamaguchi S, Kamiya Y, Sun T P. 2001. Distinct cellspecific expression patterns of early and late gibberellin biosynthetic genes during *Arabidopsis* seed germination. Plant Journal, 28: 443-453

Yamaguchi T, Wakizuka T, Hirai K, et al. 1987. Stimulation of germination in aged rice seeds by pretreatment with brassinolide. Proceedings of the Plant Growth Regulation Society of America, 14: 26-27

Yamauchi Y, Ogawa M, Kuwahara A, et al. 2004. Activation of gibberellin biosynthesis and response pathways by low temperature during imbibition of *Arabidopsis thaliana* seeds. Plant Cell, 16: 367-378

Yound J A, Young C G. 1992. Seeds of woody plants in North America. Portland: Dioscorides Press

Zhou L, Wu J, Wang S. 2003. Low-temperature stratification strategies and growth regulators for rapid induction of *Paris polyphylla* var. *yunnanensis* seed germination. Plant Growth Regulation, 41(2): 179-183